ÉTUDES

SUR LE

SYSTÈME NERVEUX

PAR

A.-J. JOBERT (DE LAMBALLE),

Docteur en médecine, chirurgien de l'hôpital Saint-Louis, chirurgien consultant du roi, officier de la Légion-d'Honneur, agrégé et prosecteur de la Faculté de médecine de Paris, ancien chirurgien titulaire du second dispensaire de la société philantropique, professeur particulier d'anatomie et de médecine opératoire, membre de la société médico-pratique, de la société anatomique.

Il n'y a rien dans la nature de si grand que l'homme, et cependant qu'est-ce que les hommes admirent? la hauteur des montagnes, les flots de la mer, le cours des rivières, la vaste étendue de l'Océan, les mouvemens des astres, et ils ne se considèrent point eux-mêmes.

(SAINT-AUGUSTIN, *Confessions*, pag. 514.)

Tome Deuxième.

PARIS.

AUG^TE DEVÉNOIS, ÉDITEUR,

18, Boulevart Saint-Martin.

1838

ÉTUDES

SUR LE

SYSTÈME NERVEUX.

IMPRIMERIE ET FONDERIE DE FÉLIX LOCQUIN ET COMP.,
16, rue N.-D.-des-Victoires.

ETUDES

SUR LE

SYSTÈME NERVEUX

PAR

A.-J JOBERT (DE LAMBALLE),

DOCTEUR EN MÉDECINE, CHIRURGIEN DE L'HÔPITAL SAINT-LOUIS, CHIRURGIEN CONSULTANT DU ROI, OFFICIER DE LA LÉGION-D'HONNEUR, AGRÉGÉ A LA FACULTÉ DE MÉDECINE DE PARIS, PROSECTEUR DE CETTE MÊME FACULTÉ, ANCIEN CHIRURGIEN TITULAIRE DU SECOND DISPENSAIRE DE LA SOCIÉTÉ PHILANTROPIQUE, PROFESSEUR PARTICULIER D'ANATOMIE ET DE MÉDECINE OPÉRATOIRE. MEMBRE DE LA SOCIÉTÉ MÉDICO-PRATIQUE, DE LA SOCIÉTÉ ANATOMIQUE.

Il n'y a rien de si grand dans la nature que l'homme, et cependant qu'est-ce que les hommes admirent ordinairement? la hauteur des montagnes, les flots de la mer, le cours des rivières, la vaste étendue de l'Océan, les mouvemens des astres, et ils ne se considèrent point eux-mêmes.

(SAINT AUGUSTIN, *Confessions*, pag. 514.)

TOME DEUXIÈME.

PARIS
AUG[TE] DÉVÉNOIS, ÉDITEUR,
18, BOULEVART SAINT-MARTIN.

1838

ÉTUDES

SUR

LE SYSTÈME NERVEUX.

Pour terminer ce qui concerne les fonctions du système nerveux, il nous reste à décrire celles des renflemens contenus dans le crâne et le long canal osseux qui renferme la moelle épinière. Cette troisième partie, qui comprend les usages du cerveau, du cervelet, de la protubérance annulaire, des tubercules quadrijumeaux et du prolongement rachidien, doit intéresser vivement la médecine, la physiologie, et la philosophie; aussi envisagée sous ce triple rapport, elle ne peut manquer d'exciter notre attention et tous nos efforts. C'est l'examen de nombreuses théories sur l'intelligence, qui a tant occupé les métaphysiciens et les médecins, qui nous fournira l'occasion de rechercher, si le siège des facultés intellectuelles peut être précisé, et c'est aussi l'étude de chacune des parties qui semblent composer le cerveau proprement dit, qui nous permettra de discuter les recherches des phrénologistes. Les fonctions des tubercules quadrijumeaux, étudiées avec tout le soin qu'elles méritent, feront connaître que ces organes ne sont pas les seuls qui reçoivent les impressions de la lumière, et partant que ce fluide impondérable porte son influence sur les couches optiques, ce qui indique que les nerfs, qui portent leur nom, se rendent sur plusieurs points à la fois du cerveau. L'étude anatomique de ces renflemens nerveux nous permettra d'examiner de nouveau et en passant quelques unes des parties du travail ingénieux de Charles Bell. Cette dernière partie des fonctions du système nerveux nous forcera quelquefois de toucher à *des points délicats* qui sont du domaine des métaphysiciens et sur lesquels on est encore bien peu d'accord et que nous n'avons pas eu, du reste, la prétention de fixer, faisant l'aveu de notre incompétence et de notre incapacité pour juger des questions qui, sans doute, ne seront jamais *connues* pas plus que *la nature des choses*, où l'intelligence de l'homme s'arrête et trouve une barrière insurmontable que rien ne *pourra briser*. Je crois qu'il est de la dignité de l'homme de dire où sont les bornes de son travail intellectuel, et qu'il ne doit pas payer par des *mots* des connaissances qui sont hors de sa portée.

TROISIÈME PARTIE.

RENFLEMENS NERVEUX.

Nous en sommes venus, dans cette étude physiologique du système nerveux, à traiter de ces masses nerveuses contenues dans la boîte crânienne et dans le canal vertébral.

Ces masses délicates, enveloppées de parties solides qui peuvent résister aux chocs, par divers mécanismes, opèrent des actes si variés et si nombreux, que les phénomènes qu'ils produisent ont été interprétés par les physiologistes de manière différentes et souvent opposées.

Contenues dans le canal vertébral et dans sa dilatation, le crâne, ces masses nerveuses ont été divisées par les anatomistes et par les physiologistes en plusieurs parties distinctes, qu'ils ont appelées successivement : 1° moelle épinière ; 2° moelle alongée ; 3° cervelet ; 4° cerveau.

D'une part, les anatomistes se sont efforcés d'établir des lignes de démarcation plus ou moins tranchées entre ces diverses parties, et de l'autre les physiologistes ont essayé de bannir ces divisions arbitraires, en créant pour chacune d'elles des attributions propres et entièrement dissemblables.

Nous ne pensons pas d'abord qu'il soit possible d'établir une distinction entre la moelle épinière et la protubérance annulaire ; entre celle-ci et le cervelet, entre ce dernier et le cerveau. Les masses nerveuses représentent, en effet, un tout continu, et ne sont séparées que par des sillons, des élévations, qui n'établissent pas pour nous des caractères distinctifs tranchés et matériels, puisque les parties composantes sont à peu près identiques, et que toute la différence consiste dans l'arrangement.

Cela est si vrai, que la physiologie a beau s'efforcer de trouver une destination différente à chaque renflement nerveux, elle finit toujours par démontrer, contre elle-même, que tous sont dans une dépendance réciproque, dans une corrélation assez parfaite, pour qu'il en résulte l'anéantissement plus ou moins complet des actes du renflement nerveux qui survit, après que l'un d'eux a été enlevé ou détruit. Que le cerveau disparaisse, et l'influence nerveuse sera frappée d'imperfection ; que la moelle soit détruite, et cette influence sera incomplète ; sans la protubérance et sans le cervelet, l'équilibre sera rompu, puisqu'on aura désorganisé une partie du *tout* continu du système nerveux.

Il y a donc unité dans ce système, puisque toutes les parties composantes sont également nécessaires pour que les fonctions s'accomplissent.

Cependant la distribution différente des parties qui constituent ces masses nerveuses et l'arrangement des substances grise et blanche, n'apportent-ils pas des modifications dans l'influence nerveuse, au point d'établir des caractères propres à chacun de ces organes, qu'il faut ajouter à leurs caractères communs? C'est ce que nous allons établir.

—

CHAPITRE PREMIER.

Fonctions de la moelle épinière.

Nous avons déjà donné ailleurs une description particulière de ce long cordon nerveux dont nous allons nous occuper ; aussi je ne m'occuperai pas ici des deux grandes facultés (*sentiment et mouvement*) sur lesquelles j'ai insisté plus haut d'une manière spéciale; je me propose seulement d'examiner en général les diverses opinions des auteurs sur le rôle que joue ce renflement nerveux, et de chercher à apprécier son degré d'importance et ses rapports avec le système nerveux cérébral.

Legallois a entrepris une série d'expériences sur la moelle épinière, dans l'intention d'apprécier son influence sur le cœur et sur la respiration. Depuis, Bellingeri, MM. Magendie, Flourens, et plusieurs autres, ont expérimenté de nouveau : il en est résulté des opinions diverses, non seulement sur le siège de la sensibilité et du mouvement, mais encore sur l'ensemble des fonctions et des actes de ce cordon nerveux.

M. Magendie a placé le siège de la *sensibilité* dans le cordon postérieur, ainsi que dans les racines qui en naissent, et la *motilité* dans le cordon antérieur et celles qui en partent. Nous avons vu plus haut ce qu'il fallait penser de ces expériences, et fait connaître les résultats auxquels nous avaient conduit des vivisections faites avec tout le soin possible. M. Flourens, de son côté, a fait sur la moelle épinière de curieuses et intéressantes expériences. Après de longues recherches, il est arrivé à regarder cet organe comme étant le siège des contractions, et il lui a accordé la faculté de lier ces contractions *en mouvemens d'ensemble.* De ses expériences, M. Flourens a conclu que la moelle épinière ne possédait pas la volition.

C'est en coupant ce cordon nerveux à diverses hauteurs qu'il a pu établir cette théorie. Par exemple, sur un pigeon, il a coupé la moelle épinière au dessus du renflement caudal; la paralysie des parties auxquelles les nerfs qui en partent vont se distribuer a été la suite de cette section. L'excitation de la moelle divisée déterminait des mouvemens dans les pattes, mais la volonté ne pouvait rien sur elles.

Sur un autre pigeon, M. Flourens, après avoir coupé la moelle épinière au-dessus de la troisième vertèbre cervicale, a anéanti complètement la station, la marche et le vol, et cependant l'excitation des muscles a pu encore déterminer des mouvemens.

M. Flourens a conclu naturellement de ces expériences que la moelle épinière est le siège des contractions, qu'elle les lie en mouvemens d'ensemble, mais qu'elle ne commande pas aux mouvemens volontaires.

Dans quelle partie de la moelle épinière retrouve-t-on cette faculté de contraction? Est-ce dans les cordons antérieurs et postérieurs de cet organe, comme le veut Bellingeri? Faut-il avec lui regarder la substance grise comme émettant la sensibilité, et le cordon postérieur comme présidant aux contractions des muscles extenseurs, du sphincter de l'anus, et au relâchement de ceux qui s'opposent à l'écoulement des urines? Faut-il enfin croire avec lui que les cordons antérieurs président aux muscles fléchisseurs, à ceux qui retiennent l'urine dans son réservoir et au relâchement du sphincter?

La théorie de Bellingeri a permis à quelques pathologistes d'expliquer la lésion des nerfs destinés à la flexion ou à l'extension dans le tétanos.

Déjà Hunter avait attribué au centre nerveux deux facultés, commandant, l'une à la contraction, l'autre au relâchement.

S'il y a dissidence sur le siège du mouvement, on n'en remarque pas moins, quand il s'est agi de celui de la sensibilité. Fodera a obtenu des preuves de cette faculté, en excitant l'intérieur de la moelle épinière. C'est là aussi, comme nous venons de le dire, que Bellingeri a placé la transmission de la sensibilité et des impressions. M. Olivier pense que les deux substances conduisent les sensations. C'est à l'extérieur de la moelle que MM. Magendie, Desmoulins et Rolando ont placé le siège de la sensibilité. Toujours est-il que la moelle épinière est un véritable conducteur de sensations. Quant au rôle que l'on a voulu faire jouer au liquide céphalo-rachidien, en le regardant comme conducteur des impressions, nous pensons que l'on ne peut le considérer que comme une assertion hypothétique, que les accidens qu'entraîne la soustraction de ce liquide rendent au moins improbable.

Au milieu de ces assertions contradictoires, il fallait se frayer une voie qui pût conduire à la vérité; nous croyons qu'on pourra la tracer à l'aide des faits nombreux que nous avons étudiés et recueillis avec conscience. En voulant mettre à la place de théories incertaines des résultats plus sûrs et plus vrais, nous n'avons été conduit par aucune idée préconçue, et en demandant la vérité à l'expérimentation, nous n'avions qu'un but, éclairer un point de physiologie qui nous paraissait encore entaché d'obscurité.

Et d'abord la substance grise, que Bellingeri a douée de la faculté de transmettre les impressions, et qui a semblé à M. Ollivier partager avec la substance blanche cette grande faculté commune à tous les animaux, nous en a paru tout aussi dépourvue que celle du cerveau et du cervelet.

J'ai plusieurs fois mis cette substance à découvert et je l'ai excitée; mais je n'ai obtenu le phénomène qu'on avait fait dépendre d'elle que lorsque la substance blanche a été intéressée.

M. Georges d'H...., baron de Fl., d'un tempérament nerveux, éprouva, après avoir beaucoup chassé et s'être exposé à l'humidité, des douleurs dans les membres. Dans le principe, ces douleurs étaient vagues et passagères, et furent regardées comme rhumatismales. Mais le temps a fait connaître combien l'on s'était mépris sur la nature de ces accidens qui ne tardèrent pas à acquérir une intensité inquiétante. La faiblesse, qui avait affecté les membres supérieurs et inférieurs, devint assez grande pour empêcher le malade de marcher ; enfin peu à peu les membres thoraciques et abdominaux se paralysèrent complètement. Cependant la sensibilité existait encore dans les membres supérieurs et inférieurs, alors même que le mouvement était à peu près aboli : je dis à peu près, parce que le malade pouvait encore, quand on lui chatouillait la plante des pieds, rapprocher les jambes du tronc, mais sans pouvoir les lever. Les membres étaient le siège de contractions violentes, accompagnées de souffrances quelquefois atroces. La respiration s'embarrassa, devint très difficile, les membres s'injectèrent de sang veineux, et ce jeune Anglais s'éteignit après d'horribles douleurs. Dans les derniers temps de sa vie, M. de Fl. avait éprouvé une incontinence d'urine et de matières fécales ; mais jusqu'à sa mort, il conserva toute l'intégrité de son intelligence. L'autopsie, faite 24 heures après la cessation de la vie, révéla les phénomènes suivans : 1° le canal intestinal était rouge et injecté de sang veineux ; 2° les poumons enflammés à différens degrés présentaient la même injection ; 3° on remarquait la réunion de toutes les tuniques du scrotum par de la lymphe albumineuse, et des trajets fistuleux, qui le traversaient en différens sens, venaient aboutir aux testicules infiltrés de matière tuberculeuse, laquelle était par endroits rassemblée en masse dans l'épaisseur de ces organes sécréteurs ; 4° le cerveau, gonflé de sang veineux, n'offrait dans son tissu rien de remarquable, rien d'étranger à l'état sain ; 5° il n'en était pas de même de la moelle épinière qui se distinguait par des altérations pathologiques curieuses et du plus haut degré. Ce prolongement rachidien présentait, à la région supérieure du canal vertébral, une interruption évidente entre l'extrémité céphalique et l'autre partie nerveuse qui se trouve au dessous. Les membranes seules établissaient la continuité entre les deux bouts de la moelle épinière : elles avaient pris plus d'épaisseur. Cependant nous avons pu observer encore de la substance nerveuse ramollie, désorganisée, qui recouvrait une tumeur du volume d'une grosse amande, bosselée, irrégulière, ovoïde, dense, compacte, résistant à la section, blanchâtre ou jaune dans certains points, grisâtre dans d'autres, et offrant tous les caractères des tubercules à l'état cru. Ce tubercule s'était donc développé dans l'épaisseur même de la moelle, marchant du centre vers la superficie, et détruisant l'organe par couches, puisqu'en effet une couche mince de substance blanche, ramollie, l'entourait encore de toutes parts.

Si maintenant nous déduisons les conséquences de cette observation, nous voyons qu'une maladie scrofuleuse a débuté par le scrotum et par le testicule, et que de la matière tuberculeuse s'est déposée plus tard dans l'épaisseur de la moelle : nous voyons enfin les phénomènes grandir avec la maladie. A mesure que la tumeur se développait, les douleurs se firent sentir plus vivement. Quand elle atteignit le volume considérable d'une amande, de violentes contractions survinrent, et l'attouchement des membres inférieurs fut douloureux ; vers les derniers mois de la maladie, et alors que la tumeur s'était considérablement développée, la respiration devint gênée et bientôt laborieuse. En un mot, nous voyons que la sensibilité n'a été remarquable que lorsque la substance blanche a été intéressée et lorsqu'elle a été frappée d'inflammation ; mais la tumeur ayant comprimé par son volume cette substance et l'ayant désorganisée, a porté atteinte au mouvement. Nous pouvons enfin expliquer la conservation de la sensibilité par celle de la substance blanche jusque dans les derniers temps de la vie, et les contractions des membres par son inflammation et l'excitation continuelle produite par ce corps étranger, et conclure ainsi que la substance grise est dépourvue de sensibilité, puisque c'est par elle qu'a commencé la tumeur, et qu'elle est d'un médiocre intérêt dans les actes du mouvement. Cela suffit pour faire comprendre comment il y a eu une atteinte grave portée à l'exercice des fonctions chez ce jeune Anglais, et conséquemment à son existence, et comment la dépendance dans laquelle se trouvent les organes par rapport à la moelle épinière gît dans la substance blanche; c'est ainsi que la plus petite lésion jette le plus grand trouble dans le mouvement et le sentiment.

Prouvons actuellement que le mouvement et la sensibilité sont les attributs de la substance blanche, et recherchons pourquoi le mouvement est aboli alors que la sensibilité est conservée complètement ou incomplètement.

Si l'on met la moelle épinière à découvert sur un animal, on voit la douleur augmenter de plus en plus, et si enfin, après avoir enlevé les lames et les apophyses épineuses des vertèbres, on promène un scalpel sur les membranes de la moelle, alors l'animal pousse des cris aigus. Que l'on continue l'expérience, c'est-à-dire que l'on promène le doigt ou un corps étranger à la surface de la moelle, la souffrance se manifeste par de l'agitation et des plaintes; et si on pique la substance blanche, l'animal s'agite, veut fuir la main de l'expérimentateur, et alors des convulsions, des contractions tourmentent les membres correspondans aux nerfs du point lésé. Ainsi donc, là où j'ai trouvé de la douleur, j'ai aussi trouvé la faculté de mouvoir les muscles.

Sans revenir sur ce que j'ai déjà dit du siège de la sensibilité et du mouvement, je vais examiner le degré d'influence des différentes régions de la moelle épinière sur les organes. La moelle épinière est, dans toute sa longueur, identique par sa structure, et conséquemment par ses fonctions; cependant les lésions qu'elle subit lui donnent sur l'économie animale une influence qui n'a pas la même importance sur tous les points de sa longueur.

J'ai, sur plusieurs animaux, coupé la moelle épinière dans la région lombaire; il en est résulté la perte de la sensibilité du train postérieur, la paralysie du rectum et de la vessie, que l'autopsie laissait voir remplie d'urine, et le ventre offrait de la sérosité épanchée en assez grande quantité. Mais ce qu'il y a surtout de remarquable dans cette circonstance, c'est que le sang ne coulait plus des artères par un jet aussi fort qu'avant l'expérience, et que le cœur était flasque lorsque les animaux avaient beaucoup souffert.

Si, comme Legallois l'a pensé, on coupe la moelle épinière par tronçons et par degrés, à partir de l'extrémité caudale jusqu'à l'extrémité céphalique, on voit le mouvement cesser dans tout ce qui se trouve au dessous de la partie divisée. C'est ainsi qu'après la section de la moelle épinière entre l'atlas et l'occipital, on voit la poitrine et le ventre sans mouvement, et les membres abdominaux et thoraciques frappés de paralysie, de telle sorte que tout le corps est condamné à une immobilité absolue, qui contraste singulièrement avec la vitalité de la face, la mobilité des narines, des lèvres, des paupières, du globe de l'œil. Le cœur seul a conservé de ses contractions, puisque la circulation se continue. Quelques observations rendront plus évidentes encore les vérités que les expériences ont déjà démontrées.

Lau (Et.), charcutier, âgé de 27 ans, avait toujours joui d'une santé régulière, lorsque le 25 mars 1835, au moment où il montait derrière une voiture, le pied lui glissa, et il tomba en arrière. Le coup porta sur la tête et ploya fortement le cou. Le 26, on signala les phénomènes suivans : impossibilité de mouvement; tête portée en arrière; douleur vive quand le malade veut changer de position ; les deux bras sans force, symptôme plus caractérisé dans celui du côté droit; *érection constante;* ardeurs douloureuses le long de l'urètre au moment d'uriner; impossibilité d'aller à la selle. (Deux saignées; cataplasme sur le ventre; eau de Sedlitz.)

Peu à peu la douleur diminue, les mouvemens deviennent plus faciles; l'érection perd de sa violence, et disparaît même le vendredi (le malade était entré le lundi à l'hôpital), après avoir ainsi duré dix jours. La défécation n'a lieu que le samedi pour la première fois. Bientôt les forces diminuées, et même anéanties dans les deux bras, se rétablissent par degrés; mais le droit reste toujours plus faible que le gauche. La liberté des mouvemens de la tête revient très-lentement. Enfin, le 13 juin, le malade sort complètement guéri, après avoir passé dix-huit jours à l'hôpital.

Il résulte de cette observation, qu'un amas de sang s'étant formé dans le canal vertébral, la compression incomplète a déterminé des douleurs vives, l'érection, la perte d'une partie de la sensibilité, et de la faculté motrice des membres, sans qu'on puisse chercher à ces phénomènes d'autre cause que cette compression partielle de la moelle dans la région cervicale.

Le 16 février 1835, fut admis à l'hôpital Saint-Louis, le nommé Desmazures (Joseph), âgé de 29 ans, meunier dans le département de l'Oise. La santé de cet homme avait toujours été bonne, lorsqu'il y a deux ans, après avoir porté un fardeau très-lourd, il ressentit aux lombes de vives douleurs, qui persistèrent pendant long-temps, mais avec moins d'intensité. Du reste le malade assurait, à cette époque, qu'il n'avait ressenti aucune faiblesse dans les jambes; que la sensibilité y était normale; que l'expulsion des matières fécales et de l'urine était volontaire. Les choses marchaient de la sorte, lorsque, il y a dix-huit mois, le malade remarqua, en s'habillant, une tumeur placée de la septième à la neuvième vertèbre dorsale; elle était dure, inégale, sans douleur à la pression, de l'étendue d'un pouce et demi à deux pouces environ : les douleurs aux lombes et au dos persistaient; bientôt les jambes s'affaiblirent, elles s'embarrassèrent souvent pendant la marche, et il en résultait pour le malade des chutes fréquentes. Les fonctions du rectum et de la vessie s'exerçaient du reste avec la plus grande régularité; la sensibilité était encore vive sur tous les points du corps. Vers octobre 1834, le malade éprouva une sorte d'irrégularité dans l'émission des matières fécales et de l'urine, qui en vinrent par degré à être rendues sans la participation de la volonté. Les jambes affaiblies d'abord furent bientôt frappées d'insensibilité, et par une extension graduelle des extrémités sur les cuisses, celles-ci ne tardèrent pas à participer à cet état.

Lors de son entrée, le malade ressentait la tumeur dont nous avons parlé plus haut, son état général était presque normal, si l'on excepte cependant une toux assez vive, assez fréquente, et une maigreur remarquable. Une épingle enfoncée superficiellement dans les deux jambes et dans les cuisses ne détermina aucune sensation, bien que les jambes parussent tendre à se fléchir par des mouvemens très bornés : la même insensibilité affectait le pénis et la muqueuse du gland. Cependant des points de la jambe gauche paraissaient donner quelques résultats moins négatifs ; mais rien n'était moins appréciable que cette sensibilité, qui, sur un point donné, paraissait et disparaissait plusieurs fois en peu d'instans. Dans cet état, le malade, qu'aucune sensation de besoin n'avertissait, laissait aller les matières fécales et l'urine : celle-ci, coulant constamment de l'urètre, inondait le lit, et baignait le scrotum.

Peu de temps après l'entrée du malade, quatre cautères furent appliqués le long de la tumeur : l'insensibilité, après avoir diminué, reparut bientôt accompagnée de la même série de symptômes. Bientôt Desmazures, qui ne s'était plaint d'aucune douleur, accusa une légère cuisson au sacrum et sur le grand trochanter du côté droit, parties sur lesquelles le malade était constamment appuyé. Un examen attentif fit découvrir une escarre large comme la main, noire, entourée d'un cercle rouge, livide, exhalant une odeur très fétide. Le malade était faible ; les pommettes étaient le siège d'une coloration vive ; la toux était fréquente et fatigante ; le pouls était petit, serré ; l'état de la sensibilité ne présentait aucune variation (pansement avec l'onguent basilicon, quinquina en décoction, potion tonique) ; on remarque sur le scrotum, sur la verge, et les parties supérieures de l'une et de l'autre cuisse, de petites escarres, assez régulièrement arrondies. Les symptômes locaux marchent, les escarres tombent et laissent à nu le grand trochanter droit. Le 24 les phénomènes persistent, le nerf sciatique paraît à découvert dans la partie postérieure de la plaie. La section de ce nerf dans une partie de son épaisseur est suivie de très légers mouvemens dans la région supérieure et antérieure de la cuisse; mais le malade n'accuse aucune sensation : la faiblesse augmente; les jambes s'infiltrent; la respiration devient suspirieuse et pénible; elle est accompagnée d'un râle trachéal très intense, et le malade succombe le 24 mars, deux ans après l'invasion des premières douleurs.

Autopsie 24 heures après la mort. — Il y avait injection de la partie postérieure du tronc, de la face et des oreilles, infiltration des membres inférieurs qui étaient très flasques, et rigidité des membres supérieurs. On trouvait à la partie postérieure du bassin deux larges escarres. L'une occupait la partie supérieure et postérieure du côté droit, précisément sur le grand trochanter, qui était découvert par la destruction des parties molles qu'il soutient; l'autre, située sur la ligne moyenne, au niveau du coccyx et sur cet os qui se trouve presqu'à nu. On aperçoit en outre de petites escarres, arrondies, peu étendues, à la partie postérieure de l'une et de l'autre cuisse, sur le scrotum et la verge.

Le nerf sciatique se divisait, au niveau du grand trochanter, en poplité interne et en poplité externe; il était injecté de sang veineux ainsi que les tissus qui l'entouraient. Placé au fond et à la partie postérieure de la plaie gangréneuse de la région trochantérienne droite, ce nerf présente les traces d'une incision portant sur la branche poplitée externe (le reste du nerf est entier). Les deux extrémités de la solution de continuité sont entourées de fausses membranes et de pus; les filets sont distincts, isolés; la pression fait sortir du sang noir du tissu, mais point de pus; le névrilème est épaissi, rouge; le tissu cellulaire et les muscles qui entourent l'escarre sont remplis de sang liquide et noir, un peu moins coloré cependant dans l'artère que dans la veine.

A la cuisse gauche, le nerf sciatique est injecté de sang veineux que l'on peut en exprimer par la pression; la veine et l'artère sont remplies d'un sang qui présente le même aspect qu'à la cuisse droite.

Entre la septième et la neuvième vertèbre dorsale, on remarque une tumeur inégale, de l'étendue de deux pouces et demi, formée par les saillies de deux apophyses épineuses.

La section des muscles des gouttières vertébrales donne lieu à l'écoulement d'une grande quantité de sang noir.

A l'ouverture du canal vertébral, à l'endroit où se voit la gibbosité du côté droit de la moelle épinière, et entre les lames des vertèbres du côté correspondant, qui viennent former les apophyses épineuses, on rencontre une tumeur de l'étendue de plus de deux pouces de long, oblongue, irrégulière, blanche, granulée, sans odeur, analogue à du suif, ne graissant pas les doigts, semblable aux athéromes, sans mélange de sang, enveloppée par une membrane, véritable kyste, rouge et tomenteux à l'extérieur, lisse et blanc à l'intérieur. Elle se prolongeait en avant de la moelle, et la déjetait à gauche à cause de son excès de volume à droite. Les membranes, qui entouraient ce prolongement, n'étaient point perforées; la moelle était injectée de sang veineux, surtout au dessus de la tumeur, ce qui s'expliquait par la pression que celle-ci exerçait. Le kyste adhérait à la dernière des membranes. On apercevait, à l'endroit correspondant à la tumeur et à travers la membrane propre de la moelle, un rétrécissement qui contrastait avec le volume supérieur et inférieur : elle contenait dans son épaisseur des vaisseaux injectés de sang veineux au dessus de l'étranglement : le cordon rachidien n'était point ramolli, et n'avait subi aucun changement.

Dans le point rétréci, au contraire, la consistance était diminuée : on apercevait du reste une petite quantité de substance blanche et de substance grise. Après l'enlèvement de la membrane propre, injectée, on trouva que la moelle n'avait pas une demi-ligne. Au dessous de l'étranglement, l'épaisseur et la consistance étaient normales, dans une étendue de deux pouces et demi, c'est-à-dire depuis la fin de la dépression jusqu'à la terminaison de la moelle. La substance tuberculiforme a détruit à son niveau le ligament vertébral postérieur.

A l'examen de la poitrine, on trouve une grande quantité de sérosité dans la cavité du péricarde : l'oreillette gauche était remplie d'un caillot analogue à de la gelée de groseilles, présentant quelques taches rouges à son intérieur. Il existait des taches blanches à la surface du cœur, dont tous les vaisseaux sont gorgés d'un sang veineux qui colore son tissu. On trouve du sang noir, liquide et caillé, dans l'intérieur de l'aorte.

Il n'y avait point de sérosité dans les côtés de la poitrine; on trouvait des adhérences anciennes et fortes; on voyait des tubercules à la racine des bronches et au sommet des deux poumons : plusieurs même étaient convertis en cavernes; une surtout, au haut du poumon gauche, pouvait loger une forte noix.

Au niveau du corps des vertèbres correspondant à la tumeur, on trouva une poche placée entre le ligament antérieur et le corps des vertèbres, contenant une substance semblable à celle qui a été déjà observée.

A l'examen de l'abdomen, je trouvai une injection veineuse des intestins : la vessie était distendue par l'urine; je trouvai des adhérences et un aspect glanduleux du foie, qui était injecté de sang noir.

Observation. — Depuis un an, le nommé Senecy, âgé de 47 ans, éprouvait fréquemment des vertiges, des étourdissemens, des pesanteurs de tête qui l'obligèrent, dans cet espace de temps, s'il faut l'en croire, à se faire saigner une vingtaine de fois. Sous l'influence des évacuations sanguines, les accidens cessaient pendant quelques jours, mais ne tardaient pas à reparaître. Un matin, comme il voulait se lever, il ne put bouger. Ayant essayé alors de se glisser hors du lit, il se laissa tomber à terre, et tous ses efforts furent inutiles pour se relever. Les extrémités inférieures étaient paralysées du mouvement et du sentiment. Dans la journée, il laissa aussi échapper involontairement l'urine et les matières fécales. Cependant, le malade avait conservé l'exercice de ses bras; sa respiration était libre, et son intelligence n'était nullement troublée. Au moment de l'accident une saignée fut pratiquée, mais on obtint peu de sang. Quelques jours après, quatre moxas furent appliqués à la région des lombes; du reste, on se contenta de prescrire des potions calmantes pour faire cesser les insomnies. L'urine coulant par regorgement, on introduisit à plusieurs reprises une sonde dans la vessie.

L'état du malade étant toujours stationnaire, on le transporta à l'hôpital Saint-Louis sept jours après l'accident. Il était dans l'état suivant : Les cuisses et les jambes étaient entièrement paralysées du mouvement et du sentiment. Il existait une légère contraction à l'articulation du genou, seulement celle de la hanche était libre; l'urine coulait par regorgement; on sentait facilement la vessie pleine au dessus des pubis; les matières fécales étaient excrétées involontairement; la respiration n'était que peu gênée; les bras et les avant-bras jouissaient de leurs mouvemens; la sensibilité n'y était point émoussée; il n'y avait pas non plus de contraction; l'intelligence était intacte; le malade donnait des détails exacts sur son accident, et sur les soins qu'on lui avait donnés; l'instantanéité de l'accident, et l'existence de la paralysie des parties inférieures, me firent diagnostiquer une apoplexie de la moelle, qui devait avoir son siège vers la région dorsale. Malgré l'application de vingt moxas à la région lombaire, d'une part l'état des membres inférieurs resta le même, et de l'autre la paralysie fit des progrès dans les parties supérieures; les mouvemens des bras devinrent de moins en moins faciles; la respiration était aussi de moins en moins libre : enfin, cinq jours après son entrée, le malade avait une peine extrême à respirer; il ne pouvait soulever ses bras, ni les soutenir levés : toutefois, la sensibilité n'était pas détruite; il sentait encore lorsqu'on le pinçait : l'intelligence était toujours intacte ; il disait qu'il se voyait mourir peu à peu. Dans la journée, la dyspnée augmenta encore; le malade expira dans la nuit.

A l'autopsie, qui fut faite trente heures après la mort, les membranes de la moelle ne présentaient rien de remarquable; elles n'étaient pas plus injectées, et ne contenaient pas plus de sérosité qu'à l'état normal. A l'extérieur, on n'apercevait rien à la moelle; celle-ci fut fendue dans le sens de sa longueur. La portion lombaire était saine; la couleur et la consistance étaient à l'état normal; il en était de même pour la partie inférieure de la région dorsale : mais, environ au niveau de la seconde vertèbre dorsale, nous trouvâmes, à peu près dans l'étendue d'un pouce, un véritable foyer apoplectique. La substance blanche, extrêmement ramollie, était parsemée de petits points rouges, semblables à ceux qu'on trouve au cerveau dans l'apoplexie dite capillaire. Ces petits points étaient autant de foyers apoplectiques qui, réunis plusieurs ensemble, nageaient dans la substance nerveuse ramollie, et colorée en rouge par le sang épanché. Au dessus, vers la première vertèbre dorsale de la septième cervicale, il y avait un ramollissement bien évident. Dans l'espace d'un pouce, toute la substance de la moelle était réduite en un détritus grisâtre presque liquide, et qui ne contenait aucune parcelle de sang. Ce ramollissement était séparé du premier par une portion de moelle à peu près saine, quoique un peu ramollie. Le reste de la moelle ainsi que le cerveau et le cervelet ne présentaient rien de remarquable. Le cerveau seulement était légèrement injecté.

Observation. — Balousso (Bernard), âgé de 38 ans, d'une constitution assez robuste, s'était toujours bien porté, lorsqu'il commença à sentir de l'affaiblissement dans les bras et dans le cou, sans qu'il pût attribuer ce commencement de maladie à aucune cause appréciable. Les mouvemens, qui d'abord n'avaient été que gênés, devinrent bientôt très difficiles, et le malade se vit forcé d'entrer à l'hôpital Saint-Louis près d'un mois après, avant qu'on eût cherché à le soulager par un traitement régulier.

Il ne pouvait alors lever le bras droit : lorsqu'on soulevait celui-ci, et qu'on l'abandonnait ensuite à son propre poids, il retombait lourdement. Les mouvemens du bras gauche étaient difficiles, mais ils n'étaient pas anéantis. Des deux côtés, la sensibilité ne paraissait pas émoussée. La tête retombait en avant sur la poitrine, sans qu'il fût possible au malade de la relever ni de la remuer en aucun sens. Les extrémités inférieures étaient libres : le malade ne pouvait se soutenir sur les jambes, ni même marcher; il n'y avait pas de contractures aux jambes. Le pouls était fort et fréquent. La langue ne présentait rien d'anormal; il y avait de la constipation; les urines étaient assez rares.

A ces symptômes de paralysie, il était aisé de reconnaître une affection de la moelle épinière, et les symptômes consécutifs vinrent tous les jours confirmer ce diagnostic. (10 cautères furent placés à la région cervicale.)

Le 5 juin, les deux bras étaient entièrement paralysés; le sentiment n'y était pas éteint.

Le lendemain, le malade ressentait des élancemens dans les cuisses et dans les jambes; l'articulation fémoro-tibiale se contractait involontairement.

Le 8 juin, il ne pouvait plus lever les cuisses ni les jambes; pour les soulever un peu, il pliait le genou sans que son talon quittât le lit : la sensibilité était peu diminuée. Les membres étaient toujours le siège d'élancemens et de contractions qui fatiguaient horriblement le malade.

Le 10 juin, la paralysie du membre abdominal droit était presque complète; le gauche se mouvait avec un peu moins de difficulté; en pinçant le malade, en lui chatouillant la pointe des pieds, il n'éprouvait qu'une sensation obtuse; à gauche cependant la sensibilité était plus vive: il en était de même pour les membres supérieurs. Le pouls était toujours fort, fréquent; la langue était rouge, fendillée; l'appétit se soutenait : il y avait toujours de la constipation et de la difficulté à uriner. Le malade était dans une agitation extrême; il se plaignait d'élancemens dans les jambes et d'un grand froid à la tête. Depuis plusieurs jours il n'avait pas reposé un instant. (Potion avec acétate de morphine.)

Le 12 juin, la paralysie gagna la vessie, et le malade n'urina plus qu'avec l'aide de la sonde. Il y avait moins d'agitation, mais l'appétit avait cessé.

Bientôt la résolution des membres devint complète; ils ne purent plus être ni remués ni soutenus; la sensibilité n'était nulle part entièrement éteinte; ces symptômes existaient des deux côtés. Depuis plusieurs jours une constipation opiniâtre annonçait une paralysie du rectum.

Enfin, la respiration fut de plus en plus gênée; le pouls s'affaiblit, et le malade mourut en conservant son intelligence intacte jusqu'au dernier moment.

Autopsie. — Le corps était d'une maigreur qui approchait presque du marasme; et les membres étaient dépourvus de graisse, mais assez bien musclés.

Le canal rachidien étant mis à découvert, nous vîmes au niveau de la région cervicale la dure-mère épaissie et comme lardacée, de deux lignes d'épaisseur; à l'intérieur, elle était recouverte de petits pelotons graisseux. Le ligament vertébral postérieur était détruit; la partie postérieure du corps des troisième, quatrième, cinquième et sixième vertèbres cervicales était à nu sous la dure-mère, et présentait des inégalités très sensibles sous le doigt. Un scalpel s'enfonçait facilement dans leur substance devenue très spongieuse. Les ligamens intervertébraux étaient détruits en partie; il n'y avait aucun déplacement.

Sur les côtés du pharynx existait un abcès rempli de pus, dont on n'avait pas soupçonné l'existence.

Les poumons, dans diverses parties, présentaient de l'engouement, surtout les lobes inférieurs.

Les autres organes ne présentaient rien de remarquable : le cerveau et la moelle étaient sains.

Ces altérations pathologiques nous donnent facilement l'explication de ces symptômes. Il s'agissait d'une carie des vertèbres cervicales, par suite de laquelle le ligament vertébral postérieur fut détruit; la dure-mère, participant à la maladie, acquit cet épaississement et cette consistance que nous avons notés, et la moelle épinière, comprimée dans sa région cervicale donna lieu aux symptômes observés pendant la vie. Toutefois, on pourra remarquer que par cette observation, comme par plusieurs autres que nous avons été à même de recueillir, la question du siège du mouvement et du sentiment ne pouvait être éclaircie; en effet, la moelle épinière était comprimée en tous sens, et la paralysie a précédé de long-temps la perte de la sensibilité qui n'a même jamais été entièrement anéantie.

Cette observation nous démontre que l'abolition du mouvement et la conservation de la sensibilité sont deux choses essentiellement distinctes: le mouvement a été aboli parce que les membres n'étaient plus sous l'influence de la volonté; mais comme le cordon nerveux est demeuré intact, il a dû transmettre l'impression reçue par les extrémités périphériques des nerfs, d'où persistance de la sensibilité. Enfin, la contracture s'est fait sentir dans les membres inférieurs lorsque la compression n'était encore que portée à un faible degré.

Chez ce malade, comme chez ceux qui ont eu la moelle épinière comprimée, la sensibilité a été conservée, même jusque dans les dernières époques de la vie; et lorsque, au contraire, la moelle a été désorganisée complètement, la sensibilité et le mouvement ont été anéantis.

Observation. — Le dimanche 30 août, à dix heures du soir, le nommé Duflot, cocher de fiacre, tomba du haut de son siège sur le pavé du boulevart. Transporté immédiatement à l'hôpital Saint-Louis, cet homme, âgé de 57 ans, d'une haute stature, d'une apparence robuste, présenta l'état suivant:

A la partie supérieure et droite de la région frontale existait une large plaie contuse, avec dénudation du crâne, dans une étendue d'un pouce carré environ. Un examen attentif n'y fit découvrir aucune fracture; l'hémorrhagie, qui fut peu abondante au moment de la chute, s'est arrêtée d'elle-même. Les quatre membres, ainsi que le tronc, jusqu'à la hauteur des seins en avant, et de quelques pouces plus haut en arrière, étaient dans un état complet de paralysie; les membres soulevés retombaient comme des masses inertes; le chatouillement, la torsion de la peau, ne donnaient lieu à aucune sensation; cependant le chatouillement à la plante du pied gauche produisit un instant quelques légères contractions des muscles antérieurs de la cuisse. Le malade n'eut pas de selle, et n'urina pas au moment de l'accident. Le pénis, de dimensions extraordinaires, était dans un état assez marqué d'érection; la respiration avait uniquement lieu par le diaphragme; les côtes étaient dans une immobilité complète, et, à chaque inspiration, les sterno-mastoïdiens se contractaient d'une manière violente : le pouls était plein, mais lent; il ne battait que 54 fois par minute : il n'y avait pas de stupeur; le malade répondait d'une manière précise.

Le 31 au matin, le malade avait un peu dormi pendant la nuit; d'ailleurs, il est dans le même état : le pouls était un peu moins lent; la colonne vertébrale, examinée avec soin, ne présentait rien de particulier. (Saignée de trois palettes; eau de veau avec sulfate de soude; eau de Sedlitz; diète.) Dans la soirée, on sonda le malade, qui n'avait pas encore uriné depuis l'accident. La vessie contenait une assez grande quantité d'urine très foncée, mais peu odorante; l'eau de Sedlitz ne procura aucune selle; un lavement purgatif fut bientôt suivi d'abondantes évacuations, qui, depuis, ont été fréquentes et involontaires jusqu'au moment de la mort; le malade est dans un léger assoupissement, mais les facultés intellectuelles restent intactes.

Le 1er septembre, la paraplégie persistait; la céphalalgie était assez vive; il y avait un léger assoupissement; les réponses étaient toujours précises; le pénis conserva toujours son énorme volume; les veines des membres inférieurs étaient gorgées de sang; le pouls s'est encore accéléré (83 *pulsations*), mais il est plus faible que la veille. La respiration, toujours exclusivement diaphragmatique, était plus gênée; la langue était sèche et recouverte d'un enduit brunâtre; la soif était vive; l'abdomen était météorisé, et des gaz étaient fréquemment rendus par le rectum. La plaie de la tête n'offrait aucune tendance à la cicatrisation; les lambeaux n'étaient pas encore enflammés. (Nouvelle saignée de trois palettes; sinapismes aux cuisses; cathétérisme.) A onze heures du soir, le pouls était très fréquent; la peau était brûlante et sèche, mais elle ne présentait nulle part la coloration bleue qui indique l'extrême gêne de la respiration; le malade se plaignait du poids des couvertures.

Le 2, à sept heures du matin, l'état de la peau et de la circulation était le même; la respiration devient stertoreuse et très pénible; les yeux étaient fermés, et il succomba après une pénible agonie.

Autopsie, vingt-quatre heures après la mort.

Sur les épaules et la partie postérieure du tronc, on remarque d'assez nombreuses ecchymoses, de forme arrondie, qui n'existaient pás pendant la vie; le cuir chevelu était rempli d'un sang noir très abondant; le crâne, ouvert avec la scie, n'offrait aucune trace de fracture; les membranes du cerveau, les sinus, étaient gorgés d'une énorme quantité de sang noir; le cerveau, qui est le siège d'une congestion semblable, est sain d'ailleurs. L'extrémité céphalique de la moelle épinière était saine; mais, à un pouce et demi au dessous du trou occipital, on trouva au centre de cet organe une substance qui, analogue par sa consistance et sa couleur à de la lie de vin, était parsemée de stries blanchâtres, et n'était autre chose qu'un mélange de substance grise, de substance blanche et de sang; en enlevant cette matière avec le scalpel, on voyait qu'elle était filante et se tenait. Cette lésion remontait assez haut dans l'épaisseur de la moelle, mais inférieurement elle se terminait en cul-de-sac au point indiqué plus haut : à ce même niveau la dure-mère, qui n'a point été rompue, présentait à sa face interne une coloration ardoisée, luisante; cette bouillie enlevée, on trouva une destruction de la moelle dans toute son épaisseur, si l'on excepte une légère couche appliquée sur les membrânes. A un demi-pouce plus bas, la même destruction existait, mais seulement sur la ligne médiane, et les cordons latéraux étaient en partie conservés. Ici les membranes sont rompues, excepté la dure-mère qui est restée intacte; tous les vaisseaux rachidiens étaient gorgés de sang.

La section transversale de la verge en faisait sortir un sang liquide, noir. Les cordons spermatiques, les vaisseaux du testicule, et la substance même de cet organe étaient également injectés; on aperçoit même l'injection à travers la tunique vaginale.

Les intestins étaient ballonnés comme avant la mort. Le cœur contenait du sang noir; l'aorte à sa surface externe présentait une injection capillaire très marquée. Les poumons, pleins d'un sang très noir, offraient cette teinte à la section; leur pesanteur était de beaucoup augmentée; par la pression on en faisait facilement sortir le sang qui y était contenu.

Le foie, l'aorte, la rate, étaient également gorgés de sang; ce dernier organe était ramolli de manière à se laisser très facilement déchirer : la vessie est pleine d'urine d'une odeur ammoniacale.

Les veines du cou sont distendues par du sang noir; une large ecchymose existait dans le tissu cellulaire sous-jacent au pharynx et à l'œsophage. Le fibro-cartilage qui unissait la troisième et la quatrième vertèbre cervicale a été rompu dans toute son épaisseur, et les surfaces correspondantes du corps des deux os étaient inégales, rugueuses ; malgré cette lésion, il n'existait pas de luxation, et les surfaces articulaires des deux vertèbres avaient conservé leurs rapports.

Observation. Le 7 janvier 1835 est entré à l'hôpital Saint-Louis (le nommé Thiébault Victor), âgé de 58 ans, journalier. Cet homme jouissait d'une bonne santé, lorsqu'en déchargeant du bois il tomba, de sept pieds de haut, sur le bord d'un bateau, sur la nuque et la bosse occipitale. On l'apporta immédiatement à l'hôpital.

Le lendemain à la visite, le malade présentait une plaie d'un pouce d'étendue environ à la région occipitale ; léger assoupissement dont on le tire en l'interrogeant, réponses lentes mais précises ; les facultés intellectuelles sont intactes ; il accusait des douleurs vives quand on voulait soulever la région cervicale, ce qui empêchait de l'examiner avec toute l'exactitude désirable. La vue était intacte ; il n'y avait pas de déviation de la face ni de la langue ; la déglutition s'opérait librement.

La respiration était gênée ; il n'existait aucune contraction des muscles intercostaux; les mouvemens du diaphragme seuls persistent : les battemens du cœur sont très lents, très faibles; il y a intermittence du pouls.

Les membres supérieurs et inférieurs sont complètement privés de mouvement et de sentiment; il en est de même du tronc: cependant la sensibilité se manifeste au dessous de la mâchoire.

La région hypogastrique est distendue par la vessie remplie d'urine, quoique le malade ait uriné par regorgement: pas de selle; la verge est dans un état d'érection. (Saignée de quatre palettes; quinze sangsues autour de la plaie; eau de veau émétisée.)

Le 9, l'assoupissement a disparu; la peau est plus chaude; la face est rouge; pas de céphalalgie; la douleur de la région cervicale a cessé; même état du mouvement et du sentiment; la déglutition reste facile, cependant avec une forte élévation du larynx; la voix, qui hier était normale, est aujourd'hui très faible; respiration toujours diaphragmatique; battemens du cœur intermittens, seulement plus forts qu'hier; l'érection du pénis persiste; on a retiré à l'aide de la sonde une grande quantité d'urine; le malade a eu deux garderobes. (Saignée de trois palettes; cinquante sangsues derrière les apophyses mastoïdes; même tisane.)

Après la saignée, au moment où l'on se dispose à appliquer les sangsues, le *malade meurt* (dix heures du matin).

Autopsie, vingt-quatre heures après la mort.

On constate sur la partie latérale droite de la protubérance occipitale l'existence d'une plaie, une dénudation du crâne, qui présente dans ce point un très léger enfoncement. Dans ce même point, on trouve une fracture, qui de là s'étend à deux lignes environ du rocher. Le crâne ouvert, on trouve que les membranes du cerveau sont engorgées d'un sang noir, que l'on trouve aussi en grande quantité dans les fosses occipitales : en détachant la dure-mère, on remarque au dedans du rocher un peu de sang noir coagulé; la surface du cervelet en présente une légère quantité, on en retrouve aussi dans quelques anfractuosités du cerveau. Du reste toute la substance cérébrale est dans le plus parfait état d'intégrité.

En incisant les parties molles au niveau de la partie moyenne de la région cervicale, on trouve du sang infiltré et une fracture d'une apophyse épineuse.

Le canal vertébral ouvert présente à sa partie inférieure une certaine quantité de sang noir, fluide; la dure-mère incisée, les vaisseaux paraissent plus injectés que dans l'état normal; la moelle à l'extérieur a conservé sa blancheur, excepté au niveau du renflement cervical, qui présente une teinte violacée: on enlève la pie-mère dans ce point et on constate une désorganisation complète de la moelle; au dessus et au dessous de ce point, la désorganisation diminue graduellement. L'insertion des racines des nerfs sur la membrane propre de la moelle et cette membrane elle-même sont conservées; mais, au dessous, la moelle, dans toute son épaisseur, est ramollie, désorganisée, et présente l'aspect d'un pus bien lié, coloré en rouge-brun.

En ouvrant la cavité thoracique, le cœur paraît plus volumineux que dans l'état normal; le tissu pulmonaire est sain; il existe d'anciennes adhérences pleurétiques des deux côtés. La cavité abdominale ne présente rien à noter, si ce n'est que le diaphragme est dans un tel état de contraction qu'il forme du côté du foie trois colonnes charnues, dont l'empreinte est fortement marquée sur cet organe, qui du reste est, ainsi que la rate, dans le plus parfait état d'intégrité. Rien à noter dans le tube digestif.

La vessie est distendue par l'urine.

1° Chez ce malade, la moelle a été désorganisée dans un point par le fait même de la chute, et l'abolition du sentiment et du mouvement en a été la conséquence; 2° un travail inflammatoire s'est emparé de la masse désorganisée, de manière à donner lieu au mélange du sang et du pus; 3° le siège de l'altération de la moelle épinière explique l'insensibilité des membres et du tronc, et l'abolition du mouvement de ces mêmes parties; 4° il est évident que l'altération de la moelle épinière n'entraîne pas de changement dans l'exercice des fonctions des nerfs qui naissent au dessus de cette désorganisation, puisque la sensibilité et les mouvemens de la face étaient conservés à la partie supérieure du cou; 5° l'intégrité des racines des branches cervicales qui donnent naissance aux nerfs diaphragmatiques explique la continuation d'action du diaphragme, tandis que les parois de la poitrine et de l'abdomen étaient constamment paralysées; 6° l'état de somnolence s'explique par l'infiltration du sang dans les circonvolutions du cervelet et du cerveau; 7° on se rend compte de la conservation de la déglutition par l'intégrité des nerfs glosso-pharyngiens et pneumo-gastriques; 8° enfin l'érection s'explique par l'irritation de la moelle épinière, déterminée sans aucun doute par la présence d'un corps étranger, le sang.

Le 8 octobre 1835 est entrée à l'hôpital Saint-Louis la nommée Gay (Marie), âgée de 39 ans, d'une forte constitution, bien musclée et du tempérament dit nervoso-bilieux. Dans le courant de sa vie cette femme n'a éprouvé aucune maladie grave dont on doive faire mention. Elle a été bien réglée. Elle a eu plusieurs enfans, et ses couches ont été laborieuses. Il y a plusieurs années qu'elle a commencé à éprouver des étourdissemens; et même par moment elle était dans une sorte d'ivresse : ces congestions n'avaient cependant été suivies d'aucun accident, lorsqu'il y a quatre ans elle ressentit subitement dans le dos comme un coup qu'elle aurait reçu de quelqu'un qui l'aurait poussée : cette sensation persista et se faisait surtout sentir dans les mouvemens du corps. Quelque temps après elle éprouva la sensation d'un corset de fer vers la partie inférieure de la poitrine. La douleur diminuait quand la malade était fortement serrée. Bientôt elle fut enfin forcée de ne plus se serrer du tout; les jambes plièrent sous elle, et sa volonté fut incapable de maîtriser ses mouvemens; aussi le pied se plaçait-il pendant la marche dans un autre endroit que celui qui avait été désigné. Enfin la constipation devint opiniâtre et l'émission des urines devint plus rare.

Lors de son entrée à l'hôpital, cette femme, après nous avoir fait ce récit, ajoute qu'actuellement elle était dans l'impossibilité de marcher sans être soutenue par deux personnes ; la sensibilité était conservée dans toutes les parties du corps, même dans les membres inférieurs, qui avaient perdu à peu près complètement la faculté de se mouvoir ; je dis à peu près, parce qu'elle pouvait encore , sous l'influence de la volonté, fléchir la cuisse sur le bassin et sur elle entraîner la jambe. Le membre ne pouvait jamais abandonner entièrement le lit, qu'il touchait par le talon. Cependant cette malade pouvait mouvoir les membres inférieurs plus facilement certains jours. Après quelque temps de séjour à l'hôpital est survenue une constipation opiniâtre; les urines ne purent être évacuées que par la sonde. Des cautères en nombre successivement croissant furent appliqués dans la région lombaire : le repos le plus absolu, les cautérisations, n'amenèrent qu'un faible soulagement, et la pression constante exercée sur la région sacrée détermina une escarre qui détruisit les parties molles ; aussi dans les derniers jours de sa vie la sensibilité fut-elle obtuse dans les membres inférieurs. Les pincemens ne déterminèrent aucune douleur ; une sueur froide couvrit tout le corps, principalement la face qui offrait une teinte cadavérique et que la malade essuyait continuellement avec les mains ; le ventre se développa énormément par l'effet de l'accumulation de gaz dans les intestins; et lorsque cette femme succomba, le 7 mai 1836, il y avait une pneumatose intestinale qui était aussi développée après qu'avant la mort. Le dernier jour, la sensibilité fut complètement éteinte dans les membres inférieurs. Les matières fécales s'écoulèrent involontairement ; il y eut quelques vomissemens bilieux ; la malade fut prise de contractures dans les membres inférieurs, qui étaient depuis long-temps refroidis ; les membres supérieurs et les organes de la déglutition étaient restés intacts.

A l'autopsie, qui fut faite 24 heures après la mort, le canal vertébral ayant été ouvert, les membranes ayant été incisées, la moelle n'a pas présenté de différence dans son volume, si ce n'est à la partie inférieure de la région cervicale, endroit où elle était sensiblement augmentée de diamètre ; elle se terminait entre la première lombaire et la dernière dorsale.

A la partie inférieure du canal vertébral, et au milieu de la queue de cheval, existait une tumeur fluctuante, enveloppée par une membrane mince, l'arachnoïde. Incisée, cette membrane a laissé échapper de la sérosité et des fausses membranes de nouvelle formation. La couleur de la moelle épinière avait singulièrement changé dans quelques points, puisqu'elle avait perdu sa blancheur dans la face postérieure et dans l'étendue de deux pouces environ au dessus de l'extrémité caudale. Sa couleur noirâtre était identifiée avec la substance nerveuse. Cette coloration contrastait d'une manière frappante avec celle de la moelle restée saine. En incisant la moelle épinière sur la ligne médiane et en arrière, je trouvai une cavité lisse, tapissée par une membrane qui en occupait toute la longueur. Ce conduit creusé dans l'épaisseur de la substance grise, qui était désorganisée dans certains points et entièrement absente dans d'autres, était augmenté de diamètre d'une manière remarquable dans le renflement crural, qui était dilaté en une sorte de vessie dont les parois étaient formées par les membranes de la moelle et la substance blanche. Là se trouvait de la sérosité en certaine quantité, et celle qui existait à la partie inférieure du canal vertébral paraissait avoir eu des communications avec celle-ci. Le renflement caudal était réduit à une espèce de poche, à parois minces, et dont la substance grise avait été détruite. La substance grise a donc été détruite d'abord, et la substance blanche en second lieu; le ramollissement a commencé dans celle-ci par la partie la plus profonde, de telle sorte que plus on se rapprochait de la superficie de la moelle, plus on retrouvait son organisation. La coloration brune dont nous avons parlé commençait à diminuer et à être moins apparente trois pouces au dessus de l'extrémité caudale; mais bientôt elle reparaissait vers la partie inférieure de la région cervicale, endroit où la moelle avait perdu la plus grande partie de sa consistance, et où elle avait remarquablement augmenté de volume. La moelle fendue dans son épaisseur dans ce lieu, laissa sortir de la sérosité citrine sans consistance, qui se trouvait renfermée dans de petites poches kystiques; vers la partie supérieure de la région cervicale et vers la partie inférieure de cette région on trouva, au milieu même de la moelle, une tumeur dont l'enveloppe était formée par la membrane propre de ce cordon, et par une couche variable en épaisseur de substance nerveuse blanche. Cette tumeur était immédiatement, du reste, recouverte par de la substance blanche désorganisée, du volume d'un œuf de pigeon, à peu près de forme ovoïde; elle était entourée par de la substance grise et blanche ramollie, comme nous venons de le dire, et formée au centre, lorsqu'on la divisait, par une matière noirâtre, semblable à du sang coagulé et durci; elle se prolongeait dans la région dorsale par un appendice canaliculé blanchâtre, tapissé d'une fausse membrane. L'incision de cette tumeur nous fit reconnaître une multitude de petits caillots, dont l'enveloppe paraissait être formée par de la fibrine décolorée. Au dessus de la tumeur existait un ramollissement complet de la substance grise et blanche, dont le mélange ressemblait à du fromage mou : ce ramollissement s'avançait de la partie centrale vers la circonférence, et c'était au dessus de lui qu'on rencontrait les petits kystes indiqués plus haut. Les cordons latéraux de la moelle étaient intacts et résistans. A un pouce et demi de la protubérance annulaire, la moelle épinière était saine, blanche, de consistance naturelle, n'était nullement canaliculée, et sa substance grise était dans l'état normal. Le ventre et la poitrine ouverts présentèrent plusieurs altérations dignes d'être notées.

Les intestins grêles et gros étaient ballonnés et distendus par des gaz; il semblait que les efforts de la distension eussent été portés au plus haut point. Il y avait de la sérosité dans la cavité abdominale, et dans les plèvres il en existait une plus grande quantité à gauche qu'à droite.

Les poumons présentaient une coloration rouge dans presque toute leur étendue; ils avaient été envahis par une pneumonie au premier degré dans la plus grande partie de leur épaisseur.

Le nerf crural paraissait un peu moins volumineux.

Le nerf sciatique était injecté en sang veineux, caractère qui lui était commun d'ailleurs avec la plupart des autres viscères.

Il résulte de tout ce qui précède que la maladie de la moelle a débuté par le centre de ce cordon nerveux; que la substance grise a d'abord été le siège du désordre, et ce n'est que consécutivement que la substance blanche a été désorganisée par degrés du centre à la circonférence; qu'une couche mince de substance blanche, ainsi que la membrane propre de la moelle, ont été conservées dans toute la longueur de ce cordon, et que ce n'est que partiellement que la substance blanche a été complètement ramollie; que cette malade a éprouvé tous les symptômes des congestions sanguines, des renflemens nerveux d'abord, et que bientôt elle a éprouvé tous ceux de l'apoplexie de la moelle; que le sang d'abord a été versé dans la substance grise du renflement brachial, qu'il s'est coagulé, durci; que dans quelques endroits il a été dépouillé de la matière colorante, d'où coagulum fibrineux, persistant, et que dans d'autres points il a conservé sa couleur noirâtre, et qu'il a pris une consistance dure, comme charbonnée; que la destruction de la substance grise nous paraît avoir débuté par la région cervicale et avoir envahi en descendant cette même substance jusqu'à l'extrémité inférieure ou caudale; que la substance ramollie au dessus de la tumeur dont nous avons fait mention devait sa ressemblance avec du fromage ramolli au mélange de la substance blanche nerveuse avec de la sérosité citrine; que la membrane organisée que l'on rencontrait dans toute la longueur de ce canal accidentel était le résultat d'un travail inflammatoire; qu'elle était remarquable du reste par son épaisseur, sa couleur diaphane, son adhérence à la substance blanche par sa face externe, excepté dans les endroits où la substance nerveuse était trop ramollie pour lui permettre d'adhérer; que par sa surface interne, elle était lisse, et en rapport avec une plus ou moins grande quantité de liquide séreux; que ce canal central était cependant traversé par intervalle par des filamens vasculaires; qu'au dessous de la tumeur les couches blanches de la substance nerveuse étaient tellement ramolles, que cette fausse membrane s'était détachée dans l'étendue d'un pouce à un pouce et demi, se continuant néanmoins avec le reste du canal central et avec la tumeur : il résulterait de là que les parois s'étaient rapprochées les unes des autres, sans que pour cela son canal se fût oblitéré; que le renflement crural étant la partie la plus déclive, il a dû recevoir la sérosité des parties élevées, d'où sa dilatation en ampoule; que, d'après les phénomènes observés, la sensibilité s'est conservée malgré l'atteinte grave portée à la substance grise; que par conséquent le siége de la sensibilité ne peut pas être établi, comme l'avait prétendu Bellingeri, dans la substance grise, puisqu'on ne peut pas invoquer, pour expliquer la persistance de la sensibilité jusque dans les derniers momens de la vie, la présence d'une partie de la substance grise qui était entièrement désorganisée et détruite; qu'il est évident que ce n'est pas, comme un auteur moderne, distingué du reste, l'avait cru, dans la substance grise et blanche que siège cette sensibilité, mais bien dans cette dernière, puisque ce n'est qu'à mesure qu'elle a été altérée que la sensibilité a diminué; que le mouvement a été anéanti dans les organes qui reçoivent des nerfs de la moelle épinière, par la compression et la destruction de cette substance blanche; ce qui démontre que c'est bien dans cette dernière qu'est le siége du mouvement et de la sensibilité; que le mouvement n'a été perdu pour les membres inférieurs, le rectum, la vessie, les intestins et les parois de l'abdomen en presque totalité, que parce que la désorganisation de la moelle dans cette partie était plus grande que dans la région cervicale; car ce n'est qu'à l'extrémité inférieure du renflement brachial qu'existait une désorganisation aussi étendue que dans la moelle dorsale et lombaire; que le mouvement a été conservé dans les membres supérieurs et le cou, à cause de la désorganisation plus bornée de la substance blanche; ce qui nous indique encore que les fibres les plus superficielles de la substance blanche sont plus importantes à la vie que les fibres plus profondes, en un mot celles qui se rapprochent le plus de la naissance des nerfs; que le diaphragme a conservé ses fonctions pour les mêmes raisons; que la conservation des mouvemens de la face, de la langue, du larynx, de l'œsophage, du pharynx, des muscles du cou, de certains muscles de la poitrine, s'explique par l'intégrité de l'extrémité céphalique de la moelle épinière; que l'on trouve la raison de la paraplégie dans la destruction de la partie centrale de la moelle épinière; que le ballonnement des intestins s'explique par l'absence de l'action de la moelle épinière dans les derniers jours de la vie; que la sensation d'un coup, ressentie par la malade, indique, suivant nous, le moment de l'éparchement de sang dans la substance grise; que la sensation d'un corset de fer est difficile à expliquer, si ce n'est par des contractures des muscles : cette sensation, en effet, a disparu à mesure que la désorganisaton est devenue plus complète; qu'évidemment la mœlle épinière a de l'influence sur le poumon, puisque, dans toutes les observations des maladies de la molle, nous avons trouvé une atteinte plus ou moins gave aux fonctions de cet organe; qu'enfin si l'altération de la moelle épinière a gêné la circulation, ele ne l'a pas arrêtée à cause de la conservation du nerf pneumo-gastrique, du nerf diaphragmatiqueet de la région cervicale du grand sympathique, de telle sorte que l'organe central de la circulation n'avait pas perdu toutes ses sources d'influx nerveux; que cette observation nous démontre que de la sérosié s'est épanchée dans les cavités splanchniques, à caue d'une certaine gêne apportée au cours du sang dans les vaisseaux; qu'enfin elle nous démontre que la moelle épinière, comprimée et désorganisée du centre à la circonférence, n'empêche pas le courant nerveux de s'établir à l'extérieur.

On comprend que, lorsque la moelle épinière est détruite à son extrémité céphalique, les fonctions de la respiration venant à cesser, la mort doit être rapide.

J'ai été témoin du fait curieux d'un homme chez lequel la mort fut subitement déterminée par la compression de la moelle épinière, à la suite d'une triple fracture de l'atlas, dont les fragmens étaient réunis par un tissu fibreux nouveau. Cette fausse articulation avait permis aux puissances musculaires de déterminer dans cet endroit une compression de la moelle, accident qui amena la mort par asphyxie.

Si maintenant nous déduisons des conséquences de tous ces faits, nous trouvons comme résultat des uns que la désorganisation de la moelle épinière amène toujours la perte du sentiment et du mouvement au dessous du point désorganisé, et que les anastomoses nerveuses, établies entre les nerfs qui naissent au dessus de la lésion et ceux qui naissent au dessous, ne peuvent point servir au rétablissement du mouvement et de la sensibilité. Il n'en est pas de l'influx nerveux comme du sang, qui, passant par d'autres canaux, rétablit la circulation dans les parties où elle avait été d'abord interrompue : il faut donc admettre, entre la moelle épinière et les organes impressionnés par elle, une voie directe, nécessaire au développement de la sensibilité et à l'opération du mouvement. On trouve comme résultat des autres qu'une compression lentement exercée sur la moelle épinière éteint le mouvement, mais non la sensibilité, qui persiste souvent jusqu'à la fin de la vie.

On peut encore constater, comme un résultat des expériences nombreuses faites sur la moelle épinière et des faits précédemment rapportés, qu'elle exerce un empire incontestable sur presque tous les organes auxquels viennent se distribuer les nerfs qu'elle envoie; qu'ainsi le mouvement, la sensibilité, et en conséquence les grands phénomènes organiques, sont sous sa dépendance. Tous ces organes, auxquels viennent se rendre les nerfs de la moelle épinière, n'agissant que par elle, sont comme autant d'ouvriers auxquels elle fournit tous les élémens du mouvement et de la sensibilité. La source de ces deux grandes facultés est donc dans ce prolongement nerveux, qui dispense encore le fluide animateur, si impérieusement nécessaire à l'accomplissement des fonctions, et si évident dans les poissons électriques, fluide qui est, comme le sang, le moteur de la vie.

La continuité établie entre la moelle épinière et les nerfs entraîne un accord parfait, et appelle une dépendance réciproque. Aussi, quand la circulation s'anime, quand le fluide se forme plus rapidement, voit-on les mouvemens s'accélérer. On peut se convaincre de ce phénomène par l'expérience suivante. Si, après avoir placé deux aiguilles dans la moelle épinière, on les met en communication avec la pile, on détermine dans les membres inférieurs et supérieurs, dans le tronc, ou dans toutes les parties à la fois, et par conséquent suivant la hauteur à laquelle les aiguilles sont situées dans le canal vertébral, des secousses et des contractions qui sont horriblement douloureuses. Ayant tenté cette expérience sur un chien, à la partie inférieure de la région dorsale, j'ai produit des contractions violentes dans les membres inférieurs.

Les phénomènes précédens se manifestent quand il y a continuité des nerfs avec la moelle épinière et les organes dans lesquels ils se perdent. Mais, quand il n'existe pas de communication complètement directe entre la moelle épinière et les nerfs qui se ramifient dans les tissus, et si l'on tente l'expéricnce que nous venons de décrire, on ne remarque au contraire que de faibles oscillations. On observe particulièrement ce fait dans les organes qui reçoivent des filets du grand sympathique. Que l'on introduise une aiguille dans la moelle et une autre dans l'épaisseur de l'estomac, et que l'on complète la chaîne par des conducteurs, on voit bien les contractions survenir dans les membres inférieurs, mais c'est à peine si celles des intestins paraissent sensiblement augmentées.

Il résulte de tous ces faits que la moelle épinière a une puissance incontestable sur les organes, par le développement de son fluide, et que cette puissance est rendue évidente par la facilité avec laquelle on y développe la douleur et on y apprécie les contractions musculaires, soit qu'on la touche, soit qu'on l'irrite, soit qu'on la coupe.

L'action de la moelle épinière et celle du cerveau peuvent-elles être indépendantes l'une de l'autre?

On invoque en vain, à l'appui de cette hypothèse, les vices de conformation dans lesquels on signale l'existence de la vie isolée du cerveau, du cervelet ou de la moelle épinière, et le développement du fœtus malgré ces imperfections. Pous nous, ces monstruosités ne sont pas des démonstrations évidentes, car l'existence intra-utérine ne saurait être comparée à la vie extra-utérine. Le fœtus, dans le sein de la mère, est sous l'influence de la circulation maternelle; mais, quand l'enfant est sorti de l'utérus, alors c'est le système nerveux tout entier qui agit sur les organes; et si, malgré l'absence d'un renflement nerveux, les phénomènes organiques se continuent, c'est que quelques nerfs entretiennent encore, dans les organes, la vie, *qui n'aura qu'une courte durée.*

De ce que nous avons dit, on peut déjà pressentir que le cerveau est continu avec la moelle épinière, à un tel point que les anatomistes ont dit que l'un n'était qu'une efflorescence de l'autre; qu'on peut enfin regarder le premier comme une partie essentielle de la dernière. Aussi la destruction du cerveau amène-t-elle la mort, parce que la volonté, qui émane de lui, est nécessaire pour que les mouvemens réguliers s'établissent.

L'enlèvement d'un lobe amène la paralysie; la destruction de l'organe produit le même phénomène, parce qu'il fait, comme nous l'avons dit, partie de la moelle, parce que c'est à lui qu'arrivent les impressions pour en faire jaillir la volonté.

Ainsi la réciprocité domine tout le système nerveux de l'homme et des grands animaux. C'est chose difficile aussi que de déterminer d'une manière bien tranchée, soit par l'anatomie pathologique, soit par l'expérimentation, les limites à établir sous le rapport fonctionnel entre tels ou tels renflemens nerveux, à cause de leur dépendance réciproque. Il résulte de là que, sans le cerveau, la vie devient impossible, ou que, si elle continue quelque temps, les fonctions sont imparfaites, comme celles de tous les organes qui ont subi quelques déformations.

Il faut cependant signaler, comme une conséquence de ces développemens physiologiques, que la destruction du renflement supérieur, le cerveau, d'où il ne naît aucun nerf, n'entraîne pas la mort instantanément, comme la destruction ou l'absence de la moelle épinière et de la moelle alongée, qui, envoyant tous les nerfs répandus dans les organes, sont les parties les plus impérieusement nécessaires du système nerveux.

La moelle épinière lie-t-elle les mouvemens en mouvemens d'ensemble? Il est impossible de ne pas se prononcer pour l'affirmative, et d'être convaincu que l'intégrité de cet organe est nécessaire pour l'accomplissement des hautes fonctions auxquelles il est appelé, si, expérimentant sur la moelle, on la coupe dans un point, puisque alors toute espèce de lien et d'équilibre cesse entre les mouvemens. Mais les mouvemens volontaires n'ont pour guide que le cerveau. En effet, sans l'intelligence, sans la conscience du moi, en un mot sans la volonté, dont le cerveau est le siége, il n'y a pas de mouvemens organiques possibles. De telle sorte que les élémens de la contraction gisent dans la moelle épinière, mais que la faculté qui les dirige est dans le cerveau. La compression de la première détruit bien l'équilibre des mouvemens, mais c'est parce que la chaîne nerveuse est interrompue entre les organes et le cerveau.

Cette distinction d'action entre le cerveau et la moelle a été démontrée par les intéressantes recherches de M. Flourens. Ainsi la seconde, présidant aux mouvemens involontaires, va, pendant le sommeil comme dans la veille, dispenser aux organes son fluide animateur. Aussi est-ce à son influence que sont dus les mouvemens du cœur et du diaphragme.

De même que le cerveau est l'excitant des mouvemens volontaires, ainsi le sang et le besoin de respirer sont les excitans du diaphragme et du cœur, et, agissant nécessairement d'une manière continue, produisent l'action incessante des fonctions de ces organes, même pendant le sommeil. Enfin, comme il y a intermittence dans les fonctions du cerveau, il y a aussi intermittence dans les mouvemens volontaires.

Nous aurions pu parler ici de l'action isolée de chacun des cordons qui composent la moelle épinière, examiner les phénomènes croisés dans la paralysie, expliquer et ces contractions morbides, que l'on appelle tétaniques, qui ne peuvent avoir leur point de départ que dans la moelle épinière et dans les nerfs qui en partent; et ces vicissitudes, soit de la sensibilité qui peut être augmentée, diminuée ou abolie, soit du mouvement qui subit des degrés non moins variés dans sa force et dans son intensité. Nous aurions pu rechercher où réside la cause de l'abolition du sentiment, quand le mouvement est conservé, et à quels phénomènes distincts se rattache l'anéantissement de celui-ci, quand celui-ci subsiste encore : et alors nous aurions pu nous demander s'il suffisait, pour justifier la classification que les physiologistes ont imaginée en créant des nerfs du mouvement et des nerfs du sentiment, de signaler la sensibilité éteinte à côté du mouvement conservé. Sans passer par toutes ces considérations, nous pouvons formuler dès à présent notre réponse négative. En effet, nous ne pensons pas que les racines postérieures soient, dans ce cas, le siège de la maladie, car il y aurait aussi abolition du mouvement pour les motifs que nous avons déduits plus haut. Ainsi c'est à tort, suivant nous, que l'on veut expliquer malgré tout la conservation du mouvement par l'intégrité du cordon antérieur de la moelle et des racines antérieures, et la persistance de la sensibilité par l'intégrité du cordon postérieur et des racines qui en naissent. Si, dans certains cas, au lieu de chercher, dans les divisions établies par les physiologistes sur le siège différentiel du sentiment et du mouvement, la cause de l'absence de sensibilité de la peau qui se manifeste chez certains individus, on demandait compte à cette membrane elle-même ou aux filets nerveux qui viennent s'y rendre de cette perte de sensibilité, je crois que l'on serait alors sur la voie de la vérité.

Dans la description physiologique que nous allons faire des renflemens nerveux contenus dans le crâne, nous commencerons par les fonctions du cerveau, qui a été regardé comme un épanouissement de la moelle, pour parler ensuite du cervelet, qui a tant d'analogie avec le cerveau, et enfin de la protubérance annulaire, qui participe à la fois de la moelle épinière, du cerveau et du cervelet.

—

DEUXIÈME CHAPITRE.

Fonctions du cerveau.

Dans l'espèce humaine, le cerveau est le plus volumineux de tous les renflemens contenus dans la boîte crânienne ou dans le canal vertébral, bien que pour cet organe il existe d'énormes différences entre les diverses classes humaines elles-mêmes. Placé à la partie supérieure de l'arbre nerveux, contenu dans les fosses cérébrales antérieures, les moyennes, les postérieures et supérieures, et dans la voûte crânienne, il semble, par sa position imposante, indiquer l'importance de ses fonctions. La masse nerveuse qui constitue le cerveau étant formée avant la boîte crânienne, qui se moule pour ainsi dire sur elle, il est resté de l'observation de ce phénomène que les anatomistes, les physiologistes et les philosophes ont voulu, d'après le simple examen de la forme du crâne, mesurer la capacité intellectuelle et l'étendue de ses mystérieuses fonctions.

C'est pour cela que l'on a représenté les héros avec

une tête volumineuse, que l'on a donné aux dieux de la Grèce un crâne énorme, pour montrer sans doute que la pensée de la création de l'univers n'avait pu sortir que d'un cerveau immense. On a donc posé, comme une règle générale, qu'il faut juger des facultés intellectuelles par les diamètres du crâne, et c'est une vérité démontrée; car ordinairement, avec un crâne développé, il existe une masse encéphalique proportionnée à cette cavité. Le cerveau ne fait donc pas exception à la règle, qui veut que la perfection des fonctions soit en rapport avec le volume de l'organe. Camper, Cuvier, Blumenbach, Daubenton, ont cherché, par des procédés différens, à trouver l'appréciation différentielle des capacités du crâne de chaque nation, se basant sur ce principe que le développement de l'intelligence est en rapport avec celui de la boîte crânienne et du cerveau. Si cependant on voulait appliquer cette règle sans exception, on serait exposé à de grandes erreurs; en effet, les têtes les plus volumineuses ne sont pas toujours celles où il faudrait supposer et où l'on rencontre le plus de facultés, soit que dans l'examen du crâne l'épaisseur de ses parois induise en erreur sur le volume de la masse encéphalique, soit que le cerveau lui-même n'ait pas chez tous les hommes la même vitalité, la même idiosyncrasie.

Le cerveau a la forme d'un ovoïde à grosse extrémité antérieure, et à la surface duquel sont dessinées une multitude d'éminences, séparées par des sillons ou anfractuosités. Ceux-ci représentent les nerfs, celles-là sont formées par les circonvolutions.

La plupart de ces éminences varient dans leur direction et leur hauteur : les autres, au contraire, offrent dans leur distribution un arrangement à peu près identique. Ces derniers mériteront une description spéciale et détaillée, car on sait qu'on leur a fait jouer un rôle important dans les fonctions de l'intelligence.

Le cerveau présente dans son intérieur des cavités appelées *ventricules*, et des cloisons qui servent à établir une communication entre le lobe droit et le lobe gauche. Mais cet organe, qui mérite surtout de fixer notre attention sous le rapport de sa constitution molle, vasculaire, est formé de deux substances remarquablement disposées et arrangées.

On sait que la substance blanche paraît la première, et que la grise ne se forme que plus tard; aussi la première mériterait-elle plutôt le nom de matrice des nerfs. Cette substance blanche est un prolongement de celle de la moelle épinière; elle traverse la protubérance annulaire, forme les pédoncules du cerveau, les couches optiques, les corps striés qui s'épanouissent en éventail, formant ce qu'on appelle la voûte des ventricules, espèces de lames de substance blanche, qui semblent se continuer sur la ligne médiane, de manière à donner naissance au corps calleux. Il résulte de là que le cerveau est formé par un rayonnement des fibres blanches, repliées sur elles-mêmes et adossées sur la ligne médiane.

La substance grise, au contraire, est un amas de globules jetés au hasard à la surface de cette lame blanche, dont les replis forment les circonvolutions.

Ces deux substances sont donc là posées en sens inverse de celles de la moelle. Ce changement de structure amène sans doute aussi des différences dans les fonctions du cerveau. En effet, n'avons-nous pas vu que, pour la moelle épinière, c'est dans la substance blanche et à son extérieur que se passent les grands phénomènes du mouvement et du sentiment, facultés dont la substance grise est dépourvue? Ne sera-ce pas dès lors profondément et dans la substance blanche que résideront, pour le cerveau, les importantes fonctions que nous allons décrire? Aussi, tant que la substance grise sera seule intéressée, ne verra-t-on pas de diminution dans les facultés intellectuelles.

Les éminences olivaires forment la partie postérieure du cerveau, et les pyramides antérieures composent le reste de chaque lobe. Mais, avant de vouloir pénétrer les mystères de l'intelligence, c'est le moment de parler des circonvolutions cérébrales et de l'entrecroisement des pyramides.

En examinant le sillon antérieur du bulbe, à dix lignes environ de la protubérance (à un pouce, suivant Gall), on voit les pyramides antérieures se diviser en faisceaux qui s'entrecroisent régulièrement. Cette disposition a été signalée par Arétée, et après lui par Fabrice de Hilden, Mistichelli, par Pourfour Dupetit, admise enfin par Santorini, Winslow, Lieutaud, Duverney, Scarpa et Sœmmerring : elle a été niée par Morgagni, Haller, Vicq-d'Azyr, Sabatier, Boyer, Cuvier, Chaussier et Rolando. M. Cruveilhier, à l'aide du jet d'eau, a constaté : 1° que les faisceaux pyramidaux droit et gauche s'entrecroisent d'une manière évidente; 2° que cet entrecroisement a lieu d'un côté à l'autre, et d'avant en arrière; mes propres recherches m'ont convaincu de la réalité de cette disposition.

Ces pyramides, après leur entrecroisement, viennent, avec les éminences olivaires, et avec le faisceau *innominé* de M. Cruveilhier, former l'organe important dont nous parlons.

Cet organe présente à sa surface des éminences et des sillons tellement variables dans leur étendue, leur direction, leur épaisseur, qu'on n'a jamais pu trouver sur les deux lobes d'un même homme les circonvolutions et les sillons semblables. Elles multiplient évidemment la surface de l'organe, ce qui a servi à Vésale à expliquer pourquoi les artères se ramifient à l'infini avant de le traverser, à cause de sa nutrition et de sa mollesse, et servi à d'autres à comparer les phénomènes électriques aux phénomènes nerveux. En effet, on sait que l'intensité des premiers est en rapport avec l'étendue des surfaces et non en raison des matières, et qu'en conséquence l'action du cerveau doit être proportionnée à son étendue périphérique.

Ce sont ces circonvolutions que l'on a appelées à jouer un si grand rôle dans l'acte intellectuel, et c'est à leur développement que les phrénologistes et quelques philosophes anciens ont attribué la supériorité de l'homme sur les autres animaux, sous le rapport de l'intelligence. Les recherches de MM. Cruveilhier et Leuret, après elles les expériences qui me sont propres, ont donné des résultats contraires aux assertions des phrénologistes, puisque l'anatomie comparée fait voir sur certains animaux, voisins de la stupidité, des circonvolutions beaucoup plus profondes que chez l'homme. Que penser alors de ces hypothèses qui tendent à établir que chacune de ces circonvolutions est le siège d'une faculté, et à donner ainsi des instrumens différens à la plupart des fonctions de l'ame? Gall et Spurzheim ont placé les facultés les plus nobles dans les parties antérieures ou lobes cérébraux, et M. Neumann a pensé que l'intelligence a son siège dans l'extrémité occipitale de ces mêmes lobes. En effet, l'atrophie sénile du cerveau commence, comme l'a observé M. Cruveilhier, par ce point plutôt que par les circonvolutions frontales. Il est évident, en résumé, que les circonvolutions ne présentent entre elles aucune différence de structure, qu'elles forment un tout continu avec la masse cérébrale, qu'elles échappent ainsi à toute distinction; dès lors on ne comprend pas comment on veut y trouver des organes à fonctions différentes.

Parvenu maintenant à l'examen des plus hauts points de physiologie métaphysique, en un mot aux fonctions du cerveau, si remarquable par sa merveilleuse organisation, nous allons discuter jusqu'à quel point on a pu localiser ce mot abstrait, *l'ame*, et lui assigner un siège précis. Nous verrons si, avec Cabanis et un physiologiste moderne, on peut dire *que la pensée est sécrétée par le cerveau, comme la bile par le foie;* nous demandons à ce propos si dès l'abord on peut comparer une chose essentiellement immatérielle, comme la pensée, avec une matière aussi visible et aussi pondérable que la bile. Entraîné sur le terrain de la psychologie, nous examinerons successivement l'imagination, la pensée et le jugement; nous rechercherons si le cerveau, réceptacle confluent de toutes les impressions, organe de la conscience, est sensible ou moteur; nous appuierons toutes nos considérations de l'examen des expériences si ingénieuses de M. Flourens, et de celles qui nous sont propres.

Quel est le siège de l'ame? Cette ame, une et indivisible, comme le disaient les théologiens, la mettrons-nous, avec Boutkoe, Lancisi et Lapeyronie, dans le corps calleux; dans le *septum lucidum*, avec Dygey; dans le cervelet, avec Drelincourt; dans la moelle alongée, avec Hoffmann, Blancard, Frédéric, etc.; dans le centre ovale, avec Vieussens; dans la protubérance annulaire, avec Varole; dans la glande pinéale, avec Descartes, Gors; ou bien tout à la fois dans le corps calleux et la cloison transparente, avec Teichmyr; ou enfin dans la vapeur des ventricules latéraux, avec le célèbre anatomiste Sœmmerring et le grand philosophe Kant?

Ces diverses opinions, quoique appuyées la plupart de l'autorité d'hommes célèbres, sont toutes hypothétiques, sont toutes éloignées de la vérité, puisque l'anatomie pathologique chez l'homme et l'anatomie comparée ont démontré souvent l'absence de l'organe que l'on regardait comme le centre de la vie. Que l'on cherche à établir le siège de la pensée, je le comprends; mais que l'on veuille lui assigner dans le cerveau un point précis et rigoureux, c'est, à mon avis, une chose déraisonnable. En indiquant les facultés intellectuelles, je tâcherai seulement de prouver que c'est dans la substance blanche que se passent tous les actes de l'intelligence. Le champ des hypothèses doit être aujourd'hui fermé pour le physiologiste : il doit se mettre en garde contre tous les raisonnemens aventurés, contre ces prétendues certitudes qui nuisent autant à la science qu'elles sont préjudiciables à l'humanité.

S'il y a une vérité incontestable, et que rien ne saurait détruire, c'est que le siège des facultés intellectuelles est dans le cerveau : sans cet organe, plus d'appréciation possible des odeurs, des couleurs variées de la lumière, des nuances infinies du son, des sensations diverses du goût. En d'autres termes, la section du nerf qui préside à ces fonctions les abolit complètement. Pour éteindre la sensibilité d'un organe, il suffit de couper le nerf qui va s'y rendre. La section de la moelle épinière elle-même, en interrompant toute communication avec le cerveau, anéantit toute excitation des organes auxquels elle envoie des filets.

Que le cerveau soit comprimé, ou que la compression soit exercée sur un organe, le résultat est le même ; dans le premier cas, par suite de l'obstacle apporté aux libres fonctions des renflemens nerveux, dans le second cas par la cessation de toute communication avec le cerveau.

On doit donc regarder le cerveau comme le centre

de toutes les impressions, qui prennent le caractère de sensations. Sans le cerveau, dans l'homme et les mammifères, il n'y a pas de sensibilité possible. L'impression alors est perdue : elle ne peut avoir aucune influence sur les autres organes. J'ai dit dans l'homme et les mammifères, parce que l'on sait que, chez des animaux moins compliqués, il existe une véritable *manière de sentir*, qu'il ne faut pas confondre, suivant moi, avec la sensibilité *perçue* proprement dite. Si l'on approche, par exemple, des tentacules du limaçon un corps quelconque, ceux-ci rentrent bientôt; ils se cachent, ils fuient le corps étranger qui les touche. Eh bien! je le répète, on aurait tort de confondre avec la sensibilité perçue par le cerveau cette espèce d'irritabilité dont sont douées certaines classes d'animaux inférieurs, à cause de l'électricité propre qui les pénètre, ainsi que tous les corps de la nature.

La sensibilité est presque regardée comme la base de toutes les facultés dites intellectuelles, de l'intelligence, de l'idéologie, objet de tant de méditations de la part des philosophes, qui par contre a si peu captivé l'attention des médecins, et qui cependant, de l'avis des idéologues modernes et des physiologistes les plus célèbres, est au plus haut degré du domaine de la physiologie.

Puisque la sensibilité est la source des facultés intellectuelles (opinion que cependant je suis loin de partager complètement), il importe d'indiquer en peu de mots quel est son point central.

La sensibilité n'est encore qu'impression, lorsqu'un organe est irrité, lorsque la lumière frappe la rétine, lorsque l'oreille est frappée par les sons; elle devient sensation, sensibilité perçue, lorsqu'elle est transmise par le cerveau.

Assurément il ne faut pas confondre l'irritabilité générale qui résulte de la lésion d'un organe, de la piqûre de la moelle, avec la perception, la pensée; car sous l'influence d'un excitant, alors même que le cerveau a été enlevé, les organes peuvent encore se mouvoir, s'agiter, sans que l'animal ait le sentiment de la douleur. Or, ceci se comprend à merveille, quand on réfléchit que c'est dans la moelle épinière, organe créateur du fluide, que l'on démontre la faculté propre à devenir sensibilité, et que l'on rencontre cette propriété dans les nerfs qui en partent.

Comment admettre après cela, avec M. Magendie, qu'il existe une sensibilité en l'absence du cervelet et du cerveau, comme il croit l'avoir démontré par des expériences sur des animaux? Ainsi, suivant lui, des mammifères auraient conservé la faculté d'être sensibles aux odeurs, après avoir été privés de ces deux organes. Si nous ne saurions nous permettre de douter du fait, au moins ne pouvons-nous accepter l'explication; car, de ce que l'animal aura éternué, il en faut seulement conclure qu'il y a eu excitation nerveuse, mais il n'en résulte pas qu'il ait eu la conscience des odeurs.

MM. Flourens et Rolando ont au contraire démontré que l'intégrité des hémisphères du cerveau était indispensable pour que l'impression de la lumière pût être perçue. Les expériences qui me sont propres ont été suivies de résultats entièrement conformes à ceux de ces expérimentateurs habiles, et d'ailleurs l'observation vient confirmer tous les jours ce qu'avaient démontré les expériences. Pour moi il est demeuré bien évident que toutes les impressions des odeurs, des sons, de la lumière, celles qui appartiennent aux organes de relation, comme celles de la vie organique, ont besoin de l'existence du cerveau pour devenir sensations, pour faire naître les pensées, ou les sentimens de peine ou de plaisir.

Que l'on n'aille pas croire toutefois que tout vienne des sens et par les sens. Que l'on ne pense pas pour cela que les facultés ne soient qu'une modification du sentiment, et qu'elles viennent toutes de la sensibilité, comme l'enseigne Destutt de Tracy dans ses élémens d'idéologie. Malgré le respect avec lequel on se sent entraîné vers l'opinion de cet homme célèbre, il est impossible d'admettre une pareille proposition tout entière. Ce n'est certainement pas l'habitude de sentir qui donne à l'enfant qui vient de naître l'idée de creuser ses lèvres en gouttière, et de chercher le mamelon. Que l'on appelle ce phénomène instinct, je le veux bien, peu importe le nom qu'on lui donnera. Il n'en reste pas moins comme fait que là il n'y a rien d'appris, et qu'on voudrait en vain y trouver les résultats de l'éducation, et de l'habitude de sentir et d'apprécier.

Existe-t-il donc des idées innées, comme le pensèrent Platon et d'autres philosophes? Le monde a été agité pendant plusieurs siècles par les débats que soulève cette question; et cependant cette question tant débattue est encore aujourd'hui restée insoluble, et je n'ai pas l'intention de la discuter en ce moment. Je me bornerai à ajouter que l'existence des idées innées est au moins douteuse.

D'un côté, il faut avouer que c'est à l'éducation des sens, à l'habitude qu'ils ont de comparer les saveurs, la consistance, les changemens de couleur des objets qu'il faut attribuer la masse des idées et le développement des facultés intellectuelles.

De l'autre, il est évident que, si le cerveau ne s'accroît pas en proportion de l'individu, les sens auront beau recevoir les impressions, les idées ne seront pas en rapport avec leurs usages.

Je vais passer rapidement en revue la mémoire, le jugement, la volonté, résultant des facultés intellectuelles, me promettant d'y revenir à propos de la phrénologie.

On a appelé *mémoire* la faculté que le cerveau possède de reproduire les sensations; le *souvenir* n'est autre chose que la reproduction de perceptions très anciennes.

L'intégrité et l'étendue de la mémoire varient à l'infini aux diverses époques de la vie. En général cette faculté va en diminuant à mesure que l'individu avance en âge, et elle s'affaiblit graduellement. C'est dans la jeunesse qu'elle est généralement le plus développée. Plus les impressions ont été vives et les perceptions grandes, plus la mémoire reste fidèle.

Cependant tous les hommes ne possèdent pas également une mémoire étendue et variée; les uns retiennent plus facilement le souvenir des mots, les autres celui des lieux ou des noms, quelques uns celui des formes, quelques autres celui des faits; et enfin la mémoire peut être diminuée ou abolie par une maladie du cerveau.

Le *jugement*, la qualité la plus précieuse, sans aucun doute, de toutes les facultés intellectuelles, résulte du parallèle que l'on établit entre deux idées. D'un bon ou d'un faux jugement naissent les idées de justice ou d'injustice; c'est dans l'appréciation ponctuelle et exacte de la différence mathématique de deux idées que prennent naissance les plus importantes découvertes.

Les lobes du cerveau enlevés, la faculté d'établir des points de comparaison et de porter un jugement est anéantie, ce qui ne peut laisser aucun doute sur son siège.

Une grande susceptibilité nerveuse; une facilité extrême à saisir les formes des corps, à établir entre eux un parallèle rapide; l'activité des sensations; cette espèce de demi-délire qui permet à l'esprit de se porter avec vivacité d'un corps à un autre corps, d'une idée à une autre idée, constituent l'*imagination*, qui en général nuit à l'exactitude du jugement, et que sainte Thérèse avait désignée si ingénieusement sous le nom de *folle de la maison*.

De l'habitude de juger et de comparer naît la *volonté*, faculté susceptible d'exister à des degrés très variables.

La volonté est un guide qui peut conduire au bien ou au mal. Pure et judicieuse, elle est la source de la morale; vicieuse et faible, elle égare dans les fausses routes de la vie.

Toutes les facultés dans leur ensemble constituent l'*intelligence* de l'homme, qui peut généraliser, qui peut rendre ses idées par des abstractions, et qui, par cette intelligence même, a une si grande supériorité sur tous les êtres.

Les expériences de M. Flourens, en prouvant que le cerveau est le centre des sensations, l'organe de la volition, me semble avoir mis hors de doute la vérité de tout ce qui précède.

Sur des pigeons et des grenouilles, il a enlevé tantôt un seul lobe, tantôt les deux à la fois : dans d'autres expériences, il a laissé un intervalle entre l'extirpation de l'un et de l'autre.

L'enlèvement du lobe gauche sur le batracien et le pigeon a été suivi de la perte de la vue du côté opposé, et cependant l'iris du même côté avait conservé de l'irritabilité et de la contractilité. La volition n'était pas abolie. Il existait de la faiblesse du côté droit du corps. L'animal pouvait voir du côté du lobe enlevé.

L'extirpation des deux lobes a produit de l'affaissement général, de l'assoupissement, la perte complète de la vue et de l'ouie. L'animal ne pouvait plus éviter les corps contre lesquels il venait se heurter... Il fallait qu'il fût irrité pour sortir de son sommeil, et encore marchait-il sans but déterminé.

Le siège de la faculté de produire des contractions est donc ailleurs que dans le cerveau, c'est-à-dire dans la moelle épinière, tandis que c'est dans le premier de ces organes qu'existe la faculté d'exciter des mouvemens volontaires (la volition). Enfin c'est dans le cerveau que se concentrent toutes les impressions pour devenir sensations, comme si elles ne devaient trouver un terme qu'à la partie la plus élevée du système nerveux, et dans la portion la plus vaste de l'appareil tout entier.

Je dois avouer cependant que, par cela même que le cerveau est formé par l'extrémité céphalique de la moelle épinière, et en plus grande partie par le cordon que j'ai désigné sous le nom de conducteur, puisqu'il est toujours destiné, suivant moi, à porter les impressions à l'organe central, on se rend compte dans ces expériences de l'affaissement partiel ou total du corps et de l'abolition des sens. En effet, le cerveau étant enlevé, les impressions visuelles et auditives s'arrêtent à l'extrémité de ces pyramides épanouies en pédoncules; d'où *absence* de sensations. D'un autre côté, on se rend encore raison des mouvemens qui persistent et qui permettent le vol, le saut, par l'espèce d'arrêt de l'impression vers la protubérance annulaire qui la communique aux nerfs; d'où *apparence de la sensibilité chez les animaux à qui on a enlevé le cerveau.*

Il n'est pas étonnant que chez les animaux moins complexes que l'homme, chez ceux dont les agens mécaniques de la locomotion sont moins compliqués, l'enlèvement des lobes du cerveau trouble moins l'économie et mette moins l'existence en péril, puisque le cerveau, efflorescence de la moelle épinière, ne donne naissance à aucun nerf, et puisqu'il est alors peu remarquable lui-même par son volume et sa structure beaucoup plus simple.

Mais, dans un degré plus élevé de l'échelle, chez les mammifères, chez l'homme qui en occupe le sommet, la lésion du cerveau doit occasionner de plus grands dangers, 1° à cause de la grande quantité de sang qui l'arrose; 2° à cause de son volume; 3° à cause de la nécessité de l'intégrité de la moelle dont il n'est qu'une dépendance; 4° à cause du besoin impérieux de la volition pour l'accomplissement des grandes fonctions volontaires.

Dans l'enlèvement d'un lobe du cerveau, la perte de la vision du côté opposé est expliquée par la décussation des nerfs optiques. Quant à l'ouie, je ne crois pas que son abolition ait lieu du côté opposé; car il n'y a pas d'entrecroisement des nerfs qui président à cette fonction. Il en est de la perte de l'audition et de la destruction des sens comme de l'abolition de la *sensibilité*, qui, pour être elle, a besoin que les impressions aient été transmises au cerveau.

Avant d'aborder l'examen de la localisation des facultés du cerveau, vaste champ ouvert à l'erreur, à l'hypothèse, au charlatanisme, et dont l'explication ne tend à rien moins qu'au bouleversement de la morale et des lois, qu'il me soit permis de reproduire ici quelques unes de mes expériences, qui, je le crois, serviront à compléter cet article.

Sur un canard, j'ai enlevé le crâne couche par couche, j'ai incisé les membranes du cerveau, et son lobe droit a été enlevé avec une spatule; il s'est écoulé une assez grande quantité de sang. Cette extirpation n'a été suivie d'aucune manifestation de douleur ; cependant la sensibilité paraissait augmentée dans tout le corps; la tête était penchée à droite ; l'animal fermait régulièrement les paupières de l'un et de l'autre côté. Il avait conservé les mouvemens du bec, et, quand on le touchait, il sautait comme pour éviter d'être touché de nouveau. Il avait conservé les cris qui avaient beaucoup de force. La vue était éteinte du côté gauche et parfaitement conservée à droite. Il n'entendait que d'un côté.

Chez cet animal, la perception et la sensibilité étaient conservées, puisque l'attouchement de la peau déterminait des mouvemens de retrait, puisque l'animal faisait des efforts pour se sauver ; la *volition* existait donc encore, et cela par la conservation d'un lobe du cerveau.

Sur un autre canard, j'ai enlevé les deux lobes, et bientôt j'ai pu reconnaître que l'ouie et la vue étaient complètement perdues. Sous l'influence d'excitans, il ouvrait et fermait alternativement ses paupières, qui le plus souvent se fermaient activement, comme dans le sommeil. Lorsqu'on le piquait, il se levait, mais sans changer de place ; bientôt il se couchait de nouveau, et en se couchant il ne se penchait pas plus d'un côté que de l'autre. Enfin la tête tendait à se porter en avant comme chez un canard qui dort; il présentait constamment cette apparence de sommeil. Quand il était piqué, il cherchait à éviter l'instrument en retirant ses membres, mais sans changer de place.

On voit dans cette expérience que les impressions

des sens, qui communiquent avec les lobes du cerveau, sont sans résultat, les impressions ne se retraçant plus sur les lobes enlevés.

L'immobilité et le sommeil, suites nécessaires de l'absence d'action du cerveau, ont suivi l'ablation de cet organe. La couleur, la forme, la situation, etc., des corps n'ont donc plus d'influence sur l'animal, quoique les sens soient matériellement conservés; et, comme effet de la *volonté*, le cri est aboli. L'entrecroisement des nerfs optiques explique la perte de la vue observée chez le premier canard, et l'on se rend compte de l'inclinaison de la tête du même côté que le lobe enlevé, par l'absence d'entrecroisement des nerfs qui se distribuent à cette partie.

Il résulte de ce qui précède qu'évidemment l'altération des deux lobes cérébraux n'empêche pas que les piqûres ne soient ressenties par les renflemens nerveux, sans qu'il y ait pour cela perception ; et, d'un autre côté, l'expérience nous permet d'expliquer comment les animaux privés du cerveau cherchent à éviter les corps qui les impressionnent.

Sur le canard auquel on avait enlevé les deux lobes, les alimens sont restés dans la cavité buccale, où on les avait placés, sans qu'aucune partie pût être avalée ; c'est que la mastication et la déglutition exigent l'influence de la volonté et de l'intelligence. Aussi, dans le premier canard, à qui un seul lobe avait été enlevé, l'intelligence et avec elle la déglutition étaient conservées. Sur un troisième canard, j'ai enlevé le cerveau et le cervelet avec précaution ; à l'instant l'animal a perdu l'*audition* et la *vue*. Les mouvemens que nous avons remarqués après l'enlèvement des lobes n'existèrent plus au même degré. L'animal ne pouvait même rester régulièrement sur le ventre. Ses yeux étaient ouverts, les paupières mobiles. Si l'on piquait un des points du corps, on déterminait des mouvemens partiels produits par l'influx nerveux qui se répand de la moelle épinière par l'intermède des nerfs.

L'animal ne vécut que quelques instans : on put s'assurer que le cerveau et le cervelet avaient été complètement enlevés. Les tubercules quadrijumeaux avaient été conservés.

Or il est évident, d'après cette expérience, que, le cervelet et le cerveau étant enlevés, les mouvemens réguliers ne sont plus possibles, et que la sensibilité est éteinte ; qu'il n'existe plus de mouvemens généraux, ni d'attitudes, soit que l'on pince, que l'on pique l'animal, en un mot de quelque manière qu'on l'irrite. Les mouvemens étaient alors partiels et bornés au point excité. C'est que le cervelet sans doute est un second organe de perception, comme le ferait présumer d'ailleurs la ressemblance de sa structure avec celle du cerveau.

Sur un poulet, j'ai piqué, déchiré le cerveau et le cervelet mis à découvert, sans provoquer la moindre plainte de l'animal, ce qui prouve que ces organes ne présentaient aucune trace de sensibilité, et ce qui démontre une analogie de plus entre eux.

Je reconnus chez ce poulet que les tubercules quadrijumeaux étaient très sensibles ; car, après n'avoir témoigné aucune douleur quand on excitait le cervelet, il poussa des cris quand l'instrument, en traversant cet organe, se rapprocha de la protubérance annulaire : dans ce moment, la sensibilité était devenue exquise. Enfin l'irritation de la partie postérieure de la moelle détermina de l'agitation, beaucoup de douleur, et fit naître des contractions dans les muscles qui correspondaient aux points de la moelle irritée.

Le cerveau et le cervelet ont une grande conformité de structure, même de forme extérieure. Il existe entre eux, relativement à leur disposition foliacée à leur surface externe, les plus grands points de contact. Aussi ne présentent-ils l'un et l'autre aucune trace de sensibilité, sous l'influence des piqûres, des déchirures ou des contusions. Enfin, puisqu'il est vrai que les facultés de mouvement et de sensibilité partent des points sensibles, et que la moelle épinière et la protubérance annulaire en sont le siège, il est clair que le rôle de l'un et de l'autre est de présider aux mouvemens, l'un par la volonté, l'intelligence, l'autre en contribuant à l'équilibre et en possédant sans aucun doute une partie de la volonté.

CHAPITRE III.

Fonctions du cervelet.

Examinons maintenant le cervelet (*cerebellum*, petit cerveau), cherchons à établir quel est son mode d'action sur les autres organes, quelles sont en un mot ses fonctions.

Le cervelet, qui fait partie de la masse encéphalique, et qui se continue avec le cerveau au moyen de ses pédoncules, occupe les fosses cérébrales postérieures et inférieures ; il est remarquable par sa forme bilobée, ses circonvolutions et ses anfractuosités ; par la réunion médiane de ses lobes au moyen de commissures ; par sa structure, qui est telle qu'on rencontre de la substance blanche à l'intérieur, et à l'extérieur de la substance grise, *comme dans le cerveau* ; par son existence constante dans les reptiles, les poissons, les oiseaux, les mammifères ; par son ventricule, sorte de canal formé à ses dépens et à ceux de la protubérance annulaire, à l'aide duquel il communique avec ceux du cerveau par un trajet intermédiaire ; et enfin par les membranes pie-mère et arachnoïde, par le nombre de ses veines, par celui de ses artères, qui semblent perdre de leur volume et devenir capillaires dans l'une des membranes précédentes avant de se ramifier dans la substance de l'organe, absolument, du reste, comme cela a lieu pour le cerveau.

Gall, dans une opinion moins vraie qu'ingénieuse, a considéré le cervelet comme étant formé de ganglions, de renforcement de fibres divergentes formées par les corps restiformes, de fibres convergentes qui partiraient des circonvolutions et de la substance grise, et enfin d'un pédoncule médian qui viendrait se rendre aux pédoncules quadrijumeaux.

Rolando, après des essais sur le cerveau du squale, du poulet, a été conduit à regarder le cervelet de l'homme comme une vessie à parois plissées et qui constituent des lamelles.

Les fonctions du cervelet, s'il fallait s'en rapporter aux physiologistes, seraient aussi variables que les théories émises sur l'arrangement de ses fibres.

Gall, Flourens, Rolando, Bouillaud, ont tenté des expériences, qui toutes, plus ou moins ingénieuses, les ont conduits à des opinions quelquefois semblables, mais souvent différentes, et qui n'en présentent pas moins un grand intérêt.

Gall le représente comme l'organe de l'amour physique, et comme présidant aux fonctions génératrices; aussi pensait-il que les désirs vénériens étaient en rapport avec son volume. Ce volume, Gall crut pouvoir l'établir *à priori* par l'espace intermédiaire aux deux apophyses mastoïdes, et par conséquent par l'étendue des fosses cérébrales postérieures et inférieures; mais, d'une part, l'anatomie comparée est venue infirmer l'opinion de Gall, en présentant, dans un genre de batraciens, chez le crapaud, un cervelet qui consiste seulement dans une bandelette nerveuse, et cependant cet animal est très porté pour l'acte vénérien ; et toutes ses facultés sont tellement affectées pendant cette fonction, que la section de ses pattes ne l'empêche pas d'accomplir ce qu'il a commencé. D'un autre côté, cette théorie est loin d'être d'accord avec les expériences et l'observation.

M. Flourens, pour déterminer le rôle que joue le cervelet dans l'économie animale, et pour préciser les fonctions de cet organe, a tenté diverses expériences dont je vais donner un aperçu analytique.

Sur un pigeon, il a procédé à l'ablation du cervelet par couches. L'enlèvement des premières tranches n'a déterminé que de la faiblesse et du désaccord dans les mouvemens. La soustraction des couches moyennes a produit une agitation générale, des mouvemens brusques et déréglés ; enfin, la destruction complète de l'organe par soustractions successives a aboli la faculté de sauter, de voler, de se mouvoir, faculté qui déjà avait été graduellement affaiblie.

Le pigeon placé sur le dos ne pouvait plus se relever; il s'agitait sans intervalles, *follement*, dit M. Flourens ; phénomène bien différent de l'état d'immobilité dans lequel se trouve l'animal lorsque les lobes du cerveau ont été enlevés. M. Flourens remarque qu'il entendait, qu'il voyait, qu'il cherchait à éviter ce qui menaçait son existence ; mais en vain, car, une fois placé sur le dos, il n'avait plus le pouvoir de changer de position.

M. Flourens en a conclu que le cervelet coordonne les mouvemens et les régularise.

Sur un autre pigeon, il a tenté la même expérience, qui fut suivie du même défaut d'équilibre dans les mouvemens. Il ajoute que la pointe de l'instrument ayant touché la protubérance annulaire, il se manifesta des mouvemens convulsifs.

Sur un troisième pigeon, le cervelet fut percé avec une aiguille dans sa région supérieure : il n'y eut pas la moindre trace d'excitation, et cependant l'animal éprouva de la faiblesse, de l'irrésolution et de l'irrégularité dans les mouvemens. L'aiguille poussée plus profondément, ces phénomènes devinrent plus marqués. Enfin, le cervelet ayant été traversé complètement, l'animal perdit presque tout à fait la régularité des mouvemens, qui devinrent indécis, agités et presque continuels.

Les couches supérieures du cervelet furent enlevées à un quatrième pigeon ; il conserva l'ouie et la vue ; il volait et marchait, mais d'une manière incertaine : l'enlèvement successif de nouvelles couches détruisit l'accord dans les mouvemens ; l'animal se tenait debout avec une grande difficulté, encore prenait-il un point d'appui sur ses ailes et sur sa queue. Dans la marche, il chancelait comme s'il eût été ivre. Enfin, l'enlèvement des dernières couches entraîna l'abolition complète du vol, du saut et de la marche. Cependant il conserva toujours la volition, aussi tenta-t-il plusieurs fois de rétablir les mouvemens, qui n'en restaient pas moins abolis d'une manière constante.

M. Flourens a continué à étudier sur d'autres pigeons les effets de la destruction graduelle et lente du cervelet ; il a remarqué qu'en enlevant cet organe par petites parties, on voyait successivement et graduellement s'anéantir le vol, puis la marche. Ces facultés s'affaiblissent d'abord ; puis elles sont abolies d'une manière plus ou moins complète, suivant que l'on a soustrait une partie ou la totalité du cervelet.

De tout cela, comme je l'ai dit déjà, M. Flourens a conclu que le cervelet est l'organe de l'équilibration des mouvemens.

Toutes ces expériences démontrent indubitablement que le cervelet est dépourvu de sensibilité ; que sa destruction entraîne l'affaiblissement des mouvemens, leur diminution, leur désaccord, et qu'enfin, à la suite de sa soustraction entière, l'animal s'agite sans pouvoir changer de position, et il y a abolition complète des mouvemens volontaires. Or, au lieu d'assigner au cervelet un usage particulier, au lieu de le regarder comme distinct par ses fonctions du système nerveux, je crois voir en lui un second juge des mouvemens volontaires et un organe destiné à aider le cerveau dans la volition. Cette opinion diffère essentiellement de celle des physiologistes modernes, et je crois qu'elle est appuyée : 1° sur l'analogie de structure du cervelet et du cerveau ; 2° sur son insensibilité.

Il est évident qu'après l'enlèvement des lobes du cerveau il n'y a aucune harmonie dans les mouvemens ; que, démontrer la faiblesse des mouvemens, leur irrégularité après la désorganisation du cervelet, ce n'est pas prouver, comme on a voulu le faire, que c'est un organe d'équilibre, mais que c'est seulement établir qu'il est nécessaire à leur accomplissement régulier.

La perte de l'équilibration des mouvemens par la destruction du cervelet démontre très bien de sa part une puissance volontaire, mais non pas, comme sembleraient l'indiquer les physiologistes, une influence passive et continuelle sur la régularité de ces mêmes mouvemens.

Willis, sans raison plausible, a regardé le cervelet comme l'organe de la musique, et Petit (de Namur), dans une opinion aussi peu fondée, a pensé qu'il était le foyer de la sensibilité.

Saucerotte, en 1769, dans un mémoire sur les lésions de la tête par contre-coup (prix de l'Académie de chirurgie), regarde le cervelet comme donnant naissance aux nerfs des muscles du dos et du cou, à ceux des muscles des yeux; suivant lui, la lésion de la partie centrale du cervelet excite la sensibilité par tout le corps.

Rolando, en 1809, émit l'opinion que le cervelet est la source de tous les mouvemens. Il assimila son mode d'action à celui de la pile voltaïque.

D'après MM. Foville, Pinel et Grandchamp, le cervelet serait le siége, le foyer de la sensibilité, et non le régulateur des mouvemens.

M. Magendie, dans son *Précis de physiologie* (1825), ne partage pas l'opinion de M. Flourens; il déclare que les mouvemens chez les animaux privés de cervelet offraient beaucoup de régularité.

Pour terminer ce qui a rapport à l'énumération

des opinions diverses émises sur les fonctions du cervelet, il me reste à parler de celles de MM. Serres et Bouillaud.

M. Serres admet « que le lobe médian du cervelet est excitateur des organes de la génération; ses » hémisphères sont excitateurs des mouvemens des » membres, et plus spécialement des membres pelviens. Le cervelet est excitateur du saut; les tubercules quadrijumeaux sont excitateurs de l'association des mouvemens volontaires ou de l'équilibration, et de plus les excitateurs du sens de la » vue, dans trois classes inférieures des animaux vertébrés. » (*Anat. comparée.*)

Comme on le voit, parmi ces opinions, quelques-unes ne sont basées sur aucun fait, elles sont purement hypothétiques; mais il y en a qui au contraire sont fondées sur l'expérimentation, et qui par conséquent ne sont que l'expression des faits; telles sont par exemple les conclusions que M. Bouillaud a tirées de ses intéressantes recherches.

Dans ses expériences nombreuses, ce professeur a eu surtout l'intention d'attaquer le cervelet sans léser trop de parties autres que l'organe sur lequel il expérimentait. Pour éviter les hémorrhagies qui gênent toujours l'expérimentateur, et qui annulent ou rendent douteux les résultats de l'expérience, il eut recours à la cautérisation.

Sur un chien, M. Bouillaud toucha la partie postérieure médiane du cervelet avec un fer rouge; cette cautérisation fut suivie d'embarras et d'hésitation dans la marche, phénomènes qui disparurent. Mais après une seconde cautérisation l'animal chancela comme s'il eût été ivre. Les pattes étaient raides, tendues, la tête était vacillante; du reste point de douleurs, aucun cri; l'animal avait conservé toute sa connaissance: dans la soirée il essaya de boire; mais les mouvemens de la tête étaient tellement déréglés, qu'il ne put en venir à bout qu'avec une difficulté extrême. Par instans, lorsqu'il voulait faire des mouvemens en avant, il reculait; quand il voulait se diriger à gauche, il allait à droite. Le lendemain et le surlendemain du jour de l'expérience, tous les mouvemens étaient plus déréglés encore, mais les facultés intellectuelles étaient conservées. Il se relevait avec peine pour retomber promptement. Etendu sur le ventre, il pouvait se traîner; puis par instant il parvenait à se relever pour s'abandonner bientôt à son propre poids. Après l'avoir fait périr par submersion pour lui éviter des souffrances, on reconnut que la partie postérieure du cervelet avait été touchée seule. La surface qui avait été cautérisée était brunâtre, ramollie, suppurée, et le désordre s'était prolongé aux pédoncules du cervelet. Du reste il n'y avait aucune altération dans les autres renflemens nerveux.

Outre que cette expérience, suivant M. Bouillaud, démontre l'influence du cervelet sur la régularité des mouvemens, sur la station et la locomotion, il y trouve aussi la preuve de son défaut d'action sur les muscles des yeux, de la glotte et des organes de la respiration. Ce qui semble indiquer qu'il existe des forces motrices différentes pour les divers appareils musculaires.

Mais, pour nous, cette expérience prouve que le cervelet est une puissance volontaire, et que, s'il préside plus particulièrement aux mouvemens de la locomotion, du cou et des membres, c'est qu'il a une influence plus directe peut-être sur ceux-ci.

Le 5 mars 1827, M. Bouillaud, expérimentant sur un chien, toucha la partie postérieure médiane du cervelet avec un fer rouge; cette cautérisation fut suivie d'embarras et d'hésitation dans la marche. Ces phénomènes disparurent. Mais après une seconde cautérisation, l'animal chancela comme s'il eût été ivre: les pattes étaient raides, tendues; la tête était vacillante. Il n'y avait d'ailleurs aucune apparence de douleurs; il n'y avait point de cris. La connaissance était intacte. L'animal ayant essayé de boire dans la soirée, il ne put en venir à bout qu'avec difficulté, parce que les mouvemens de la tête étaient mal réglés. S'il voulait par instant faire un mouvement, il reculait; s'il voulait se porter à droite, il était entraîné à gauche. Le 6 et le 7, on remarqua dans les mouvemens un dérèglement plus grand encore, mais les facultés intellectuelles étaient conservées. L'animal se relevait avec peine et retombait promptement. Etendu sur le ventre, il se traînait avec peine, et par instans il s'abandonnait à son propre poids. Ayant noyé cet animal pour lui épargner de plus longues souffrances, on reconnut que la partie postérieure du cervelet avait été seule touchée. La surface atteinte était brunâtre, ramollie, suppurée, et le désordre s'était étendu aux pédoncules du cervelet. Du reste, on n'observait aucune altération dans les autres renflemens nerveux.

M. Bouillaud conclut non seulement de cette expérience que le cervelet influe sur la régularité des mouvemens, sur la station, la locomotion, mais il en fait résulter encore qu'il n'agît pas sur les muscles des yeux, sur ceux de la glotte et de la mastication. Ce qui lui ferait croire qu'il existe des forces motrices différentes pour les divers appareils musculaires.

Pour nous, cette expérience démontre que le cervelet est une puissance volontaire, et que s'il préside plus particulièrement aux mouvemens de locomotion du cou, des membres supérieurs et inférieurs, c'est au moyen des corps restiformes; il a sur ces organes une influence plus directe que sur les nerfs de l'œil.

Sur un lapin, M. Bouillaud ayant cautérisé superficiellement le cervelet, vit l'animal, frappé d'abord d'immobilité et d'étonnement, reprendre bientôt toute la régularité de ses mouvemens. Une cautérisation plus profonde fut suivie d'agitation dans les mouvemens des paupières, de fixité des yeux, d'un air d'étonnement plus marqué; l'animal sautait, et faisait des culbutes dans tous les sens. Une cautérisation plus profonde encore fut suivie d'une immobilité complète; cependant on pouvait voir que la paralysie n'avait pas atteint les pattes, puisque, si on les saisissait, on sentait l'animal faire des efforts évidens pour les retirer.

M. Bouillaud, expérimentant sur des pigeons, perfora sur l'un la partie postérieure du crâne, et parvint jusqu'au cervelet; il vit l'animal faire des culbutes, puis se mettre sur les pattes, fermer les yeux et chanceler enfin comme s'il allait tomber. On le jeta en l'air sans qu'il pût voler. L'examen du cervelet fit voir que cet organe avait été peu intéressé.

Sur un second, il enfonça une vrille dans le crâne, et lésa une couche optique et le cervelet. L'animal parut étonné, perdit l'équilibre, et tombait dans tous les sens.

Sur un troisième, M. Bouillaud cautérisa le cervelet avec un fer rouge, sans qu'il vît se manifester aucun symptôme de douleur; l'expérience fut d'ailleurs suivie de mouvemens des yeux et de dilatation des pupilles, d'étonnement, d'hésitation et d'immobilité. Après une seconde cautérisation, l'équilibre devint plus difficile, et l'animal, abandonné à lui-même, demeura dans la même position. Une cautérisation plus profonde fut suivie de pirouettes, de bonds, d'accès comme épileptiformes. On trouva une moitié du cervelet désorganisée, et l'autre reposant sur la moelle, rouge et injectée, mais sans apparence de désorganisation.

Ces expériences, répétées sur d'autres pigeons, sur un coq et des poules, furent suivies des mêmes phénomènes, et quelquefois même M. Bouillaud trouva à l'autopsie une lésion des lobes cérébraux.

M. Bouillaud conclut de toutes ces expériences que le cervelet préside aux phénomènes de station et d'équilibration; mais, contrairement à l'opinion de

M. Flourens, il pense que cet organe n'est pas le régulateur de tous les mouvemens, et il admet, en effet, deux forces : l'une qui préside aux mouvemens simples, et l'autre qui, appartenant au cervelet, produit les phénomènes composés de station, de locomotion et de coordination des mouvemens.

Sans formuler ici notre pensée tout entière sur les deux renflemens nerveux, le cerveau et le cervelet, nous dirons que le premier, recevant toutes les impressions et toutes les sensations, préside aux phénomènes composés de locomotion, de déglutition, etc.; que le second, par sa position, par sa communication avec la protubérance annulaire, par son prolongement avec la moelle épinière, est aussi un organe de volonté, et peut être appelé l'*aide* du cerveau. Il semble que le courant nerveux doive se terminer à ces deux *réservoirs*, le cerveau et le cervelet.

Il ne faut pas s'étonner enfin si, après l'ablation du cervelet, des mouvemens sont encore conservés dans les membres, puisque le cerveau, demeuré intact, existe encore, et communique avec les cordons de la moelle, dont il est le renflement.

On conçoit d'ailleurs que l'enlèvement du cervelet doive, agissant sur la moelle épinière, entraîner dans cet organe la même irrégularité fonctionnelle que l'on y remarque après l'ablation, la désorganisation ou la compression du cerveau.

La partie intermédiaire au cerveau, au cervelet, et à l'extrémité céphalique de la moelle épinière, a été appelée par Ridley *isthme de l'encéphale*. Cette portion nerveuse, que nous allons maintenant examiner, se compose de la protubérance annulaire, de ses prolongemens, et des tubercules quadrijumeaux.

Ces renflemens, formant un tout continu avec le cerveau et le cervelet, sont dignes de fixer au plus haut point l'attention et l'intérêt des physiologistes.

En effet, les nerfs qui en naissent sont si nombreux et si importans, que là on a établi le siège de la vie, puisqu'il est vrai qu'une mort prompte est la suite inévitable de leur lésion subite.

On a beaucoup écrit sur les fonctions de ces parties nerveuses, et cependant on ne s'est accordé que sur un point, l'importance de ces organes et la gravité du rôle physiologique qu'ils doivent jouer dans l'influence nerveuse. Ici, comme pour tous les autres points de l'encéphale, on a voulu localiser les fonctions; mais il sera évident pour nous, dans l'examen de l'usage de ces organes, qu'ils n'ont d'influence qu'autant que d'un point de leur surface naît un nerf quelconque, sans qu'on en puisse conclure qu'il y ait autant d'organes différens dans la même portion nerveuse qu'il en naît de nerfs qui vont présider aux grands actes de la vie.

CHAPITRE IV.

Protubérance annulaire.

La protubérance annulaire, mésocéphale, pont de Varole, est un organe essentiellement compliqué, si on le compare à la moelle épinière, avec laquelle on lui trouve tant d'analogie quand on étudie l'arrangement de ses fibres et de ses substances.

Les données physiologiques que nous allons exposer seront expliquées par les fibres que fournissent les pyramides, que forment deux faisceaux antéro-postérieurs traversant son épaisseur; par les fibres transversales superficielles; par la substance grise, foncée dans quelques endroits, et noirâtre, suivant quelques auteurs.

Nous examinerons successivement si la protubérance est un organe de sensibilité, un organe de mouvement; si elle peut servir à apprécier les impressions.

La structure de la protubérance annulaire, sa continuité avec la moelle en arrière et en avant, la situation périphérique de la substance blanche, et surtout les fonctions des nerfs qui en partent, jointes à la sensibilité dont ils sont doués, ne permettent pas de douter que cet organe ne jouisse de cette grande propriété : la sensibilité animale. Mais cette faculté est-elle bornée à un point de la protubérance annulaire, à la face supérieure correspondant à la face postérieure de la moelle, ou bien à la face inférieure? Ou bien est-elle générale?

Il est évident d'abord que la sensibilité existe à la face supérieure; mais on peut affirmer en outre que toute la surface d'enveloppe est douée de cette propriété, puisque le nerf trifacial, qui est un des plus sensibles de l'économie, naît d'un des côtés de la face inférieure.

Maintenant cette sensibilité occupe-t-elle, comme pour la moelle épinière, la surface de la protubérance, ou bien existe-t-elle dans toute l'épaisseur? Sur ce dernier point, l'anatomie répond d'une manière négative. On sait en effet que les pyramides antérieures, cordons insensibles, traversent l'épaisseur du pont de Varole; et là en conséquence s'arrêterait la sensibilité, s'il était permis de croire qu'elle s'étendît plus profondément.

D'après les considérations que nous avons développées plus haut, la faculté de développer le mouvement existe dans cet organe, puisqu'il possède la sensibilité. Pour le prouver, il suffira d'énoncer que la cinquième paire, organe de sensibilité et de mouvement, et les nerfs moteurs oculaires communs, naissent de la portion intermédiaire aux pédoncules du cerveau.

De même que nous n'avons pas retrouvé dans la moelle épinière la faculté de juger les impressions, ainsi nous n'avons pas reconnu dans la protubérance annulaire cette propriété, qui semblerait être le partage exclusif du cerveau et du cervelet, véritables épanouissemens nerveux, qui présentent à leur centre des cavités possibles, et à la surface desquels se dessinent et se répandent les impressions conduites.

Si le pont de Varole est un organe de sensibilité et de mouvement, il est aussi conducteur des impressions de la volonté, au moyen des pyramides. Cette triple faculté de développer la sensibilité, de produire le mouvement, de conduire enfin les impressions et de transmettre le vœu du cerveau, la volonté, fait de la protubérance annulaire l'organe le plus important des renflemens nerveux, le *nœud gordien de la vie* ; ce qui est démontré par l'expérimentation. Ne voit-on pas en effet la mort suivre promptement la lésion du pont de Varole, produite par l'abolition de la sensibilité, de la volonté, du mouvement, et conséquemment par la cessation de l'influence du cerveau et du cervelet, qu'entraîne l'interruption de la communication entre ces diverses parties.

Nous avons exposé les raisons qui nous font admettre que la protubérance annulaire est un organe de sensibilité, et en conséquence de mouvement, et qu'elle ne peut pas juger les impressions et les transformer en sensations, condition qu'elle partage, du reste, comme organe nerveux plein (puisqu'elle n'est qu'un cordon nerveux), avec la moelle épinière; nous avons exposé enfin les considérations qui, au contraire, prouvent qu'elle est un organe de transmission, un véritable conducteur des impressions reçues, qui arrivent au cerveau par les pyramides, et au cervelet par les fibres transversales de cette protubérance. Nous allons, à l'appui de notre opinion, présenter les expériences qui la confirment et la rendent évidente.

M. Magendie regarde la protubérance annulaire comme beaucoup moins sensible vers la face antérieure que sur la face postérieure au niveau du ventricule, à l'intérieur et sur les côtés des parois duquel il a reconnu une sensibilité vive, expérience qui a fait ajouter par M. Desmoulins une si grande importance à son influence sur l'économie. M. Magendie pense d'ailleurs que la protubérance est presque insensible vers son centre.

Les expériences que j'ai tentées dans le même but ne m'ont pas présenté des résultats identiques à ceux que je viens d'examiner et qu'avait signalés ce physiologiste. En effet, si j'ai reconnu une sensibilité vive pour la face supérieure du cordon nerveux dont je parle, il n'est pas moins vrai de dire qu'en promenant un stylet à la face inférieure j'ai développé une sensibilité excessive, que les cris de l'animal ne permettaient pas de nier ou de mettre en doute. Cette expérience répétée plusieurs fois a toujours produit les mêmes phénomènes. Comment d'ailleurs pourrait-il en être autrement, puisque le trifacial, nerf qui possède une sensibilité exquise, naît de cette région antérieure du pont de Varole.

L'irritation de la moelle alongée produit des mouvemens généraux dans tout le corps, sans en excepter la face et les yeux, fait qui répond à notre opinion sur la puissance motrice de la protubérance.

M. Magendie admet plusieurs forces qui auraient leur siège dans des renflemens nerveux différens.

1° Les unes, suivant lui, destinées à présider aux mouvemens en avant, auraient leur siège dans la protubérance annulaire et le cervelet. Cette manière de voir est basée sur la lésion pathologique ou expérimentale de ces organes dans les mammifères et les oiseaux. Il appuie sa théorie du fait curieux cité par M. Piédagnel.

2° Les autres présideraient aux mouvemens en arrière; ils auraient leur siège dans les corps striés.

M. Magendie fait remarquer que des phénomènes graves ne se développent que lorsqu'on arrive à ces organes. C'est alors, suivant lui, et après qu'on les a extraits du crâne, que l'animal s'avance irrésistiblement en avant, se projette dans le même sens, court ou paraît dans l'intention de courir de nouveau.

Ces phénomènes ne se développent qu'autant que la substance blanche des corps striés a été intéressée, car la substance grise peut avoir été enlevée sans que les mouvemens soient le moins gênés.

D'après ces faits, il serait évident que, lorsque la force qui préside au reculement a été anéantie par la soustraction des corps striés, dans lesquels elle réside, l'équilibre est rompu, et la force qui, placée dans le cervelet et la protubérance annulaire, pousse les corps en avant, est alors sans cesse agissante : aussi les animaux se précipitent-ils avec impétuosité en avant.

M. Magendie a signalé d'autres forces qui présideraient aux mouvemens rotatoires; il les a trouvées dans le cervelet et dans les pédoncules. Coupe-t-on le pédoncule du côté droit, l'animal tourne sans cesse sur lui-même et du même côté, avec une incroyable rapidité, au point de faire d'après lui soixante révolutions dans une minute. En effet, les divisions verticales du cervelet développent des phénomènes pareils aux précédens, mais les mouvemens rotatoires sont d'autant plus rapides et répétés, qu'on se rapproche davantage de l'origine du pédoncule. Enfin M. Magendie, par une section qui a divisé le cervelet en deux parties égales, a vu l'animal se porter tantôt à droite, tantôt à gauche, et faire des évolutions en nombre à peu près égal.

Ces expériences sont loin de démontrer les quatre forces que M. Magendie a bien voulu admettre pour se rendre compte des résultats de son expérimentation, forces qui présideraient à la marche en avant, en arrière, aux mouvemens sur les côtés, et qui, suivant nous, s'expliqueraient à merveille par le fait de la volition, sans être forcé d'admettre des divisions qui ne nous paraissent nullement fondées; elles nous prouvent : 1° qu'il est nécessaire qu'il y ait intégrité des renflemens nerveux, pour que l'équilibre soit conservé dans les fonctions du système nerveux; 2° que l'innervation ou la puissance nerveuse ne peut se faire régulièrement en l'absence ou par la lésion d'un des cordons nerveux; et qu'enfin elles n'expliquent nullement comment l'équilibre est rompu.

Les *tubercules quadrijumeaux* sont quatre éminences situées à la face supérieure de la protubérance annulaire dont elles font essentiellement partie; qui se confondent par des lames nerveuses sur les côtés avec le *calamus scriptorius;* qui se continuent d'un autre côté, au moyen de la valvule de Vieussens, avec les pédoncules du cervelet, et la partie moyenne de la substance blanche qui concourt à former la commissure médiane du cervelet; et qui, sur les côtés, se continuent avec les couches optiques, et en avant avec les pédoncules du cerveau. Creuses chez le fœtus, pleines chez l'adulte, ces éminences conservent chez certains animaux des cavités dans leur épaisseur.

Il s'agit de rechercher quelles sont les fonctions de ces organes, et de nous demander si réellement les tubercules quadrijumeaux ont une action différente, spéciale, à eux propre, sur les phénomènes de la vision.

Ces éminences sont-elles destinées à percevoir la lumière? ont-elles pour but de régir seulement les nerfs optiques, ou bien commandent-elles à la fois à plusieurs nerfs et entre autres aux nerfs pathétiques? enfin les tubercules quadrijumeaux sont-ils sensibles et moteurs?

Les tubercules quadrijumeaux, ainsi que la valvule de Vieussens, faisant partie de la protubérance annulaire, participent de ses fonctions, et nous ne pouvons leur attribuer des usages particuliers tirés de leur organisation; car, pour nous, le nerf optique aurait eu les mêmes fonctions, s'il était né d'une autre lame, ou d'une autre éminence composée de substance nerveuse.

Ce qui précède fait déjà prévoir ce que nous pensons des facultés qu'auraient les tubercules quadrijumeaux de produire le mouvement et la sensibilité. Si avec un instrument on intéresse ces organes ou la valvule de Vieussens, l'animal à l'instant s'agite et témoigne par ses cris la plus vive sensibilité; d'un autre côté, l'agitation de la face, des organes de la respiration, celle du globe de l'œil, démontrent qu'il n'y a pas que cette sensibilité, mais que les tubercules quadrijumeaux ont une action incontestable sur les muscles.

Les tubercules quadrijumeaux perçoivent-ils l'impression de la lumière, et la transforment-ils en sensation; ou bien ne servent-ils que d'aboutissans et d'organes de transmission, par le moyen des couches optiques et des pédoncules du cerveau?

La première partie de la question ne saurait être discutée, et l'on ne peut localiser l'influence de la lumière aux tubercules quadrijumeaux.

Reste la seconde partie, qui me semble la seule admissible, si l'on est convaincu que l'enlèvement d'un lobe du cerveau entraîne l'extinction de la vue du côté opposé, et que l'ablation des deux hémisphères est suivie de l'abolition complète de cette fonction. Il faut donc regarder les tubercules quadrijumeaux comme destinés, ainsi que toutes les parties nerveuses auxquelles les nerfs viennent se rendre, à recevoir l'impression de la lumière, impression qui, comme toutes les autres, doit être transmise au cerveau, élaborée par lui, et transformée en sensation.

Il est nécessaire de consigner ici les ingénieuses expériences que M. Flourens a faites pour éclairer ce point de la science; j'y joindrai d'ailleurs des observations et des faits d'anatomie pathologique recueillis sur l'homme.

M. Flourens enleva sur un pigeon un des tubercules quadrijumeaux, et cette ablation fut suivie de convulsions générales, de la perte de la vue de l'œil opposé, bien que dans cet organe les mouvemens de l'iris fussent conservés. L'animal se tenait debout, pouvait marcher, voler, et par ses plaintes exprimait une vive douleur. Il était entraîné d'ailleurs par des mouvemens de rotation sur lui-même, et surtout dans le sens du tubercule enlevé.

L'enlèvement des deux tubercules quadrijumeaux est suivi de la perte complète de la vue et de l'apparition de convulsions générales. L'animal tourne souvent sur lui-même; mais, même alors, la contractilité de l'iris persiste.

Qu'on enlève un des tubercules quadrijumeaux, et il se manifeste dans le côté opposé une faiblesse du corps, semblable, dit M. Flourens, à celle qui résulte de l'ablation d'un lobe du cerveau ou du cervelet.

M. Flourens établit d'ailleurs la distinction à faire entre les résultats différentiels de l'enlèvement d'un des tubercules quadrijumeaux et de la lésion profonde d'un des tubercules qui tiennent à la protubérance. Il explique enfin la persistance de la contractilité de l'iris par l'intégrité des autres racines des nerfs optiques.

Il résulte évidemment pour nous des précédentes expériences que les tubercules quadrijumeaux font partie de la protubérance annulaire, et que la piqûre de ces mêmes tubercules produit des convulsions, un affaiblissement du corps, phénomènes qui indiquent suffisamment qu'ils ont une destination commune avec les pyramides et les pédoncules du cervelet, et le cordon postérieur de la moelle épinière.

D'une autre part, M. Magendie a tenté des expériences sur les tubercules quadrijumeaux, et il n'a jamais vu que la lésion du tubercule quadrijumeau antérieur fût, chez les mammifères, suivie de l'altération de la vue, quand au contraire, et dans ce cas, l'abolition de la vue lui a paru évidente chez les oiseaux.

Nous sommes convaincu au contraire que, chez les premiers, la compression des tubercules quadrijumeaux détermine la cécité, et deux observations recueillies sur des femmes ne permettent pas le doute sur ce point.

Avant de rapporter ces deux faits, je crois utile d'en consigner ici un qui se recommande à l'intérêt de la science, par la compression de la protubérance annulaire et des nerfs qui en partent.

B..... Charlotte, âgée de 41 ans, fut admise le 16 décembre 1826 à l'hôpital Saint-Louis, dans les salles de M. le docteur Biett; elle présentait des symptômes nombreux et remarquables qui indiquaient évidemment une altération d'un des points de l'encéphale, altération du reste qu'il était impossible de préciser.

Cette femme, d'un tempérament lymphatique, éprouva, en 1815, une vive frayeur à la vue des troupes étrangères. Peu de temps après, elle éprouva dans le côté gauche de la face de légères douleurs, qui n'étaient encore que vagues et très supportables, et restèrent dans cet état pendant deux ans, époque à laquelle B..... se maria. Bientôt ses règles disparurent, et les douleurs de la face prirent une violence telle, que cette femme devint incapable de s'occuper de la moindre chose qui exigeât quelque attention. Les douleurs ne cessaient jamais complètement; mais il y avait des exacerbations, surtout à la moindre impression morale.

Plusieurs médecins ayant considéré cette affection comme une névralgie occasionnée par des dents altérées, B... vint à Paris pour se les faire arracher par M. Désirabode.

Les douleurs en effet disparurent, mais pour quelques heures seulement, après lesquelles elles se manifestèrent de nouveau avec plus de force que jamais. Dès ce moment, cette femme ressentit des élancemens intolérables, qui, partis profondément du côté gauche, s'étendaient à toute la face. Quelquefois il lui arrivait de se lever subitement. Il lui semblait qu'elle devait fuir un danger; elle saisissait les corps qui se trouvaient autour d'elle. Dans la marche elle éprouvait de violens étourdissemens; elle était comme ivre :

joignez à cela des fourmillemens et des convulsions des muscles de la face, et vous aurez le tableau complet des symptômes qui se sont manifestés dans la première période de la maladie. Plus tard, les douleurs de la face diminuèrent et furent remplacées par un sentiment de froid. Les douleurs profondes avaient conservé leur intensité. A mesure que l'affection fit des progrès, il se manifesta des symptômes fort importans, la plupart fournis par les organes des sens et du mouvement.

1° La paupière inférieure du côté gauche était abaissée vers son angle externe; mais la vision était dans un état complet d'intégrité, et la malade distingua jusqu'à la mort les couleurs des corps.

2° La face fut bientôt complètement paralysée du côté gauche, aussi la commissure des lèvres de ce même côté fut-elle fortement attirée à droite. L'aile gauche du nez était immobile, et la malade ne pouvait prendre du tabac que du côté opposé.

La face par momens pâlissait et se couvrait de sueur; d'autres fois elle se colorait à un haut degré.

3° L'odorat était intègre; et B...., qui ne prenait jamais de tabac avant sa maladie, en demandait toujours et éprouvait un certain plaisir à en faire usage.

4° On n'a pas pu appécier jusqu'à quel point le sens de l'ouie pouvait être altéré.

5° Depuis l'invasion de la maladie, le goût avait graduellement diminué, au point que, quelques mois avant la mort de la malade, elle ne pouvait apprécier la différence d'un aliment avec un autre, cependant il faut dire qu'elle avait conservé parfaitement le goût du sucre.

La déglutition ne se faisait qu'avec une extrême difficulté ; les alimens, parvenus dans le pharynx, étaient rejetés en plus grande partie.

La voix se formait encore, mais la parole était presque anéantie ; la malade ne pouvait plus prononcer que oui et non.

L'action musculaire du côté droit du corps était intacte ; ce côté du tronc était courbé en arc de cercle très prononcé, surtout quand la malade était couchée. Les membres thoracique et abdominal gauches avaient perdu beaucoup de leur sentiment et de leur mouvement ; mais sur ce point la paralysie n'était pas complète.

Par momens, les battemens du cœur semblaient cesser ; il y avait pâleur de la face, perte des idées, et pour ainsi dire anéantissement de la vie. La respiration, par instans, devenait gênée, laborieuse, et il semblait que les forces nécessaires pour la respiration manquassent.

Tel était l'état de la malade lorsqu'elle fut admise à l'hôpital Saint-Louis ; elle ne fut soumise à d'autre traitement qu'au repos et aux émolliens. Elle y séjournait depuis plusieurs mois, lorsque, le 13 mai 1827, elle succomba à une pneumonie latente.

AUTOPSIE. — *Extérieur du cadavre* : Amaigrissement général ; la face du côté gauche, le bras et la jambe du même côté paraissaient un peu plus maigres que du côté droit.

Abdomen. Les viscères de la cavité abdominale étaient sains.

Poitrine. Le poumon gauche était sain et sans adhérence; celui du côté droit était le siège d'une pneumonie au premier degré. Des fausses membranes albumineuses se trouvaient dans quelques points de sa surface, et dans le reste de son étendue il était adhérent aux côtes par des fausses membranes organisées, traces d'une ancienne pleurésie.

Crâne. Traces d'une arachnitis chronique, caractérisées par des adhérences de l'arachnoïde cérébrale avec l'arachnoïde pariétale, surtout au niveau de l'apophyse clinoïde antérieure.

Le cerveau mis à découvert avec précaution, les lobes antérieurs ont été soulevés, et les nerfs coupés avec ménagement au moment où ils pénètrent dans les trous de la base du crâne.

Après avoir incisé de chaque côté la tente du cervelet, nous aperçûmes une tumeur d'une couleur jaunâtre, lisse à l'extérieur, d'une consistance gélatineuse, plus volumineuse qu'un œuf, bosselée, présentant de profondes scissures réunies par des filamens vasculaires. Cette tumeur paraissait être enveloppée entre l'arachnoïde et la pie-mère.

Reposant sur la surface basilaire au devant du conduit auditif, au devant des trous condyliens antérieurs, elle envoyait un prolongement considérable entre le sommet du rocher et l'apophyse clinoïde antérieure : ce dernier prolongement occupait la fosse cérébrale moyenne, comprimait le renflement gangliforme du nerf trifacial, et là paraissait pour ainsi dire confondu avec un grand nombre de filets de ce ganglion, qui lui-même était atrophié.

Le nerf moteur oculaire externe, l'artère carotide interne et la branche ophthalmique étaient comprimés par le bord interne du prolongement de cette tumeur.

Les nerfs moteur oculaire commun, pathétique et ophthalmique, étaient réunis par un tissu cellulaire dense, qui paraissait avoir été le siège d'une inflammation.

Cette tumeur était séparée des os du crâne par l'arachnoïde et la dure-mère.

Elle était recouverte par la partie inférieure et postérieure du lobe moyen et une partie de l'extrémité du lobe postérieur, par le pédoncule gauche du cerveau, par le pédoncule du cervelet du même côté. Toutes ces parties avaient considérablement diminué de volume; elles étaient atrophiées et présentaient une dépression profonde au niveau de la tumeur.

La protubérance annulaire, qui paraissait être le siège spécial et le point de départ de la tumeur, présentait à droite une saillie de plusieurs lignes, de manière que l'artère basilaire était déjetée du même côté. Tout le bord gauche était déprimé par un véritable refoulement.

Le lobe gauche du cervelet était porté en arrière, tellement que les fibres superficielles, placées transversalement, qui vont concourir à sa formation, représentaient une sorte de courbe dont la concavité était dirigée en arrière. Nécessairement, dans ce sens, le lobe gauche devait dépasser le droit.

A la partie inférieure de la tumeur, on voyait le nerf trifacial qui, passant directement dessous, paraissait comme confondu avec des espèces de fausses membranes; ses filets étaient écartés : il était blanc et rubané.

Ce nerf, pendant son trajet dans le crâne, était accompagné par la tumeur jusque dans la fosse cérébrale moyenne, comme nous l'avons dit, et paraissait lui être uni d'une manière intime. Sa substance était pénétrée de beaucoup de vaisseaux.

Le nerf moteur oculaire externe gauche, qui occupait aussi la partie inférieure de la tumeur, était évidemment augmenté de volume, et s'élargissait au milieu de la tumeur; mais on le détachait facilement du kyste.

Les nerfs facial, acoustique, grand hypoglosse, et ceux qui passent par le trou déchiré postérieur étaient comprimés.

Les nerfs optiques et olfactifs, ne présentant aucune apparence de compression, étaient tout à fait intacts.

Les tubercules quadrijumeaux étaient petits.

Le cerveau n'a présenté aucune altération dans sa structure. La moelle était saine.

Sur l'arachnoïde rachidienne se remarquaient quelques plaques, véritables fausses membranes qui passaient à l'état de cartilage.

La tumeur, coupée par tranches, parut formée de plusieurs loges, qui représentaient autant de kystes. Ces loges contenaient une substance gélatineuse, jaunâtre, recouverte d'une membrane transparente.

Cette observation fait naître naturellement plusieurs réflexions, qui confirment les expériences faites sur les animaux par plusieurs physiologistes, mais, d'autre part, est en opposition avec certains faits.

Il est facile de se rendre compte des vives douleurs qui, dans le principe, se propageaient à la face, si l'on considère qu'alors la cinquième paire n'était le siège que d'une irritation (véritable névralgie), et d'expliquer comment plus tard ces douleurs peuvent faire place à une diminution dans la sensibilité, puisqu'alors le nerf trifacial étant comprimé devait entraîner les mêmes phénomènes que dans le cas d'une section.

Il faudra chercher encore dans cette compression les motifs de l'altération du goût, puisque le nerf lingual, fourni par la cinquième paire, devait subir toutes les conséquences de son état morbide; ce qui d'ailleurs semble venir à l'appui de l'opinion de MM. Magendie et Charles Bell sur le siège du goût. L'intégrité du nerf lingual du côté opposé explique comment le goût ne fut pas complètement aboli. Il faut remarquer, d'autre part, que la compression de la cinquième paire fut sans influence sur l'odorat et sur la vision, puisque chez cette malade ces deux sens n'ont été nullement altérés; ce qui semble en opposition avec les résultats des expériences de M. Magendie.

La compression du nerf facial gauche explique pourquoi l'aile du nez du même côté était immobile, et pourquoi aussi la commissure des lèvres était tirée à droite.

Faut-il enfin attribuer à la compression des nerfs glosso-pharyngien, pneumo-gastrique et spinal, le rejet, pour ainsi dire partiel, des alimens, la difficulté de la respiration et les phénomènes morbides qu'a présentés la circulation, et chercher dans la compression des nerfs grands hypoglosses la cause évidente de l'abolition lente et graduée de la parole?

D'autre part, il doit paraître naturel que les facultés intellectuelles soient restées intactes, puisque le cerveau n'était nullement altéré. Ce qui le prouve, c'est que, si un des parens de cette malade venait la voir, elle rougissait ou se décolorait, et sa face, à défaut de la langue, devenait le moyen d'expression.

Les vives douleurs que la malade ressentait à la tête, et l'idée du danger qu'elle voulait éviter, étaient sans doute produites par l'irritation et le refoulement de la protubérance annulaire; explication qui concorde parfaitement avec les observations de M. Serres et le fait rapporté par M. Bérard aîné.

Des douleurs de la même nature ont été remarquées par mon ami et collègue M. Cazenave sur un epileptique atteint d'une céphalalgie atroce, qui partait profondément du crâne, comme nous l'avons indiqué dans notre observation. Chez cet homme, les douleurs ont persisté pendant des mois entiers, et les attaques d'épilepsie ne laissèrent presque aucun intervalle entre elles. A l'ouverture du cadavre, on a trouvé dans la partie antérieure de la protubérance annulaire une masse tuberculeuse du volume d'une noix, formée par la réunion de petits tubercules durs, incolores, et de la grosseur d'un noyau de cerise. Le reste de la protubérance présentait un endurcissement squirrheux.

Il me reste à chercher les raisons qui peuvent rendre compte de l'hémiplégie incomplète qui existait du côté de la compression.

La paralysie croisée a été, comme on le sait, admise dans les cas d'épanchemens de l'un des lobes du cerveau, mais plusieurs faits contradictoires, observés par Morgagni et d'autres auteurs, ont engagé les anatomistes à rechercher l'explication véritable de ce phénomène. Il nous semble qu'elle a été trouvée par un excellent observateur, M. Blandin. Toutes les fois qu'il a rencontré la paralysie non croisée, l'épanchement existait dans la partie la plus reculée du lobe postérieur, formée par les éminences olivaires, qui dans leur trajet ne se croisent pas (du moins d'après les recherches de MM. Gall et Blandin). Lorsque, au contraire, il y avait paralysie croisée, l'accumulation du liquide existait dans un des autres points du cerveau formés par les pyramides antérieures, qui se croisent. Cette explication tout anatomique rend parfaitement raison des faits observés.

Pouvons-nous maintenant demander à ces dispositions compte du phénomène dont il s'agit ici? Cela ne nous paraît pas possible, puisque les pyramides étaient tout aussi compromises que les éminences olivaires.

D'une part, par conséquent, nous ne pouvons expliquer l'hémiplégie du côté gauche, et de l'autre me semble infirmée l'opinion d'un médecin célèbre, qui assure qu'il y a paralysie croisée toutes les fois qu'il y a altération d'un des côtés de la protubérance annulaire.

Il faut conclure de là que, dans certains cas, il ne suffit pas des dispositions anatomiques pour toujours expliquer les phénomènes qui se sont présentés pendant la maladie.

Nous devons noter cependant que, dans cette observation, on ne retrouve pas une désorganisation telle, que l'on ait dû rencontrer la paralysie croisée, puisque les fibres nerveuses avaient été simplement refoulées; aussi n'existait-il qu'un affaiblissement musculaire. Dans cet état de choses, il resterait à nous rendre compte de cet affaiblissement du même côté que la tumeur; circonstance qui peut s'expliquer, si l'on réfléchit à l'endroit où s'opère le croisement des pyramides, et à la situation du kyste, se prolongeant assez loin pour presser les nerfs grands hypoglosses, qui naissent très peu au dessus de la décussation.

L'observation que nous allons rapporter maintenant intéresse plus vivement encore; aussi avons-nous cru devoir la décrire avec tous les détails que comporte son importance.

Mademoiselle Da..., âgée de 31 ans, d'un tempérament lymphatico-nerveux, maigre, grêle, ayant été pendant sa vie affectée de plusieurs abcès froids sur diverses parties du corps, au bras, au creux de l'aisselle, et au pied, et d'irritations bronchiques qui avaient inquiété sur l'état de sa poitrine, ressentit à la suite d'un abcès survenu derrière le cou, et dont une chute avait été la cause déterminante, des douleurs dans le derrière de la tête, qui allèrent toujours en augmentant jusqu'à 1833, époque à laquelle elle succomba le 2 mars de la même année.

C'est à 7 ans que mademoiselle Da... fit la chute dont nous venons de parler, et toujours, depuis ce moment, elle a éprouvé derrière la tête, à l'occiput, des douleurs que l'on regardait comme de nature rhumatismale, et qui étaient encore bornées à la région que je viens d'indiquer. Ces douleurs n'étaient pas continues, revenaient par intervalle, et étaient augmentées par la danse que cette demoiselle aimait beaucoup. Pendant toute la durée de la circonscription de ces douleurs, mademoiselle Da... éprouvait, après s'être appliquée à la peinture ou à la tapisserie, des élancemens au fond de l'orbite, qu'elle comparait à des coups de couteau. La marche était mal assurée, le sommeil était lourd et profond; elle avait de la peine à ouvrir les paupières à son réveil; exposés à la lumière, les yeux laissaient voir une rougeur profonde et uniforme. Jusqu'à 1830, au mois de février, cette malade avait pu marcher, se livrer à la danse, au travail; mais à cette époque les douleurs augmentèrent d'intensité: leur violence augmenta au point d'être insupportable, et malgré les bains froids, le sulfate de quinine, l'acupuncture, l'emploi de la méthode endermique, les souffrances ne purent être éteintes; au contraire, tous ces moyens, qui tendaient à produire une congestion cérébrale, ne firent que les exaspérer.

Au mois d'octobre 1831, les accidens furent portés au point de donner lieu à tous les symptômes d'une attaque d'apoplexie. Toute la face devint le siège de douleurs qui s'étendaient à toute la surface de la tête; elles étaient presque continuelles, et ne permettaient presque aucun repos à cette jeune fille: les mouvemens, le bruit, le changement de place, les variations atmosphériques et le sommeil prolongé (quand cela était possible) réveillaient avec violence ces horribles douleurs.

Il survint des envies de vomir; la langue devint rouge et les yeux demeurèrent habituellement injectés: enfin graduellement la vue baissa, les pupilles se dilatèrent et la malade ne pouvait plus distinguer qu'une faible lueur, et encore par instans. C'est par l'œil droit que la perte de la vue a commencé, et bientôt l'œil gauche a cessé de voir à son tour.

L'olfaction était demeurée intacte, et le goût marqué qu'elle avait pour le tabac pendant toute sa vie, n'a pas diminué pendant les plus grandes douleurs.

L'audition n'avait rien perdu de sa perfection; au contraire, il semblait que la perte de la vue avait rendu la première fonction plus délicate: c'est du moins ce que tout le monde a pu observer.

La déglutition était difficile et souvent impossible; aussi la malade ne pouvait-elle avaler les alimens, et surtout les boissons, qu'avec menace de suffocation. On était obligé, pour favoriser la déglutition, de lui faire avaler de la glace.

La parole fut conservée; mais elle perdit de sa

force et de son timbre, au point qu'elle ne pouvait plus que parler tout bas.

Les membres ressentirent eux-mêmes l'influence de la maladie; les douleurs, qui s'étaient propagées au cou du côté droit, se prolongèrent au bras du même côté, ainsi qu'à la jambe et à la cuisse. La sensibilité de la peau, des membres et du tronc, était si vive, que les attouchemens les plus simples devenaient douloureux. Les douleurs gagnèrent les membres thoracique et abdominal gauches.

La sensibilité, qui était devenue morbide, n'avait pas empêché la paralysie de la jambe et du bras droits, et d'abord l'inaction musculaire débuta par de la faiblesse, et plus tard la paralysie devint complète et réelle. La malade était entraînée du côté droit lorsqu'on la faisait marcher, et était toujours penchée de ce côté. Disons ici qu'il n'en est pas de la paralysie d'un des côtés du corps comme de celle de la face ou de la langue; car, dans le premier cas, le poids du corps du côté paralysé l'emporte de beaucoup sur l'action musculaire du côté opposé, encore agissante, et dans le dernier, c'est du côté sain que la commissure paralysée est entraînée; enfin la faiblesse gagna le côté gauche qui se paralysa ensuite.

Assise dans un fauteuil, cette malade avait continuellement la tête penchée à droite, elle était sans cesse effrayée et répétait que sa tête s'en allait, et le plus petit mouvement appelait chez elle des douleurs atroces et des étourdissemens.

La peau finit par perdre sa couleur habituelle; des

taches apparurent à sa surface dans différens endroits, et cette membrane devint terne, au point de faire croire que de la cendre y avait été semée; et cette coloration paille donnait au corps de cette jeune fille une teinte cadavéreuse pénible à voir.

Epuisée de souffrances, de douleurs morales, mademoiselle Da... succomba, après avoir supporté avec courage des tourmens qu'on ne peut comprendre qu'après en avoir été témoin.

Elle fut prise dans ses derniers momens de toux, de difficulté dans la respiration, d'un point pleurétique, qui avait été précédé d'une température basse des pieds et des mains, qui étaient comme glacés.

J'avais mis en usage avec des succès divers, mais non complets: 1° les opiacés, 2° la cautérisation, 3° les bains et le cyanure de potassium en dissolution.

La cautérisation transcurrente exécutée sur tous les points de la surface du crâne, amena des soulagemens marqués, et procura un intervalle assez considérable entre les douleurs. J'ai remarqué que pendant qu'il existait de la suppuration les douleurs devenaient rares et étaient moins prolongées; c'était une amélioration sensible qui ne devait pas être de longue durée.

L'autopsie va expliquer la plupart des phénomènes que nous avons été à même d'observer sur cette malade.

L'intérieur du corps était très amaigri; la poitrine

ouverte nous fit reconnaître dans l'épaisseur des poumons de la matière tuberculeuse, une pneumonie, et des traces de pleurésie ancienne et récente.

L'estomac était complètement désorganisé ; il n'existait plus de grand cul-de-sac, et les points désorganisés ressemblaient à une substance albumineuse, sans qu'il fût possible de reconnaître les traces des tissus qui le composaient. En un mot, le reste de l'estomac tenait aux viscères environnans par des adhérences. La désorganisation avait la plus grande analogie avec celle qui suit les grandes opérations ou les expériences très douloureuses que l'on a fait supporter aux lapins. Il n'y a rien d'étonnant alors si nous avons rencontré un pareil désordre dans l'estomac, après les cruelles souffrances éprouvées par cette jeune fille.

L'ouverture du crâne nous a permis de reconnaître une injection veineuse extrêmement marquée du cerveau, du cervelet, et de toutes les parties nerveuses de l'encéphale. La masse encéphalique ayant été retirée du crâne, il a été facile, après avoir soulevé l'extrémité postérieure des lobes cérébraux qui reposent sur la face supérieure du cervelet, et après avoir légèrement écarté ses hémisphères, de reconnaître, presque sur la ligne médiane, sur le vermiformis inférieur, à la face postérieure de l'extrémité céphalique de la moelle, une tumeur dont une partie était pleine, et dont l'autre renfermait un liquide; c'est surtout à la gauche du cervelet et de l'extrémité céphalique de la moelle épinière qu'elle exerçait une compression. Cette tumeur, de la grosseur d'un œuf de poule moyen, s'était creusée une loge profonde dans le lobe gauche du cervelet, dans le pédoncule du même côté, dans l'intérieur du ventricule, jusqu'aux tubercules quadrijumeaux qu'elle pressait et qu'elle avait atrophiés, en traversant par conséquent la valvule de Tarin qu'elle avait agrandie: elle était dans une grande partie de son étendue, dure, résistante, solide; et dans l'autre, molle, fluctuante. Cette tumeur était donc constituée par deux parties distinctes: l'une solide, enveloppée par le pédoncule et le lobe gauches du cervelet, reposait sur la partie gauche et postérieure de l'extrémité céphalique de la moelle épinière; elle était grise à l'extérieur, rougeâtre à l'intérieur, résistante à la section, parcourue par de nombreux vaisseaux. La seconde partie de la tumeur qui renfermait un liquide jaunâtre, gélatineux, représentait une sorte de poche membraneuse, formée par des fausses membranes superposées et tapissée à l'intérieur par une membrane transparente, lisse, et adhérente aux précédentes; elle se prolongeait au-delà du *vermiformis inferior*, derrière le calamus scriptorius, en refoulant en partie la valvule de Tarin, et arrivait ainsi jusqu'aux tubercules quadrijumeaux. La paire gauche de tubercules quadrijumeaux avait plus souffert de la compression que la droite; aussi l'atrophie était-elle plus marquée d'un côté que de l'autre.

Il est résulté de cette pression postéro-antérieure, un rapprochement des quatre tubercules, ce qui leur donnait une forme pointue et effaçait leur sillon.

Il est résulté de la position de cette tumeur à gauche un déplacement oblique de la protubérance annulaire et de l'extrémité céphalique de la moelle épinière, de telle sorte que le côté droit de la protubérance et de l'extrémité de la moelle épinière était plus saillant que le côté gauche.

La portion dure de la tumeur avait porté son influence sur le corps restiforme gauche, les éminences olivaires, et indirectement sur la pyramide du même côté.

Le corps restiforme ou la pyramide postérieure concourait à lui former un canal avec le pédoncule du cervelet dont le diamètre antéro-postérieur avait beaucoup perdu de son épaisseur.

La pression que la tumeur avait déterminée sur les éminences dont nous venons de parler, avait effacé à gauche le sillon qui renferme les nerfs glosso-pharyngiens et pneumo-gastriques, de telle sorte qu'ils étaient nécessairement comprimés. Elle avait pu enfin comprimer faiblement les nerfs facial, acoustique et grand hypoglosse du même côté, ainsi que le nerf moteur oculaire externe. Enfin le nerf trifacial avait été comprimé par le fait même du déplacement de la protubérance annulaire, sans doute faiblement puisqu'il n'avait perdu que peu de son volume.

Rechercher la cause du développement de la tumeur est chose difficile. Peut-on regarder la chute que cette jeune fille avait faite sur le derrière de la tête comme ayant donné lieu à sa formation? ou bien doit-on penser qu'elle a pris son origine sous l'influence de la constitution scrofuleuse, qui avait présidé au développement de divers abcès froids? Ces deux causes me semblent avoir été la source de cette affection. L'idiosyncrasie particulière du sujet; le trouble nerveux qui a été la suite de sa chute, l'ébranlement et la commotion, me semblent rendre raison du développement de cette production, qui du reste avait son siège dans un point essentiellement vasculaire, et par conséquent très favorable à la déposition d'une lymphe, qui peut éprouver des changemens si variés dans son évolution.

Quoi qu'il en soit, le plus important est de rechercher comment cette production a été l'occasion d'un trouble nerveux, qui, d'abord local, a plus tard envahi tout l'individu.

Les douleurs de la nuque nous indiquent déjà l'état anormal, le travail morbide qui s'opérait dans le point le plus voisin de l'endroit percuté, et qui pendant long-temps en a imposé pour une affection rhumatismale.

L'augmentation de violence des douleurs s'explique par l'accroissement de la tumeur; et leur extension à la tête, au cou et aux membres, doit cesser d'étonner si l'on considère le siège du mal. La sensibilité vive dont est douée l'extrémité céphalique de la moelle épinière, le nombre des nerfs qui en partent, et de ceux qui naissent de la moelle épinière, tout fait comprendre comment les douleurs se sont propagées du point irrité aux nerfs, et comment, toutes les fois qu'il s'opérait un trouble dans la circulation du fluide nerveux, les douleurs se faisaient sentir dans tous les points à la fois avec l'instantanéité de la commotion électrique.

Ce qu'il y a surtout de remarquable parmi ces phénomènes, c'est que la douleur se faisait sentir dans le membre supérieur droit, c'est-à-dire dans le bras opposé à la compression du pédoncule du cervelet, et du cordon correspondant de la moelle épinière; ce qui frappe le plus après cette douleur croisée, c'est son extension aux deux membres quand la tumeur eut pris un accroissement plus considérable.

La paralysie n'a commencé qu'à dater du moment où la compression a été assez prononcée pour empêcher la libre transmission des impressions et l'influence de la volition. Nous avons vu le trouble apporté dans l'exercice des mouvemens se faire sentir dans la partie du corps opposée à la compression, et produire d'abord une diminution, puis l'abolition complète du mouvement; il était permis, pour ainsi dire, d'assister au développement graduel de la tumeur, à l'augmentation incessante de la compression qu'elle déterminait, et aux accidens qu'elle faisait naître. Enfin, la paralysie étant devenue générale, il est demeuré évident que la compression s'exerçait dès lors sur une plus large surface; aussi la jeune malade était-elle réduite à l'état de ceux qui, n'ayant plus leurs membres, sont nourris par des mains étrangères.

Si dans le principe les facultés intellectuelles avaient conservé leur intégrité, on avait pu voir pourtant que l'irritation de la protubérance annulaire avait donné lieu à de violentes douleurs au fond de l'orbite, à des congestions dans la conjonctive, et, plus tard, à un sentiment de pesanteur dans les paupières, phénomènes qui tous trahissaient une augmentation de sensibilité de la protubérance annulaire et des nerfs qui en partent. Mais bientôt, la vue s'éteignant par degrés, on vit la cécité commencer par l'œil droit, prouvant ainsi le croisement des nerfs optiques, puisque les tubercules quadrijumeaux du côté gauche étaient plus comprimés que ceux du côté droit; puis elle devint complète quand la pression s'étendit aux deux paires de tubercules.

La dilatation des pupilles a été incessante, sans aucune apparence de mobilité. N'est-il pas évident après cela que l'impression de la lumière est apportée aux tubercules quadrijumeaux et aux couches optiques, et que c'est par eux principalement qu'elle est transmise au cerveau?

Les faiblesses, les syncopes, les convulsions même auxquelles la malade était quelquefois sujette, s'expliquent par le déplacement de la tumeur, quand cette jeune personne changeait de place ou inclinait la tête dans un sens qui lui semblait plus favorable. Alors, en effet, il y avait menace de mort imminente, puisque la compression s'exerçait plus gravement et sur une surface plus étendue.

Si l'on se rappelle la cessation momentanée de quelques uns des phénomènes exercés par la cautérisation transcurrente, on en trouve la cause dans la diminution de la compression, par l'absorption du liquide contenu dans le kyste, et qui d'ailleurs se renouvelait bientôt, lorsque la suppuration cessait.

S'il est survenu de la difficulté dans la déglutition, de la gêne dans l'acte respiratoire, du trouble dans les fonctions de l'estomac, ces phénomènes s'expliquent très bien, par la compression des nerfs glosso-pharyngiens et pneumo-gastriques. La désorganisation de l'estomac, particulière aux grandes opérations, ne permettrait pas d'en douter, si l'on ne savait d'ailleurs que l'altération de la moelle, que la section du nerf pneumo-gastrique, entraînent des changemens incontestables dans la structure du poumon et dans le premier organe.

Il faut demander à la lenteur avec laquelle la tumeur s'est développée la raison du peu de rapidité de la marche du trouble nerveux, et de l'abaissement de la température du corps, avec la gêne apportée à la circulation et aux fonctions musculaires.

Ces considérations nous conduisent à cette vérité évidente, que tous les renflemens se tiennent entre eux; qu'ils ont une influence réciproque, qui ne permet pas que l'un d'eux soit enlevé ou mutilé sans que l'appareil nerveux soit affecté d'un trouble variable dans les résultats et dans la gravité des phénomènes produits.

Appelant sur ces phénomènes les lumières de l'expérimentation, je me suis convaincu qu'ils ne se déclarent que dans le cas d'altération de la substance blanche, ou quand celle-ci est en proie à une irritation qui en exalte les fonctions sensitives et motrices; car il y a alors rupture de l'équilibre, désordre dans l'économie et changement dans l'ordre physiologique des organes, qui sont sous l'empire d'un des premiers appareils de l'économie. Les expériences et l'observation m'ont appris encore que la substance grise est particulièrement destinée à réunir les nombreux vaisseaux qui s'y ramifient pendant que la substance blanche préside à l'exercice des facultés intellectuelles, en un mot à l'entretien de la vie nerveuse, et qu'il faut établir une grande différence entre l'irritabilité et la sensibilité, celle-ci existant avec perception, et celle-là sans conscience. C'est encore aux vivisections et à l'anatomie que nous devons d'être convaincus qu'un excès de sensibilité se propage à travers les nerfs qui naissent du point malade d'un des renflemens nerveux.

Il demeure évident pour nous que, d'une part, le système nerveux est un tout continu dont l'action s'exerce d'une manière continue, c'est-à-dire qu'on ne peut rien soustraire de la substance blanche sans voir apparaître des phénomènes d'autant plus graves que la lésion se rapproche plus de l'extrémité supérieure de la moelle; et, d'autre part, que le système nerveux a sur l'organisation une influence d'autant moins absolue que le sujet est plus jeune. Ainsi, pendant la vie intra-utérine, le développement de l'embryon dépend en grande partie de la mère, parce que le fluide nutritif, le sang, est élaboré dans le placenta, et non par la respiration, qui est nulle dans le fœtus.

Il me paraît digne de remarque que ce soient les parties dépourvues de sensibilité et qui offrent une grande surface qui tout à la fois sont conductrices des impressions et servent à les juger.

Il y a donc unité dans le système nerveux, puisque cette même substance blanche, qui opère la transmission, émet aussi les facultés sensitive et motrice; facultés qui se réunissent en une seule parfaitement identique.

CHAPITRE V.

C'est le moment de nous demander s'il est vrai que l'on puisse localiser les facultés intellectuelles, et assigner à chaque partie de l'encéphale un rôle propre avec des différences dans la perfection, qui elle-même serait en rapport avec le volume de la portion d'organe de l'encéphale, ou de l'organe que l'on suppose présider à une fonction déterminée? S'il en était ainsi, la phrénologie, cette philosophie matérielle, fondée sur l'examen des formes du crâne et des protubérances osseuses qui correspondent à tel ou tel point de l'encéphale, serait la ruine de l'ordre social. Aussi n'apportera-t-on jamais assez de soin dans l'étude de telles doctrines, qui ne doivent être émises qu'après un examen sévère et approfondi. La phrénologie n'admet-elle pas, par exemple, que le crime est le fait de l'organisation, le résultat d'un mouvement involontaire, irrésistible, qui pousse sans cesse l'homme à traiter la société en ennemie; et ne devrait-on pas conclure de cette théorie que le pardon doit remplacer le châtiment, par cette raison puissante qui fait remettre les fautes à qui n'a pas été le maître de les éviter? Tout cela enfin ne mène-t-il pas à faire regarder l'homme comme vivant dans un état de perpétuelle folie?

Dans l'homme, comme dans les animaux, les passions demandent à être satisfaites; c'est un besoin de tous les instans : et alors renverser et détruire deviendrait la loi de tout homme qui voudrait arriver à un but, quelque obstacle qui se présentât d'ailleurs. Il est bien peu d'hommes, par exemple, qui n'aient eu le désir de s'approprier ce qui appartient à un autre, tantôt d'une manière éclatante, tantôt d'une manière moins ouverte; il faudra dire alors qu'il existe chez tous les individus de l'espèce humaine une bosse qui préside au vol, et pourtant le désir de la conservation, qui l'instruit de s'opposer aux causes de destruction qui agissent contre nous, sont des puissances plus fortes que les protubérances que l'on suppose y présider.

Ce serait une entreprise féconde en curieuses recherches que celle qui consisterait à démontrer que l'entretien de la vie, la conservation est le but commun où tendent tous les êtres vivans, et que tout ce qui sert à orner l'existence converge vers ce point, comme toutes les fonctions ont pour résultat la nutrition.

Ces considérations rapides suffisent pour démontrer que l'homme agit toujours avec intention, et que les besoins qui l'assiègent seraient les seuls mobiles de ses actions si l'éducation ne venait pas modifier les penchans instinctifs, et si la loi, barrière commune, n'apportait pas une crainte salutaire à des entreprises qui, sans cesse renaissantes, nuiraient au corps social. Je ne prétends pas cependant que les organes n'impriment pas aux actes des changemens remarquables, suivant l'état de l'instrument qui préside à une fonction; mais, si nous admettons que la variabilité de volume du système nerveux entraîne ainsi une variabilité d'action sur les organes, il me semble que l'on ne peut pas rencontrer dans le cerveau, organe de volonté, autant d'organes représentés par des circonvolutions correspondantes à des éminences osseuses. Cette vérité deviendra évidente par l'étude successive des protubérances osseuses et des parties nerveuses qui leur correspondent; mais, avant d'aborder ce point de notre ouvrage, il est nécessaire de nous arrêter un instant sur les usages que l'on a attribués à la substance grise, considérée comme siège des facultés intellectuelles.

Haller, Boerhaave, et avant eux Hippocrate, avaient placé le siège des facultés intellectuelles, de la pensée, dans la substance blanche, et nous, si nous examinons le cours des impressions, leur terminaison, et la substance qui sert à les transmettre, convaincu que la vérité était du côté de ces illustres savans, nous ne pouvons pas placer le siège de la volition, du *moi* enfin, dans une autre partie de la structure de l'encéphale, bien que, dans ces derniers temps, des physiologistes habiles, des hommes remarquables aient voulu lui accorder un autre siège, et regarder la substance grise comme présidant aux facultés intellectuelles.

En 1823, M. Foville, et notre ami M. Pinel Grandchamp, ont placé le siège du mouvement dans la substance blanche; et se basant, disent-ils, sur des faits cliniques, ils ont regardé les corps striés, la substance fibreuse du lobe antérieur, comme présidant aux mouvemens de la jambe, pendant que la substance fibreuse du lobe moyen et du lobe postérieur, en un mot la couche optique et ses radiations, serviraient aux mouvemens du bras. M. Pinel Grandchamp avait d'ailleurs, avec M. Delaye, établi le siège des facultés intellectuelles dans la substance corticale des circonvolutions.

Déjà Saucerotte avait publié, dans les Mémoires de l'Académie de chirurgie, que des observations sur l'homme et des expériences sur les animaux lui avaient démontré l'existence d'un rapport parfait entre la partie antérieure de l'encéphale et les mouvemens des membres abdominaux, et d'une corrélation complète entre les membres pectoraux et l'extrémité postérieure des hémisphères.

Je n'entreprendrai point de réfuter cette théorie; car je ne pense pas qu'on puisse, à l'aide de l'observation clinique ou des expériences sur les animaux, démontrer que la substance grise soit le siège des facultés intellectuelles : en effet, cette substance, essentiellement vasculaire et pourvue de canaux vasculaires, semble destinée à diminuer le volume des vaisseaux et à les rendre, avant qu'ils pénètrent dans la substance blanche, d'une ténuité telle, qu'ils ne puissent pas gêner les facultés, le mouvement, etc., quand la circulation éprouve quelque changement.

Dépourvues de sensibilité, la substance grise et les circonvolutions peuvent être enlevées sans qu'il en résulte un trouble de l'intelligence, comme l'a démontré M. Cruveilhier. Mais il n'en est pas de même quand la lésion se propage et gagne l'épaisseur d'un hémisphère. C'est dans ce cas, véritable gangrène du cerveau, que j'ai pu observer les phénomènes qu'entraîne cette destruction qu'accompagne l'expulsion de la substance cérébrale par une ouverture faite aux parois du crâne. J'ai pu voir alors les facultés intellectuelles s'affaiblir et disparaître par degrés, à mesure que les secousses imprimées au cerveau en déterminaient l'expulsion.

Sur un enfant qui avait eu une portion des os du crâne enlevée, j'ai vu un des lobes expulsé en totalité par la plaie, et l'intelligence s'éteindre graduellement, pour ainsi dire en proportion des pertes successives de la substance blanche. Cette prostration a été poussée si loin, que l'enfant ne pouvait plus que répondre oui et non, et que bientôt il se trouva dans l'impossibilité de parler.

Les expériences que nous avons tentées sur les animaux, les faits que nous avons observés sur l'homme, nous ont démontré que la paralysie est croisée chez les mammifères, à peu près dans toutes les circonstances, et nous ont convaincu que les fibres du cerveau, formées par les pyramides et les éminences olivaires, ainsi que par le faisceau innominé, donne lieu à la paralysie des membres supérieurs aussi bien qu'à celle des membres inférieurs; nous n'avons pas vu enfin que la lésion des lobes antérieurs donnât lieu à la paralysie des membres pelviens, et la lésion des couches optiques à celle des membres thoraciques, vérité dont les dispositions anatomiques rendent d'ailleurs parfaitement raison. En un mot, tout le cerveau, à l'état sain, agit aussi bien sur les membres supérieurs que sur les membres inférieurs, et sa puissance de volonté ne peut pas, pour son exercice, être restreinte à des points spéciaux.

Puisque nous avons vu pour la moelle une partie de la substance blanche être le siège de la sensibilité et du mouvement, et une partie servir de conducteur aux impressions, est-il possible de retrouver dans le cerveau un point à part destiné à recevoir cette impression et à créer des idées particulières?

Déjà Haller avait cherché à localiser les diverses parties de l'encéphale, et dans le tome IV de ses *Élémens de Physiologie* il se demande si chaque fonction de l'ame n'a pas un département différent. « Puisque, dit-il, les nerfs de la vue, de l'olfaction, » de l'audition, proviennent de certaines parties du » cerveau, de certaines proéminences, il a paru

» raisonnable de placer dans ces régions et ces » éminences le siège des sensations que chaque nerf » recevait ; c'est ainsi qu'on a placé le siège de la » vue dans les couches optiques, et qu'on a re- » gardé le pont de Varole, qui donne naissance à plu- » sieurs nerfs, comme la réunion de mouvemens et » de sensations. Il ajoute que quelques expériences, » quelques faits pathologiques, viendraient servir à » appuyer cette opinion ; que, par exemple, la » compression des nerfs amène la cécité ; que des » tumeurs, ou toute autre lésion du cerveau, déter- » minent l'abolition de l'audition, de la déglutition, » de la parole, ou la paralysie des membres. Mais » il se hâte d'ajouter : *Nondum tamen velim nos* » *nimis his theoriis confidere*. Les expériences ne dé- » montrent pas que le siège de la vision existe au- » tour de l'origine des nerfs optiques, ni le siège » de l'audition autour de l'origine du nerf acousti- » que ; elles font voir seulement que chaque nerf » tire la faculté de produire des sensations ou des » mouvemens d'une certaine partie, dont la désor- » ganisation amène l'abolition de cette faculté.

» S'il en est ainsi, il n'est pas permis, avec quel- » que apparence de vérité, de rien conclure sur les » fonctions compliquées de l'intelligence, et d'assi- » gner un siège spécial à l'ame, à l'intelligence, à » la mémoire. De tout temps ces hypothèses ont » régné dans les nombreux écrits des physiologistes, » mais toujours faibles, sans fondement et de courte » durée.

» Enfin, il n'est pas permis d'assigner aux émi-

» nences que l'on trouve dans le cerveau, les nates,
» les testes, le corps calleux, le pont de Varole, le
» bulbe rachidien, ni en particulier au cerveau ou
» au cervelet, aucun but, aucun usage, qui ne soient
» bien communs à la masse encéphalique. »

(*Elementa physiologiæ*, sect. VIII.)

An diversæ diversarum animæ functionum provinciæ?

Cùm diversis ex cerebri sedibus nervi visorii, et olfactorii, et acustici, et alii proveniant, eorumque nervorum aliis propriis et insignibus ex collibus nascantur; potuit probabile videri, in iis cerebri regionibus et tuberibus species rerum et sensationum vestigia potissimum habitare, quas quisque nervus advehere consuevisset, ut in thalamis nervorum opticorum ea conjuncta hærerent, quæ per oculos advecta essent vestigia, et eo modo se in aliis nervis haberet. Ita in ponte qui plerosque nervos emittit, conjunctum etiam multorum motuum sensuumque concilium resideret.

Poterant etiam experimenta aliqua morbive adduci, qui certis in sedibus residentes, cerebri certos etiam sensus, aut peculiares unice motus adfecissent a compressis nervis opticis cœcitatem; a tumoribus cerebri, aliisve vitiis surditatem; deglutitionis vitia, linguæ paralyses, alterius manus stupores, et alia id genus.

Nondum tamen velim nimis nos his theoriis confidere. Experimenta non demonstrant regionem visoriam circa opticum nervum esse, aut sonorum provinciam circa nervi acustici originem : et id unice ostendunt nervum quemque ex aliqua peculiari sede suas suppetias sentientis et moventis causæ habere, quas amittas, quando ea pars male adfecta est. Hæc, si eo modo se habent, non sinunt certe, ulla cum veri specie, nos definire de complicatis magis animæ fonctionibus, aut in encephalo imaginationi suam sedem, suam sensui communi, suam memoriæ adsignare. Ejusmodi hypotheses ab omni tempore plurimæ in physiologorum scriptis regnaverunt, pariter debiles, caducæ, brevisque ævi.

Demum, neque tuberculorum quidem, quæ in cerebro sunt, finibus aut utilitatibus quidquam pronuntiare licet, neque natibus, aut testibus, aut isthmo, aut ponti, aut caudici illi medullari, aut corporibus striatis, aut cerebro seorsim, aut peculiariter cerebello, propriam aliquam utilitatem adsignare, quæ a communi totius encephali utilitate differat.

La localisation des facultés intellectuelles n'est donc pas chose nouvelle, puisque déjà Haller avait cherché à revêtir d'actions isolées les différens organes contenus dans le crâne.

Mais, contrairement à l'opinion de Haller, de Galien, de Platon, de Pythagore, qui plaçaient le siège de nos facultés, du *moi*, de l'ame enfin, dans le cerveau, d'autres philosophes attribuaient pour siège à nos sensations des organes qui n'ont aucun titre à cette fonction. Ainsi, on l'a attribuée à la cavité thoracique, à la cavité abdominale, etc.; ainsi

Bichat a émis l'opinion que les impressions pénibles portent directement sur le centre épigastrique, tandis qu'en réalité leur influence se fait d'abord sentir sur le cerveau ; ainsi, enfin, le grand Aristote plaçait le siège de l'ame dans le cœur, et Van-Helmont dans l'estomac.

Ce sont là des erreurs que personne ne partage plus aujourd'hui, et nul n'est maintenant disposé à croire avec Descartes que l'ame gît dans la glande pinéale, et, avec Drelincourt, qu'elle habite le cervelet, quand ces deux opinions ne sont d'ailleurs appuyées d'aucun fait.

La science en était là lorsque Gall voulut juger de la portée des facultés intellectuelles sur la forme du crâne. Ayant étudié les tendances qu'ont les hommes doués des mêmes avantages naturels à reproduire les mêmes travaux, il a fini par reconnaître la même disposition dans la boîte osseuse, le même développement dans un des points du crâne; et se trouvant ainsi conduit à examiner les penchans et les sentimens des hommes, il a songé à retrouver dans le crâne le moyen de les apprécier; et ainsi il est arrivé à conclure que l'extérieur du crâne est un meilleur guide pour le jugement des qualités des hommes que la physionomie, souvent infidèle et trompeuse. A l'appui de cette théorie naissante, il appelait le développement embryonnaire de la tête, dont les renflemens nerveux apparaissent les premiers, et sur lesquels la boîte osseuse se développe et se moule parfaitement. Il regarda dès lors le crâne comme représentant le cerveau, et il ne tarda pas à regarder les circonvolutions comme le siège des facultés, donnant à celles-ci une énergie en rapport avec le développement de celles-là. Tout épris de cette opinion, qui avait échappé aux physiologistes et anatomistes, Gall repoussa cette idée, née de la philosophie et de la médecine, que le cerveau *tout entier* produit l'intelligence; il voulut enfin qu'il fût formé de parties réunies en fait, mais distinctes par leurs usages, et ayant une destination spéciale et propre. Préoccupé des résultats de cette théorie, qu'il ne songeait qu'à agrandir, Gall avait dès les premiers pas trop négligé l'étude anatomique des circonvolutions, qui toutes se lient, se continuent, et ne pouvaient ainsi rien prouver pour un système qui en faisait des organes à part et ayant des fonctions distinctes.

Les deux lobes du cerveau ont paru à M. Gall former deux organes distincts et doués de facultés différentes, qui trouvent leurs analogues dans l'hémisphère du côté opposé.

Ainsi la phrénologie était acquise à la science, et on vit les facultés se diviser en plusieurs genres, qui formèrent la classification phrénologique.

Le premier genre renferme les penchans dont l'énumération va suivre :

1° Alimentivité ou organe de l'appétit;

2° Amativité, ou amour physique;

3° Philogéniture, ou amour des enfans;

4° Adhésivité ou affectionivité (Spurzheim) (amitié de Gall);

5° Concentrativité, ou habitativité de *Spurzheim;*

6° Combativité de Gall ;
7° Destructivité ;
8° Secrétivité ou *ruse* ;
9° Acquisivité ;
10° Constructivité.

Dans le second genre se trouvent les sentimens que l'on distingue en ceux qui sont propres à l'homme, et ceux qui lui sont communs avec les animaux.

Les sentimens propres à l'homme sont :

1° La vénération ;
2° La fermeté ;
3° La consciencivité ;
4° L'espérance ;
5° La merveillosité ;
6° L'idéalité ;
7° L'imitation ;
8° L'esprit ou gaîté.

Les sentimens communs à l'homme et aux animaux sont :

1° L'estime de soi ;
2° L'approbativité ;
3° La circonspection ;
4° La bienveillance ;
5° L'amour de la vie (Spurzheim).

Troisième genre :

1° Individualité ;
2° Configuration ;
3° Etendue ;
4° Pesanteur ou résistance ;
5° Coloris ;

6° Localité;
7° Nombre (calcul de Spurzheim);
8° Ordre;
9° Eventualité;
10° Temps;
11° Tons;
12° Langage;
13° Comparaison;
14° Causalité;
15° Mémoire des mots (Gall).

La doctrine de Gall et sa philosophie sont donc appuyées sur la pluralité des organes correspondans à des protubérances osseuses; et, suivant lui, la forme extérieure du crâne peut faire reconnaître les penchans, les sentimens, et le degré de développement des facultés.

L'une de ces dernières, l'activité copulative a, selon Gall, son siège dans le cervelet, qui préside alors aux fonctions génératrices, et dont les différences de volume entraînent la variabilité de cette faculté. Chez les hommes et les animaux, la voussure de la nuque, déterminée par l'écartement des fosses cérébrales postérieures et inférieures, est donc, suivant ce philosophe, l'indication proportionnelle du degré de développement de l'amour physique, ou *amativité*. Ainsi le peu d'élévation de cette voussure, indice d'un médiocre développement du cervelet, signifie peu de penchant à l'amour; aussi, pour les individus ainsi constitués, est-il besoin de peu d'efforts pour résister à un penchant qui n'existe pas : ce sont là, suivant M. Gall, des *vertus passives*.

M. Gall place l'amour des enfans, la *philogéniture*, dans le lobe postérieur du cerveau, et par conséquent dans les circonvolutions qui y sont dessinées; et, comme conséquence de ce système, il remarque que le développement de ces circonvolutions existe avec une énergie proportionnelle de la faculté qu'il y a enfermée. Il a vu que ce lobe est plus développé chez la femme que chez l'homme, et qu'ainsi, dans la femelle, l'amour maternel est développé au plus haut degré.

L'organe de l'*alimentivité* ou de l'instinct de l'appétit, qui n'avait pas encore été découvert par Gall, a été admis par Spurzheim, Hoppe, Crook, qui ont placé son siège dans les circonvolutions cérébrales, situées à ce qu'ils appellent la base du lobe moyen, d'où viennent les nerfs olfactifs, qui ont un volume considérable dans les moutons. Les nerfs olfactifs ont paru à Georges Combes servir de guide à la recherche de la nourriture convenable chez les animaux. Dès lors, puisque cet organe a pour usage le choix des alimens, la gourmandise, la gastronomie, doivent être guidées par lui.

L'*habitativité*, découverte par Spurzheim, est un organe qui entraîne l'homme et les animaux à habiter tel ou tel lieu, et qui est situé immédiatement au dessus de la philogéniture, dont le siège est par conséquent dans les circonvolutions postérieures et supérieures du cerveau. Sans vouloir présenter ici des objections que nous réservons pour plus tard, nous croyons utile de dire dès à présent que le prétendu organe de l'habitativité nous paraît bien malheureusement découvert, quand on réfléchit qu'il est fondé sur une distinction aussi peu solide, sur la différence des lieux qu'habitent les hommes, les uns fixant leur demeure sur des montagnes, par cette raison peut-être que ce sont les lieux qui les ont vus naître, les autres choisissant le bord des fleuves; sur la différence de situation que les oiseaux apportent dans la construction de leurs nids; ceux-ci employant leur industrie à les élever sur le sommet des arbres, ceux-là sur les branches inférieures, d'autres au contraire sous les toits; enfin sur le besoin impérieux qui pousse certains hommes à habiter certaines contrées, sous peine de devenir nostalgiques et malades. Sont-ce là, nous le demandons, des raisons assez sérieuses pour faire admettre un organe qui établit une différence dans les goûts, et dans le choix des situations sociales, au lieu de chercher la source de cette variabilité dans les vicissitudes de la fortune, au genre d'éducation reçue, aux nécessités naissant des professions.

M. Vimont, après avoir examiné sept cents crânes, a fini par découvrir un organe inconnu et une protubérance correspondante, situés tous deux au dessous de l'habitativité, vers la partie postérieure de l'angle occipital, différent en cela de M. Combes, qui pense que l'habitativité est l'organe destiné à concentrer sur certains objets une certaine affection, au lieu de servir à l'instinct des lieux. M. Broussais admet l'une et l'autre man ière de voir.

Spurzheim a rencontré un organe qui pousse l'être qui en est doué, à avoir la tendance à aimer, à embrasser et à serrer l'objet de son affection. Gall l'a désigné sous le nom d'amitié, d'attachement, et M. Combes sous celui d'adhésivité. Cet organe a son siège à la partie postérieure externe de la tête, et conséquemment dans les circonvolutions correspondantes.

C'est au dessus du conduit auditif qu'on a placé l'organe de la *destructivité*, dans l'endroit correspondant à la portion écailleuse du temporal, et ainsi dans la circonvolution qui y correspond. Cet organe pousse à détruire et à renverser tout ce qui peut apporter obstacle. Quand elle a trop de volume, cette circonvolution rend impatient et emporté. C'est chez les animaux carnassiers, que cet organe offre le plus de développement; mais, d'après les phrénologistes, il apparaît avec les caractères les plus tranchés, sur la tête des mauvais princes, sur tous ceux qui ont dénoté un caractère sanguinaire, sur Caligula, Néron, Madeleine Albert, la fille Bouhours, célèbres par leurs cruautés.

L'organe de la *secrètivité* ou de la *ruse* est situé dans la circonvolution qui correspond au bord inférieur des pariétaux, au dessus des deux circonvolutions cérébrales, qui représentent l'organe de la *destructivité*. Les individus chez lesquels cet organe est très développé, sont discrets, portés à la ruse, cachent leurs moyens de défense, renferment et nourrissent au fond de leur cœur, et sans les épancher au dehors, les émotions les plus sombres et les plus tristes. Gall considère cet organe comme nécessaire aux hommes versés dans la diplomatie; aussi a-t-il remarqué que la protubérance qui lui correspond était surtout proéminente chez les hommes qui se sont distingués dans cette science politique.

L'organe de la *combativité* ou du courage, est représenté par la circonvolution appartenant au lobe postérieur du cerveau, voisine de celle de la destructivité, et correspondant à l'angle postérieur et inférieur de l'os pariétal. C'est un organe qui porte les hommes à résister, à redoubler d'efforts dans les entreprises difficiles, à ne se laisser abattre par aucune infortune, à lutter contre l'adversité, et à ne s'effrayer ni des obstacles ni du nombre. Quand il a trop de volume, il rend querelleur. On le trouve très développé chez le coq, et aussi dans les grands généraux, qui ont la partie postérieure et latérale de la tête considérablement élargie. Cette explication a conduit naturellement à rapprocher le général Lamarque de Cadoudal.

On a lieu d'ailleurs d'ajouter qu'il est difficile de distinguer les deux organes de la combativité et de la destructivité; en effet, selon nous, rien ne se rapproche plus de la destructivité que cette envie d'anéantir des armées, que l'on appelle le courage. Tout en accordant beaucoup de courage au coq, on l'a regardé comme peu destructeur; mais on ne tient sans doute pas compte des coups d'ergot qu'il donne, de la fureur qu'il apporte en combattant son adversaire, et l'on ne fait pas attention que, s'il possédait d'autres moyens d'agression, il les mettrait infailliblement en œuvre pour détruire son ennemi. Il est dès lors évident qu'on ne fait pas assez la part de la puissance d'organes qui livrent le combat.

L'organe de l'*acquisivité*, de la *convoitise*, le penchant au vol, est placé dans une circonvolution faisant partie du lobe antérieur du cerveau, sur les confins de la scissure de Sylvius, et répondant à l'angle antérieur et inférieur du pariétal.

La *constructivité* de Spurzheim (mécanique de Gall) varie de situation, disent les phrénologistes : le siège de cette faculté est établi dans une des circonvolutions du lobe antérieur du cerveau, au dessus de la suture sphéro-temporale. On a choisi parmi les animaux, pour leur distribuer la bosse la plus développée de la mécanique, le renard et le castor ; et on ne risquait pas de se tromper en indiquant les plus intelligens.

Les personnes qui recherchent par leurs travaux et par leurs expériences l'*approbation* d'autrui n'ont pas à remercier le ciel de leur avoir fait don d'une telle protubérance, puisqu'on ne leur en fait aucun éloge. Cet organe, en général plus développé chez la femme que chez l'homme, est situé dans une circonvolution, à un demi-pouce environ de la suture lambdoïde.

L'*estime de soi* (orgueil de Gall) est représentée par une circonvolution située au sommet de la tête, et un peu au dessus de l'angle postérieur des pariétaux. L'absence de cet organe entraîne celle de l'estime de soi, et la nullité de toute confiance en ses propres forces.

La *circonspection* a pour organe une circonvolution qui correspond à la partie moyenne de chaque fosse pariétale, à l'endroit du point primitif d'ossification. Suivant les phrénologistes, cet organe est nécessaire pour donner la prudence, et son développement excessif produit l'hésitation et les résolutions incertaines. Aussi engendre-t-il la crainte, l'appréhension et l'abattement dans le doute du succès.

La *bienveillance* ou *bonté* a son siége dans une circonvolution correspondant à la partie supérieure du frontal. Cet organe dispose à la douceur et au pardon.

La *vénération*, ou *théosophie*, serait située dans la circonvolution qui occupe le milieu de la tête, et cependant à l'angle supérieur du frontal et des pariétaux : l'absence de cet organe, sans détruire dans l'homme le sentiment du respect, le diminue singulièrement, et son développement excessif chez les ignorans conduit à la superstition et au fanatisme. C'est un organe qui pousse l'homme à l'adoration de la divinité, au respect pour les hommes supérieurs, et à l'amour pour les parens.

La *fermeté*, sentiment propre à l'homme, occupe la circonvolution située sur la ligne médiane, et répondant à la partie postérieure et supérieure de la voûte du crâne. Les phrénologistes considèrent cet organe comme indispensable, puisque, propre à tout, il donne cette tenacité qui fait vaincre les difficultés dans les arts, dans les sciences et même dans les affaires.

L'*amour de la vie*, instinct qui préside à la conservation de l'individu, n'avait pas arrêté l'attention de Gall d'une manière spéciale ; c'est aux recherches de Spurzheim et de M. Vimont, qu'est due l'admission de ce nouveau penchant, que l'on a regardé comme très développé chez les animaux timides. Ainsi M. Vimont, ayant trouvé la partie postérieure et antérieure du lobe moyen du cerveau de moitié plus volumineuse chez le lapin que chez les autres animaux, a-t-il placé là le siège de cet organe. Dans le singe, le chevreuil, la marmotte, le cerf, etc., cette protubérance et l'organe que l'on y fait correspondre sont très développés. Pour les oiseaux, on établit le siège de cet organe dans la partie postérieure et inférieure qui termine l'hémisphère.

Cet organe n'est cependant pas aussi facilement admissible qu'on l'a supposé; en outre, M. Vimont n'est pas bien certain du siège qu'il doit leur donner. Il résulterait d'une de ses assertions que la circonvolution assignée par Gall à la destructivité serait celle qui présiderait à l'amour de la vie, ce qui implique essentiellement contradiction.

La *conscienciosité* est la faculté qui, suivant Spurzheim, aurait son siège dans les circonvolutions qui occupent la partie postérieure et latérale de la voûte du crâne : Gall était très incertain sur l'existence de cet organe, qui, extrêmement rare de nos jours, donne la conscience du juste et de l'injuste, pousse au devoir, soumet à l'équité et étouffe le sentiment de l'injustice.

La découverte de l'organe de l'*espérance* est due à Spurzheim. On dit que Gall était dans l'intention de l'admettre. Cette faculté, que l'on regarde à tort comme simple, est une des plus compliquées, et doit dès lors être considérée comme un acte complexe.

Quoi qu'il en soit, Spurzheim eût assurément manqué son but, s'il n'eût pas trouvé un organe correspondant à une aussi belle faculté que l'espérance, puisque sans elle et le sommeil, l'avenir de l'homme est singulièrement restreint. Elle est située d'ailleurs entre la merveillosité et la consciencciosité, dans les circonvolutions supérieures et latérales de la voûte du crâne.

L'organe de la *merveillosité*, que Spurzheim avait aussi appelé la surnaturalité, a son siège dans une circonvolution du cerveau, placée entre celles qui président au talent poétique et à la mimique, et dessinée à l'extérieur du crâne, sur la partie supérieure de la voûte, en dehors de la vénération et derrière l'imitation. Cette saillie apparaît très proéminente chez les amis du merveilleux, sur ceux qui croient aux histoires fantastiques, qui s'étonnent aux récits de contes fabuleux, qui ont foi dans les sortilèges et les enchantemens, qui ont enfin l'imagination assez déréglée pour appeler sur eux l'*extase*. On dit que Gall a pu préciser cette bosse à un très haut développement chez un fanatique du magnétisme animal, et au contraire d'une manière moins heureuse sur un grand partisan de l'homœopathie. Je ne combattrai pas l'opinion de ceux qui admettent la merveillosité, car tout le monde est porté à s'étonner d'une imagination vagabonde, et chacun peut admirer les merveilles de l'univers; car enfin il est dans la nature des esprits forts eux-mêmes, d'être frappés des choses qui dépassent la portée de l'intelligence humaine. Mais est-il nécessaire d'admettre une bosse créée dans le cabinet, pour se rendre compte de l'étonnement de l'homme à la vue *d'un astre, d'une étoile qui file?* Je ne comprends pas surtout comment on a osé placer dans la merveillosité la bosse de l'homœopathie, ou celle du magnétisme, qui est plus croyable, à tout prendre, quoiqu'il soit d'ailleurs entouré de ces étonnans effets, dont on nous a si souvent entretenus.

L'*imitation* (la mimique de Gall), a son siège dans deux circonvolutions situées à côté de celles de la bonté et de la bienveillance, et en dehors; elle se dessine à l'extérieur par une voussure qui occupe la région antérieure et supérieure du crâne. Gall trouva cette bosse d'abord sur un de ses amis, et ensuite sur un sourd-muet connu par son talent d'imitation. Les phrénologistes disent qu'elle doit être développée chez les peintres, et que son absence caractérise un individu dépourvu de manières agréables, et ne pouvant en conséquence dissimuler ses penchans qu'avec une extrême difficulté.

Cet organe donne la faculté d'exprimer des sensations vraies ou fausses par les gestes, les mouvemens et l'expression de la physionomie.

L'*idéalité* (la poésie de Gall), a son siège dans une circonvolution qui fait partie du lobe antérieur du cerveau, répondant à la partie antérieure latérale de la tête, au-dessus des tempes. C'est l'organe de l'inspiration poétique, de l'imagination chez les artistes; c'est lui qui ouvre les voies de la perfection dans les beaux arts.

La *gaîté* (esprit de saillie de Gall), a son siège dans

une circonvolution du lobe antérieur du cerveau, correspondant à la partie supérieure, antérieure et latérale du front, un peu en dehors de la bosse frontale. Cette faculté, que les phrénologistes ont regardée comme fondamentale, caractérise les hommes distingués par la finesse de leur esprit, leur vivacité et la promptitude des saillies : on a cité à l'appui de cette assertion Rabelais, Cervantes, Sterne et Voltaire; on pourrait de nos jours y ajouter J. Janin et Barthélemy.

La *causalité* (recherche des causes de Gall) a son siège dans une des circonvolutions du lobe antérieur du cerveau, et se dessine à l'extérieur, à la partie supérieure antérieure et latérale du front, et en partie sur la bosse frontale.

C'est dans cet organe que se trouve l'importante faculté de déterminer les rapports de la cause à l'effet, de rechercher les principes animateurs des corps de la nature, de définir les causes de la pondération et des distances entre les corps; c'est en lui aussi que réside cette curiosité inquiète qui pousse l'homme à découvrir l'origine de l'homme, et à dévoiler la source incompréhensible de l'univers.

La faculté appelée *comparaison*, est encore désignée par Gall sous le nom de perspicacité, de sagacité comparative : elle a son siège dans une des circonvolutions du lobe antérieur du cerveau, et s'annonce à l'extérieur par une saillie, qui se rétrécit en forme de cône, et est située à la partie antérieure, supérieure et moyenne du front. Cet organe porte à rendre mieux les idées à l'aide d'un langage figuré. En effet, les comparaisons rendent la pensée plus forte. Les phrénologistes l'ont trouvé très développé chez Pitt, Burke, Cuvier ; ils ont oublié de dire à quel point il devait exister chez Don Quichotte, de si haute renommée, qui comparait le vice à des torrens de sang, les moutons à des armées, et les moulins à vent à des cavaliers.

L'organe de l'*individualité* a été placé à la partie inférieure et moyenne du front, sur la bosse nasale correspondant à la petite portion antérieure du cerveau, sur les côtés de l'apophyse *crista-galli*. Les phrénologistes disent qu'il est caractérisé par le désir de connaître les noms des corps de la nature, sans rechercher de plus complets détails : ils ajoutent que, faible chez les Ecossais, il est plus étendu chez les Anglais, et enfin très développé chez les Français.

La *configuration*, ou mémoire des formes, a son siège dans une circonvolution du lobe antérieur du cerveau, qui n'a point encore été précisée. Cet organe est dessiné à l'extérieur par l'intervalle qui sépare les yeux, point qui correspond aux parties cérébrales situées sur les côtés de l'apophyse *crista-galli*. C'est le développement de cet organe qui, suivant les phrénologistes, fait reconnaître la physionomie, et le rend très important pour ceux qui se livrent à l'étude de la minéralogie. Gall l'avait encore appelé le sens des personnes ; il l'a vu très développé chez les Chinois et les Français. Tous les animaux qui vont par troupe se reconnaissent entre eux, conduits dans ce cas par cet organe, dont le développement est remarquable chez eux.

L'organe de l'*étendue*, dont Gall ne parle pas, a son siège dans une circonvolution du lobe antérieur du cerveau, en dehors de la configuration. Il est représenté à l'extérieur par une saillie formée par l'arcade orbitaire ; c'est l'organe qui donne la faculté de mesurer l'étendue.

Spurzheim a placé dans une circonvolution située à côté et en dehors de celle de l'étendue, l'organe de la pesanteur et de la résistance ; il correspond à la partie la plus saillante de l'arcade orbitaire. Cet organe est développé chez les tourneurs et les mécaniciens. M. Possat veut que l'on en fasse deux organes distincts : selon lui, la pesanteur serait définie par la tactilité, et il place cet organe au dessus de l'idéalité, en arrière de la constructivité.

L'organe du *coloris* (sens des rapports des couleurs de Gall) a son siège dans une circonvolution inférieure et un peu latérale du lobe antérieur du cerveau, et se traduit sur le crâne par la saillie externe de la moitié de l'arcade sourcilière. C'est cette faculté qui donne aux peintres l'art de disposer les couleurs sous le rapport le plus favorable, et d'en juger par l'harmonie et le contraste : c'est l'organe essentiel du coloriste. Une difficulté se présente cependant, c'est que cette circonvolution répond à la voûte orbitaire et non à l'arcade.

La *localité*, mémoire des lieux (amour des voyages de Gall), a son siège dans une circonvolution de la surface convexe du lobe antérieur du cerveau, et cet organe est représenté à l'extérieur par une saillie correspondant au sinus frontal, d'après Gall, et au dessus de lui, d'après Spurzheim. Cet organe inspire l'amour des voyages, fait reconnaître les lieux, et produit les grands géographes. Gall a découvert cet organe sur un de ses disciples, qui avait une grande facilité à reconnaître les lieux qu'il avait visités dans son enfance. Si je ne me trompe, cet organe a la plus grande analogie avec celui de la configuration, puisque ce n'est que par l'étude de la forme, de la situation des lieux et des environs, qu'on arrive à cette reconnaissance : ce n'est donc pas là une faculté.

L'organe du *calcul*, sens des nombres de Gall, a son siège dans la circonvolution latérale et inférieure du lobe antérieur du cerveau, et se dessine à l'extérieur par une saillie osseuse au côté gauche de l'arcade sus-orbitaire. C'est l'organe des grands mathématiciens, de Newton, de Laplace, de Gay-Lussac. Il est vrai cependant de dire que cet organe ne peut être reconnu à l'extérieur, à cause de la circonvolution qui le recouvre.

L'*ordre* est une faculté qui a son siège dans une circonvolution du lobe antérieur du cerveau, et qui se fait sentir à l'extérieur par une saillie située en dehors de celle du coloris, sous l'arcade orbitaire. Ainsi se trouve imaginé l'organe du soin, portant à la haine du désordre, et au rangement de chaque chose en son lieu et place.

L'organe de l'*éventualité*, sens des choses, sens d'éducabilité de Gall, a son siège dans le lobe antérieur du cerveau, et est représenté par une saillie de la partie moyenne et médiane du front. Avec cet organe on est porté à avoir des connaissances su-

perficielles en toutes choses; c'est lui qui distingue les personnes que l'on voit briller dans les sociétés, qui saisit facilement les détails des évènemens. Spurzheim définit ainsi l'éventualité : « Quand un che-
» val est en repos, on peut le considérer comme un
» objet de pure existence, et dès lors il appartient à
» l'individualité. Mais si ses poumons respirent, si
» son sang circule, si ses muscles se contractent, s'il
» marche, trotte ou galope, il se développe alors
» des phénomènes, qui sont du ressort de l'éventua-
» lité. »

La faculté d'*observer le temps*, de garder la mesure en faisant de la musique, est différente chez les divers individus. Spurzheim a cru trouver là une faculté fondamentale, dont le siège est dans le lobe antérieur du cerveau, et sous le crâne à la partie moyenne de la région sus-orbitaire. D'ailleurs il ne regarde cet organe que comme probable.

L'organe des *tons* (de la mélodie de Gall), est une faculté fondamentale, qui a son siège dans les circonvolutions dirigées en zig-zag, et qui forment un cône, dont la base est placée au dessus de l'angle externe de la voûte orbitaire, et qui se termine par une pointe. Le développement de cet organe donne lieu à l'agrandissement des parties latérales du front, forment ainsi une saillie variable, mais suivant les phrénologistes, en rapport avec le volume des circonvolutions. Lorsque cette saillie, placée à la partie inférieure et latérale du front, est très large, elle annonce en général un grand talent pour la musique: aussi la trouve-t-on beaucoup plus développée sur les Allemands et les Italiens, que sur les Espagnols, les Français et les Anglais, sans doute parce que les premiers sont meilleurs musiciens que les seconds.

Le *langage*, sens du langage et de la parole de Gall, a son siège dans les circonvolutions inférieures du lobe antérieur du cerveau, reposant sur la voûte de l'orbite. Lorsqu'elles sont très développées, il en résulte une dépression de la voûte orbitaire; aussi les yeux sont-ils à fleur de tête et déprimés vers les jones. Cette configuration est un indice d'une mémoire parfaite des mots, et même d'un goût très prononcé pour les langues et la littérature : le peu de volume de cet organe produit un langage sans expression et plein de redites fatigantes pour les auditeurs.

Voici, dessinée à grands traits, la science phrénologique; il reste à déduire les objections que soulève l'examen de cette théorie toute hypothétique. Elles vont surgir en foule, car nous les tirerons : 1° de l'inégalité d'épaisseur des parois du crâne; du défaut de rapport des saillies osseuses extérieures avec les circonvolutions par l'écartement des lames des os; de l'absence de saillies crâniennes chez certains individus, comme l'a observé M. Rostan; 2° de l'incertitude du siège de certaines facultés, souvent placées dans deux circonvolutions différentes; 3° de l'attribution de deux facultés aux mêmes circonvolutions; 4° de la ressemblance des circonvolutions entre elles; 5° de la nature des facultés qui sont complexes et non simples; 6° de l'indétermination de certaines circonvolutions; 7° les facultés encore à admettre, et surtout enfin de la logique, arme mortelle à une doctrine antiphilosophique et abusive.

Si l'on s'en rapportait aux dimensions du crâne examiné *de visu*, on serait souvent exposé à de grosses erreurs sur la capacité de la cavité qu'il forme : l'on peut être en effet, comme nous l'avons déjà dit, trompé par l'épaisseur des os du crâne. Il en serait de même si l'on voulait décider du volume d'une circonvolution par le volume d'une bosse osseuse, et, pour ne chagriner personne, d'une protubérance. Souvent en effet, un des os du crâne augmente d'épaisseur, et les lames externe et interne, étant alors très écartées l'une de l'autre, ne peuvent plus donner la mesure de la portion nerveuse correspondante. Chez les enfans, c'est tout au plus si le défaut d'écartement des lames osseuses permet de reconnaître le volume du cerveau; mais alors aucune saillie n'est accusée, et à cette époque de la vie, il n'y a rien de tranché dans la manifestation des facultés de l'ame et des protubérances : seulement la protubérance frontale est alors très saillante; mais elle ne tarde pas à diminuer de volume, sans que d'ailleurs cet état passager permette l'indication du siège de telle ou telle faculté. On peut observer d'autres variations dans l'arcade sus-orbitaire, qui, peu volumineuse d'abord, s'accroît progressivement, et de la fosse nasale, qui se développe à mesure que les lames externe et interne s'écartent l'une de l'autre, pour donner naissance aux sinus. Avec de telles données, que signifient ces dessins tracés au niveau des saillies osseuses, pour caractériser les facultés? Que signifieront-ils sur ces têtes, dont, par suite d'accouchement, le développement se dirige dans tel ou tel sens; de celles enfin dont les déformations résultent de manœuvres capricieuses tentées par certaines peuplades? Seront-ils plus exacts chez ce vieillard, sur lequel on mesure le volume de chaque partie du cerveau, alors que les sinus ont atteint un volume considérable, rendant ainsi plus difficile encore, à cause de la distance des deux lames, la tâche de fixer le point précis de telle ou telle faculté?

Mais ce n'est pas tout: y a-t-il un phrénologiste qui, lorsque chez certains individus les os du crâne offrent une épaisseur d'un pouce, puisse préjuger des facultés internes par l'examen de la forme extérieure? et comment comprendre alors que les élèves de Gall aient pu préciser les facultés de leur maître par l'étude de l'extérieur de son crâne, à moins d'admettre tout naturellement qu'ils aient accompli ce grand travail à l'aide de la connaissance qu'ils devaient avoir acquise de la supériorité de Gall, par la lecture de ses écrits et par ses entretiens journaliers!

Allons plus loin. Comment les soutiens de la doctrine de Gall préjugeront-ils de l'existence ou de l'étendue de telles ou telles facultés, lorsqu'il n'existe pas de protubérance et que le crâne est parfaitement lisse? Ce phénomène a pourtant été observé par M. Rostan sur quelques cadavres; et moi-même j'ai pu, chez certains vieillards, en présence d'autres anatomistes, signaler une minceur excessive des os du crâne, et ceux-ci lisses dans une partie de leur étendue.

Enfin, et ce qui est incontestable, on trouve dans les os du crâne des points qui ne sont pas en rapport avec les circonvolutions.

Mais la phrénologie ne s'est pas embarrassée de ces impossibilités, et elle a continuellement agrandi son système. Aussi suis-je tenté de croire que bientôt il y aura plus de facultés que de circonvolutions, comme il est évident pour moi que le hasard seul a présidé à l'édification de ces théories, puisqu'il n'y a pas de principes physiologiques vrais sur lesquels on puisse s'appuyer, quand on a la hardiesse d'indiquer à propos de telle faculté la circonvolution qui en est le siège; car, entre cette circonvolution et la voisine, à laquelle on attribue un pouvoir différent, il existe évidemment une parfaite identité de structure et de forme. Ce n'est pas, quoi qu'on fasse, détruire cette objection, ou c'est singulièrement la prévenir, que de placer le siège d'une faculté dans plusieurs circonvolutions à la fois.

Pourquoi, d'autre part, a-t-on placé les organes des facultés seulement dans les circonvolutions extérieures, et pourquoi n'a-t-on pas déterminé les usages de celles qui se rencontrent dans les surfaces planes des hémisphères adossés? On répondra qu'elles échappent à la phrénologie, puisqu'elles ne se trahissent pas à l'extérieur du crâne! Mais de quelle puissance êtes-vous donc armés, pour lire dans les unes plutôt que dans les autres?

S'il était vrai, comme Gall le prétend, qu'une faculté fût en rapport avec le volume de la circonvolution, on devrait, dans les animaux qui ont cet organe plus développé que l'homme, rencontrer une faculté proportionnellement plus intense. Or, le contraire a été récemment observé par MM. Leuret, Serres, et par plusieurs autres auteurs. Et avant M. Leuret, Galien avait fait observer que dans l'âne, les circonvolutions offrent un développement plus considérable que dans l'homme, et cependant les phrénologistes ne peuvent pas nier que l'intelligence de cet animal ne soit inférieure à l'intelligence humaine. « Quum asini etiam admodum multipliciter cere» brum habent complexum quod deceret, quantum » ad morum ruditatem attinet omnifariam, simplex » et minimè varium nancisci cerebrum. »

Il est à remarquer que les phrénologistes ont été souvent en désaccord sur le siège de certaines facultés, et que dans quelques circonstances ils ont fait servir le même organe à plusieurs fonctions à la fois. Prouvons-le.

MM. Spurzheim et Combes placent le siège de l'alimentivité à la base du lobe moyen, à la naissance des nerfs olfactifs, et M. Vimont à côté de l'amour de la vie, dans la partie antérieure et inférieure du même lobe dans les mammifères, en même temps que pour les oiseaux il casait cet instinct de la conservation à la partie postérieure et inférieure de l'hémisphère cérébral. Il demeure dès lors évident, que la partie antérieure et la base du lobe moyen du cerveau, sont le siège de ces trois facultés, l'alimentivité, la destructivité, et l'amour de la vie, et en outre que M. Vimont déplace cette dernière faculté, pour la placer dans la portion nerveuse, que les phrénologistes ont désignée pour siège à la philogéniture.

N'est-il pas possible, après de tels faits, de se demander quelle confiance peut inspirer un système élastique à ce point, de permettre à un de ses adhérens d'enlever, selon son bon plaisir, les prérogatives attachées à tel organe, ou d'ajouter quand cela lui convient, une seconde fonction à une première? Ce doute ne s'accroît-il pas, quand on voit les phrénologistes diverger d'opinion, au point que l'organe de la circonspection, auquel Gall avait assigné une étendue considérable à l'extérieur du crâne, divisé en plusieurs parties secondaires, séparées par des lignes arbitraires, et auxquelles Spurzheim a donné les noms de consciencïosité, d'espérance et de circonspection, quand on voit enfin cet organe divisé ainsi en plusieurs organes, se dessiner à l'extérieur dans une étendue beaucoup plus considérable que ne le comportent les circonvolutions assignées par Gall à la circonspection.

Nous pouvons dès à présent établir, comme résultat acquis à la vérité, que toutes ces lignes tracées à l'extérieur du crâne sont purement arbitraires, et juger ainsi de l'importance que méritent ces distinctions, œuvre de l'imagination de certains rêveurs, mais que la nature n'a pas songé à établir.

A la face inférieure du lobe antérieur, se trouve la mémoire des mots ; entre les numéros XV et XXXIX, et à cette même face du lobe antérieur, se rencontrent des circonvolutions appartenant à la mémoire des nombres, ou au calcul, à celles du coloris, des formes, la mémoire des faits ayant son siège dans une circonvolution appartenant aussi bien à la face supérieure qu'à la face inférieure : puis à la partie correspondante à la voûte du lobe antérieur se trouvent les circonvolutions du siège de la musique, de la mécanique, de la bonté ou bienveillance, de l'esprit de saillie, et de la mémoire des lieux. Il suffit de cet énoncé, pour faire voir que ces derniers organes peuvent seuls être dessinés à l'extérieur; que les premiers ayant leur siège à la face inférieure du lobe antérieur, n'y correspondent nullement, et que c'est à tort que quelques uns sont dessinés à l'extérieur de cette voûte.

Pour le lobe moyen, on trouve l'imitation, la théosophie, la circonspection, la fermeté ou persévérance, et pour les côtés de cette partie moyenne du cerveau, la ruse, la destructivité, l'amour de la propriété; pour le lobe postérieur, l'amour des enfans, le courage, l'attachement amical, la vanité ou approbation, et la fierté; pour le cervelet, l'amour de la propagation.

Il est remarquable que cet organe, quoique composé d'un grand nombre de circonvolutions, a été regardé par les phrénologistes comme présidant à une seule faculté, la génération. Pourquoi cette réserve? Ne pourraient-ils numéroter les circonvolutions de cet organe, et y loger à l'aventure toutes les facultés que leur imagination n'eût pas manqué de leur suggérer ? Cette marche eût été plus conforme à leur système.

Enfin la face inférieure de la partie postérieure du cerveau, qui repose sur le cervelet, présente un grand nombre de circonvolutions que les phrénologistes ont laissées sans fonctions. Pourquoi encore cette réserve ? Quant aux facultés de temps, d'ordre, de pesanteur, d'étendue, il nous a été impossible de comprendre à quelles circonvolutions elles étaient dévolues.

Dans le lobe postérieur du cerveau, il n'y a évidemment rien qui distingue l'organe du courage que l'on a placé en dehors du lobe postérieur, de l'amour des enfans, qui gît au sommet de ce lobe, et de l'amitié qui occupe le milieu et repose au dessus. Mais les phrénologistes ont su établir des différences, plus ingénieux en cela que la nature, qui n'a point songé à ces chimériques organes, dont le seul caractère est d'être audacieusement dessinés à l'extérieur par des lignes mathématiques.

Nous sommes conduits à examiner ces circonvolutions, où les phrénologistes ont placé la source des facultés, en signalant l'absence de quelques unes dans les animaux, mais en leur donnant à toute une existence invariable chez l'homme. Il existe, comme nous l'avons dit, des penchans et des facultés communes à l'homme et aux animaux : on en peut signaler d'autres qui sont propres à l'homme ; et les phrénologistes prétendent que chacune des circonvolutions constantes correspond toujours dans l'espèce humaine à une faculté qui lui est particulière.

Admettons un instant que l'on peut juger de la faculté par l'organe; il faut nécessairement conclure de ce principe que les fonctions que l'on a regardées comme propres à l'homme, doivent exister aussi dans les animaux, puisque les organes qui en sont la source existent aussi dans ces derniers. Dès lors, certaines circonvolutions que l'on rencontre dans les animaux, et qui correspondent à celles de l'homme, offrant chez les premiers, un volume souvent plus considérable, devraient coïncider avec des facultés plus tranchées, et cependant celles-ci sont absentes. Cette vérité sera démontrée, quand nous parlerons de la théosophie, de la merveillosité, de la fermeté, etc.

C'est ici le lieu de consigner le résultat des recherches de M. Leuret.

Dans un article que cet auteur a publié dans la *Gazette médicale*, le 7 mars 1835, il se demande pourquoi les circonvolutions qui existent dans le lobe antérieur du cerveau, chez le mouton, le bœuf, la chèvre, le cheval et l'âne, ne coïncident pas, puisqu'elles sont semblables à celles de l'homme, avec les fonctions correspondantes que l'on rencontre chez celui-ci? On sait, en effet, que les phrénologistes ont établi là le siège de la philosophie, de la science et des arts, facultés inconnues dans ces animaux. M. Leuret demande encore pourquoi la vénération, la théosophie, la connaissance d'un Dieu, n'existe-t-elle pas dans la circonvolution correspondante qui existe chez tous les mammifères, et notamment chez le mouton, qui offre ce *diverticu-*

lum à un point de développement remarquable? Il ne serait pas moins difficile de résoudre cette question que la première.

M. Leuret fait remarquer aussi que les circonvolutions du lobe postérieur du cerveau existent dans le mouton et le loup, et que cependant on n'observe pas dans ces animaux les facultés correspondantes, le courage, au même point, au même degré.

Enfin toutes les circonvolutions antérieures, qui dans les animaux se dirigent d'avant en arrière, offrent dans l'homme, dans l'éléphant et le singe, une interruption causée par les circonvolutions qui naissent du bord de la scissure de Sylvius, vont se rendre à la grande scissure interlobaire, et que l'on a appelées les circonvolutions transverses. C'est là que l'on a placé le siège de la fermeté, de la merveillosité, de la consciencciosité et de l'espérance. Ces facultés ne devraient-elles pas dès lors exister également dans ces trois espèces? cependant elles ne sont propres qu'à l'une d'elles.

Si l'on avait étudié avec plus de soin le crâne des animaux, on n'aurait pas sans doute avancé que la saillie latérale de la tête indique l'instinct carnassier, car le lapin qui le présente au plus haut degré, n'a rien de la voracité dont elle est l'indice. Le dauphin, dont Linné a signalé la douceur, a le crâne élevé en pointe, le diamètre antéro-postérieur de 93 millimètres, et le transverse de 148, ce qui serait, d'après les phrénologistes, la preuve d'un instinct carnassier. De quel côté est la vérité?

Ces faits démontrent suffisamment que la disposition des circonvolutions dans les animaux, est loin d'être favorable au système phrénologique, et ne prouve pas plus pour lui, que la conformation du crâne, preuve irrécusable de l'impuissance de cette théorie.

Revenons à l'homme, et voyons si l'on peut attacher le nom d'organes aux circonvolutions, et s'il est loisible d'assigner des fonctions spéciales et distinctes à chacune d'elles. S'il nous est permis de formuler d'avance notre conviction, nous pouvons assurer dès à présent, que l'inspection anatomique est loin de prouver en faveur de ces prétendus usages que les phrénologistes ont voulu leur attribuer.

1° Il est vrai qu'il existe dans l'homme trois ordres de circonvolutions, les antérieures, les postérieures et les transverses; mais elles peuvent éprouver de grandes variétés dans leur volume, dans leur hauteur, leur épaisseur et leur nombre, sans que pour cela les facultés soi-disant correspondantes varient en proportion de ces anomalies. Bichat avait un hémisphère plus développé que l'autre, et cependant personne ne niera son intelligence, sa sagacité comparative, etc.

2° Les circonvolutions se continuent toutes les unes avec les autres, ce qui rend impossible d'en faire des organes isolés et à part, à moins d'employer des lignes abstraites, et de se laisser aller dans ce travail aux rêveries d'une imagination capricieuse.

3° Toutes ces circonvolutions ont absolument la même structure et sont formées d'une substance grise extérieure, et d'une substance blanche qui les forme par ses plicatures.

4° Dans aucune d'elles on ne distingue de variabilité dans la disposition vasculaire.

5° Toutes ont le même mode de développement.

6° Sur aucune d'elles la section ne détermine de sensibilité.

7° Une circonvolution ne peut pas servir à une faculté que les phrénologistes ont regardée comme simple, et qui au contraire est complexe.

A ce propos nous ferons voir, en suivant les développemens de cette œuvre, que toutes ces facultés prétendues simples, qui émanent d'une circonvolution, sont au contraire le produit de bien des actes compliqués du cerveau, puisqu'il faut une série d'impressions pour leur donner naissance.

Au point où en est arrivé la phrénologie, nous possédons déjà plus d'organes que de circonvolutions, et bientôt, si cette progression continue, il n'y aura plus de place pour ces facultés sur la boîte crânienne, puisque déjà les phrénologistes modernes ont été obligés de faire d'une seule bosse de Gall plusieurs protubérances. Comme on ne s'arrête pas dans ces voies systématiques, nous aurons bientôt une bosse pour la défécation, une pour la respiration, une pour le besoin d'uriner, etc. Puis on nous donnera peut être l'organe du jeu, de la résignation, des calembourgs, des facultés farces, de la bibliomanie, etc. Je recommande aux phrénologistes ces organes qui manquent à leur catalogue.

Le point de vue sous lequel il nous reste à traiter

cette question, va nous conduire à des preuves nouvelles contre la phrénologie. Nous verrons que Gall et ses disciples ont souvent sacrifié à l'opinion publique, en admettant sans conviction certains points de leur doctrine; philosophie abstraite, et d'autant plus dangereuse qu'elle recouvre ses rêveries du manteau de la science.

Avant de démontrer l'impossibilité de l'existence isolée de chaque faculté, j'ai besoin de m'arrêter quelques instans sur le rôle improbable que Gall a fait jouer à l'ame sur les organes d'où dérivent ces facultés, et sur l'ensemble des facultés, regardées comme simples par les phrénologistes, et qui, comme nous le verrons, sont au contraire tout à fait complexes.

On avait reproché à la doctrine de Gall de tendre au matérialisme, en soumettant chaque qualité humaine à un organe cérébral, et en faisant dépendre ainsi de l'organisation, tout acte contraire à la société. Cette opinion cruelle pouvait renverser ce système; dès lors Gall voulut la combattre en modifiant ainsi les principes de sa théorie : il admit la spiritualité de l'ame, en lui donnant pour ministres les organes cérébraux, faisant entendre par là que tout était sous la dépendance souveraine de ce principe immatériel : il arrivait ainsi à effacer de sa doctrine les penchans irrésistibles. Mais cette modification était incomplète, puisqu'il admettait encore que le cervelet présidait aux organes génitaux avec une telle puissance, que certains individus étaient forcés de se livrer à la copulation contre leur volonté, citant à l'appui de cette assertion le fait de cette dévote qui était irrésistiblement portée vers l'amour physique. Il y a ici contradiction évidente dans la logique de M. Gall : en effet, comment admettre que le cervelet soit le ministre d'une ame, principe de volonté, s'il a en lui une puissance ordonnatrice, et s'il peut conduire à un penchant irrésistible? Si l'on accorde que cet organe préside aux fonctions génératrices, il n'est plus dès lors soumis aux ordres de l'ame; si au contraire l'ame est la puissance directrice, il faut repousser le penchant irrésistible. Cette pétition de principes est due à la fausse position dans laquelle Gall se trouvait placé, et qu'il s'était créée, en modifiant son système d'abord complètement matérialiste, parce qu'il avait cessé d'être compris, dès qu'il avait voulu mêler à sa philosophie des choses étrangères à ses doctrines. Il a oublié d'être vrai dans cette circonstance; aussi, comme l'a indiqué un spirituel auteur, est-il devenu mauvais spiritualiste en cessant d'être bon matérialiste.

Il s'agit maintenant de prouver que les facultés, énoncées par les phrénologistes, loin d'être simples, sont au contraire très complexes. En prenant quelques unes d'entre elles pour exemples, et en suivant pas à pas leurs métamorphoses dans les diverses périodes de la vie, nous verrons que le plus simple raisonnement suffit pour renverser cette philosophie, qui a pris sa source dans des rêveries et des erreurs.

Déjà les philosophes qui ont vécu à une autre époque, avaient soumis l'intelligence à des divisions secondaires, que ne comportent pas les actes du cerveau, puisque ceux-ci se combinent, et que les facultés, jugement, mémoire, se confondent comme résultats d'opérations intellectuelles. Mais au moins cette manière de faire des anciens philosophes avait l'avantage de permettre une description raisonnée des actes de l'intelligence. Gall et ses sectateurs ont embrouillé la science par les subdivisions multipliées qu'ils y ont introduites, subdivisions dont ils n'ont pu poser les limites, et qui n'ont fait que jeter une obscurité de plus sur les mystères profonds de l'intelligence.

A chaque pas, on leur voit confondre le fait avec la cause. Par exemple, l'alimentivité est, pour nous comme pour M. Vallex, un cri de l'organisme, ou plutôt des viscères digestifs : aussi ne pouvons-nous, comme l'ont fait à tort les phrénologistes, nous décider à ranger cet instinct de réparation parmi les facultés intellectuelles. Nous ne regardons pas cette prétendue faculté, comme appartenant à la physiologie. Ne voit-on pas des monstres sans cerveau, désirer une nourriture pendant la vie très courte qu'ils passent hors du sein de la mère? D'ailleurs ce qui prouve combien les phrénologistes eux-mêmes ont douté de cette faculté, c'est que Spurzheim seul l'a admise, sans réfléchir que les vices de conformation, dont l'homme et les animaux sont susceptibles dans le sein de la mère, rendent cette faculté, dite primordiale, inadmissible, l'organe qui préside à l'alimentivité n'existant pas alors. Ce prétendu organe n'a donc dans le premier âge de la vie aucune influence sur cette faculté, quoique les nerfs président à l'accomplissement des phénomènes digestifs. Ce n'est que plus tard que l'intelligence concourt à la recherche et au choix des alimens, et dès lors cette faculté a perdu la condition de simplicité sans laquelle elle ne peut exister.

L'affectionivité est une des facultés simples de Gall, qui est on ne peut pas plus complexe. Examinons cet enfant, qui d'abord est dépourvu d'affection pour qui que ce soit, même pour celle qui l'allaite; ce n'est que plus tard, seulement, quand il a remarqué les soins de sa nourrice, qu'il la distingue des autres personnes qui l'entourent. Ce n'est donc que lorsque les sens ont acquis un certain degré de perfection, que l'enfant peut porter son affection sur celle qui calme ses douleurs, qui pourvoit à ses besoins ; c'est donc là une faculté complexe, ou plutôt ce n'en est pas une, puisqu'elle manque des conditions de son existence. Si l'on admettait avec les phrénologistes cette faculté primordiale, l'organe existant, l'affection serait la même pour tous, et l'on n'aurait plus besoin de procédés, d'attentions, de soins auprès des personnes dont on voudrait s'attirer la bienveillance.

L'examen de ces facultés prises isolément démontrera que les phrénologistes n'ont pas été plus heureux dans les preuves qu'ils ont données de l'existence de chacune d'elles.

Une femme a l'amour maternel, non parce qu'elle a l'organe et la bosse qui, suivant Gall, président à cette faculté, mais parce que l'enfant qui lui appartient fait partie d'elle-même; elle l'aime parce qu'elle a souffert pour lui, parce qu'il est son ouvrage, parce qu'elle espère que plus tard il sera son honneur et son soutien; enfin sa tendresse a pris sa source dans cette loi suprême qui nous fait aimer tout ce qui nous a donné du mal à élever, et non dans un lobe postérieur du cerveau un peu plus développé. Quoi qu'en ait dit d'ailleurs le père de la phrénologie, la civilisation et un haut degré d'intelligence n'ont aucune influence sur l'amour que toute mère a pour son enfant. Allons plus loin, qu'on étudie cette mère coquette, qui a plusieurs filles d'âge différent. C'est à l'aînée d'abord qu'elle prodigue une affection passionnée : mais que celle-ci grandisse et devienne dans le monde la rivale de sa mère, et l'on peut voir cette dernière retirer à son enfant de prédilection la tendresse excessive qu'elle lui avait vouée, pour la reporter sur sa fille plus jeune qu'elle adorera à son tour. Je le demande à la phrénologie : que sont devenus et l'organe et la bosse qui le manifeste? Celle-ci a-t-elle pu se déprimer pour la première enfant, et reparaître dans tout son volume pour la seconde?

Mais que dire des applications de cette théorie de l'amour maternel? Ainsi Gall attribue l'infanticide à l'absence de l'organe qu'il a affecté à cette faculté, assurant qu'il n'a jamais rencontré la protubérance correspondante chez les femmes qui avaient été poussées à détruire le fruit de leur amour. Ainsi ces malheureuses obéissaient à une puissance irrésistible qui étouffait en elles les sentimens naturels! Où est donc leur crime alors? Et que peut gagner la morale à une telle philosophie? Pourquoi ne pas chercher la cause de ces attentats dans ce cruel sentiment de honte, qui pousse de coupables femmes à cacher leur déshonneur aux yeux du monde, et à fuir l'infamie au prix du sang? En vérité, la logique est une arme de trop quand on combat de pareilles doctrines.

Après avoir défini ainsi l'amour maternel, Gall l'a admis seulement pour les mammifères et les oiseaux; il en a dépouillé les nombreuses classes inférieures d'animaux. En disant cela, il ne pensait pas sans doute à l'abeille, qui bâtit un admirable alvéole pour le petit qui doit éclore, et qui lui laisse la quantité de nourriture nécessaire; à la tapissière, qui construit avec les pétales de coquelicot un lieu de refuge; au papillon, qui travaille sans cesse à la construction d'une coque. Gall avait oublié aussi que certains poissons remontent des fleuves pour déposer leurs œufs dans un lieu favorable. Faut-il enfin refuser avec Gall l'amour maternel à ce coucou qui dépose ses œufs dans le nid d'un oiseau étranger? Ne donne-t-il pas au contraire une preuve de ce sentiment, en cherchant un lieu sûr pour faire éclore ses œufs sans danger?

Cherchant à me rendre compte de la bosse des voyages, je me suis armé de patience pour aller à la découverte de la circonvolution cérébrale antérieure qui répond à cette protubérance, et j'ai vu qu'elle se distingue par le développement des périodes d'accroissement des sinus frontaux. C'est donc dans ce petit renflement que gisent ces désirs insatiables de voyager, qui tourmentent certains hommes et certains animaux, sans que la nécessité et l'amour de la science aient sur eux aucune influence : telle est du moins l'opinion de la phrénologie. Ainsi cet organe tout seul poussait le capitaine Cook à traverser les mers : c'est lui qui forçait Christophe Colomb à tenter des mers immenses, et à chercher loin de sa patrie des tempêtes et des dangers ; et il ne faut plus demander compte de cette ardente passion au génie supérieur qui avait deviné un nouveau monde, et à la science qui avait affirmé un but à une entreprise que l'on appelait insensée. Désormais il ne faut plus chercher la cause qui pousse les voyageurs hors de leur patrie, dans le désir d'apprendre en instruisant les autres ; elle existe avec une puissance irrésistible dans l'organe spécial que la phrénologie a imposé à l'espèce humaine. C'est lui qui force les hirondelles à émigrer chaque année à l'époque de l'automne : et elles n'obéissent plus à une nécessité née du défaut de nourriture, alors que l'air n'est plus chargé des insectes nécessaires à leur subsistance. C'est cet organe qui inspire encore aux canards et aux oies sauvages leurs migrations régulières ; et ainsi c'est à la même loi qu'obéissent ces animaux, et les savans qui, comme M. de Humboldt, parcourent l'univers pour agrandir le domaine de la science.

Il ne faut pas croire que ce soit l'admiration pour les beautés de la nature et pour les mystérieuses révolutions des astres qui nous porte à croire à l'existence d'un Dieu, être suprême, à l'aimer et à l'adorer ; ce sentiment religieux est dû simplement à la circonvolution qui répond à la bosse de la théosophie: c'est elle qui inspire la foi aux choses surnaturelles, qui fait que certains peuples adorent le grand *Manitou*, pendant que d'autres vouent leur culte au grand *Fétiche*. Est-ce sérieusement que l'on peut discuter de semblables théories?

Le meurtre a aussi son organe, qui se révèle à l'extérieur par une protubérance située sur les côtés de l'oreille; et, cet organe admis, il ne faut pas donner pour cause à l'assassinat la colère, la vengeance, la haine ou la misère, il faut en accuser ces funestes circonvolutions qui répondent au lobe moyen du cerveau. C'est cet organe qui a poussé ce prêtre, dont parle Gall, à se mettre aumônier d'un régiment pour voir tuer un plus grand nombre d'hommes. Si la foule, avide de sensations nouvelles, se porte au spectacle des exécutions capitales, cet empressement révèle donc l'organe du meurtre dans une partie des habitans d'une cité ou d'une contrée? Voilà où conduit l'application de la phrénologie.

Au lieu de considérer les animaux carnassiers, tels que le lion, le tigre, le renard, le loup, etc., et les oiseaux de proie, comme obéissant à une intelligence meurtrière, qui les pousse irrésistiblement à dévorer leurs victimes, Gall et ses sectateurs n'auraient-ils pas mieux fait de chercher dans l'organisation même de ces animaux la nécessité de tel ou tel aliment? Les oiseaux faibles, à bec mou et à pattes délicates, ne peuvent que se nourrir d'insectes, tandis que ceux qui ont un bec plus dur vivent de graines qui ne résistent pas à la corne dont leur bec est pourvu. Au contraire la force de l'aigle, la résistance de son bec, les dimensions de ses serres, le volume de son corps, le peu de longueur de son canal intestinal, sont des caractères qui expliquent, sans l'admission d'un organe spécial, le besoin d'une nourriture substantielle, de la chair.

N'est-ce pas aussi dans l'organisation du lion et du tigre, dans la manière dont leurs mâchoires sont garnies, dans la disposition de leur estomac, de leurs intestins et de leurs griffes, qu'il faut chercher la raison de leur alimentation animale, et de l'instinct qui les pousse à la destruction, au lieu de leur supposer un organe du meurtre?

Que l'on considère les animaux ruminans, et en voyant la manière dont chez eux les dents environnent les mâchoires, l'étendue du canal intestinal, le nombre des estomacs, la nullité des moyens de défense, on comprendra sans peine leur caractère timide, et la nécessité où ils sont de se nourrir de matières végétales, qui exigent un séjour prolongé dans l'intérieur de leur corps.

Quoi que Gall ait fait pour remplacer les penchans irrésistibles par les dispositions innées, il n'est pas moins vrai qu'en lisant attentivement ce qu'il a écrit sur le vol, on reste convaincu qu'il n'a fait que changer les noms, sans altérer le fond de sa pensée. En effet, tous ses raisonnemens tendent à ce but, sans toutefois consigner le mot *irrésistibilité*, qui est une perversion de toute morale, et la destruction de tout frein légal. Ce ne sera plus la misère, la paresse, ou de honteuses passions, qui poussent l'homme à soustraire le bien d'autrui, c'est l'organe du vol développé à un certain degré, qui seul préside à ces actions criminelles. On fait même intervenir les faits à l'appui de cette opinion. On cite par exemple un jeune homme qui, tourmenté de peines profondes, répondit à un prêtre qui lui en demandait la cause, qu'il attenterait à ses jours si on ne lui laissait pas la faculté de voler, dût-il remettre ce qu'une force intérieure et irrésistible le poussait à s'approprier. On ajoute que l'on céda à son dessein, et qu'il put voler la montre de l'ecclésiastique, pendant que ce dernier disait sa messe.

On cite encore un vieillard qui, alors qu'un prêtre l'engageait à se repentir de la fantaisie qu'il avait de voler et du plaisir qu'il avait éprouvé à le faire, abusa de la bonté de cet homme en lui enlevant sa tabatière. . . . .

Dans ce dernier fait, cette faculté du vol développée chez ce vieillard me semble devoir être comparée au désir de cet insensé qui un jour vint me consulter pour que je l'empêchasse de tuer sa femme, crime auquel une force intérieure le poussait depuis plusieurs semaines; à moins cependant que les phrénologistes ne prétendent que l'organe du meurtre s'était développé subitement chez ce monomane.

L'objection suivante, empruntée au spirituel Hoffmann, nous semble combattre victorieusement la doctrine de Gall, en venant à l'appui de la nôtre: « Il est des pays, dit-il, où la chasse et la pêche ap- » partiennent à tout le monde, et l'on y peut prendre » une carpe ou y tuer un lièvre sans avoir une bosse » alongée en avant de l'angle sphénoïdal des pa-

» riétaux. Mais la civilisation s'y perfectionne, la » population s'y accroît, la chasse et la pêche y de- » viennent des propriétés particulières, et dès lors le » ci-devant chasseur n'est plus qu'un braconnier, et » le pêcheur un chipeur de poissons. Il demande » maintenant si la nature a fait pousser une bosse au » moment où la loi a été promulguée? Ces hommes » avaient-ils la protubérance avant la promulgation? » alors ce ne pouvait être celle du vol, puisqu'ils ne » faisaient qu'une action permise. N'en avaient-ils » pas après la défense légale? alors on peut être vo- » leur sans avoir la bosse du vol. Cet organe est » donc inutile. »

L'organe de la fierté et de l'indépendance me semble très malheureusement imaginé. Est-il raisonnable de dire que les chèvres ont le désir de brouter dans des lieux élevés, parce que ce désir gît dans un organe spécial qui les entraîne vers des cimes escarpées? Peut-on expliquer par cet organe le vol élevé des hirondelles? Ce sera donc lui qui aura poussé les naturalistes et les voyageurs à gravir sur les sommets des plus hautes montagnes, au lieu d'exécuter ces entreprises hardies dans un but scientifique, pour l'étude de l'air, etc. Mais, quoi qu'en dise Gall, les rois et les montagnards n'ont pas plus l'organe de la fierté ou de la hauteur que le chamois, qui gagne la cime des monts, sans doute pour éviter le chasseur, ou pour respirer un air plus en rapport avec son organisation.

Je ne reviendrai pas sur ce que j'ai déjà dit à propos du sujet de la génération, croyant inutile d'attaquer de nouveau l'opinion qui place cette fonction dans le cervelet. Gall apporte vainement comme preuve, à l'appui de son assertion, le développement du cervelet plus considérable dans les mâles que dans les femelles, et se trahissant par le développement des nuques, qui servent pour les gens de la campagne à faire distinguer les bons étalons et les bons taureaux. Pour nous, le siège de la génération est dans la moelle épinière, ou plutôt dans l'influx nerveux, qui en découle et qui anime les organes générateurs auxquels il se distribue; à l'instar des corps vivans qui, communiquant avec une machine électrique, reçoivent la secousse du foyer principal.

« Que devient cette circonvolution qui, présidant à l'attachement et à l'amitié, nous laisse varier à chaque pas dans les sentimens que nous inspirent certaines personnes? Si elle existait, le sentiment qu'elle produit ne serait-il pas éternel comme elle? A moins que l'on ne suppose complaisamment que, s'affaissant avec un sentiment qui s'éteint, elle ne reprenne du volume avec un nouvel attachement qui s'élève.

Je m'arrête au milieu des objections qui se présentent en foule et se multiplient à chaque pas : à quoi bon, en effet, s'armer de la logique pour combattre un système que les faits matériels tout seuls sapent dans ses fondemens?

Je dois cependant réserver une place au passage suivant qui me semble avoir une portée dans cette lutte contre les phrénologistes.

J'ai entendu, dit M. de Mussy, qu'il fallait entendre sous le titre de *Phrénologie*, non la science de l'entendement humain, ce qui serait plus conforme à l'étymologie du mot, mais cette science qui a pour objet d'assigner dans le cerveau la place de divers organes présidant, dit-on, aux diverses facultés qui déterminent nos penchans. Je ne parlerai donc que de cette dernière science. Or, je déclare qu'il est démontré pour moi que, s'il est dans la destinée de la phrénologie d'être un jour une science, cette science est encore à faire; que les principes qu'elle a posés jusqu'ici n'offrent qu'incertitude et instabilité; que les résultats qu'elle a donnés comme acquis ont été souvent démentis, presque toujours modifiés.

Et d'abord, un des plus puissans défenseurs de la phrénologie, qui lui a donné l'appui de son autorité, devant laquelle je m'inclinerais si la logique n'avait pas encore pour moi une autorité plus grande, a posé un principe que j'ai bien recueilli, et qui, d'un seul coup, sape le fondement de la phrénologie; il s'agissait du cervelet des oiseaux qui est très petit, et, pour rendre compte de l'énergie des fonctions auxquelles il serait chargé de présider, on a dit *qu'il ne faut pas seulement avoir égard au volume des organes, mais encore à leur activité.*

C'est l'application d'un principe reçu en mécanique et incontestable, quand il s'agit de forces matérielles; on l'énonce en disant que l'expression d'une force est donnée par le rapport composé de la masse et de la vitesse. Ainsi une masse comme quatre, animée d'une vitesse comme un, n'est qu'une force absolument égale à une masse comme un qui aurait une vitesse comme quatre. Or, comment un défenseur de la phrénologie peut-il invoquer un pareil principe? La phrénologie ne considère que le développement matériel de ce qu'elle appelle des organes, et cependant ce n'est là qu'un des élémens de leur puissance, qui seul ne signifie rien : il faudrait, pour apprécier cette puissance, pouvoir mesurer aussi l'activité qui les anime, et qui, on nous l'a dit, ne suit pas toujours le même rapport que le volume.

Le même membre a parlé de certaines protubérances situées dans les parties latérales du cerveau, et où l'on avait placé l'organe du meurtre ou de la destructivité. Comme depuis on a trouvé ces mêmes organes dans les animaux herbivores, il a fallu en changer la destination, et on nous a dit : Ce ne sont pas seulement des organes de destruction, mais bien des organes qui président aux mouvemens nécessaires à la conservation de l'individu. Et d'ailleurs, a-t-on ajouté, *les moutons ne détruisent-ils pas des végétaux?* En sorte que ce qui fait que le loup mange le mouton fait également que le mouton mange l'herbe! Avec des explications aussi élastiques, on conçoit qu'il y ait toujours réponse à toute difficulté; mais je doute que ces réponses paraissent suffisantes, même à celui qui les propose.

Un autre défenseur de la phrénologie nous a fait voir sur des plâtres que ces mêmes protubérances n'existaient pas sur la tête de Fieschi, et qu'elles se trouvaient sur celle du général Foy. A cette occasion, j'ai entendu avancer une proposition dont je reste encore étonné. On a dit *que Fieschi avait été tout ce que son organisation avait voulu qu'il fût.* Je présume que notre honorable collègue a voulu dire que Fieschi avait été tout ce que lui-même aurait voulu être sous l'influence de son organisation ; et ce qui me le persuade, c'est qu'il a appelé Fieschi *un grand criminel.* Or, si Fieschi n'a été que l'instrument aveugle d'une organisation malheureuse, il n'a point été criminel. Je n'appelle pas criminelle la pierre qui tombe et qui me blesse en tombant. Et tous ceux qui l'ont jugé et condamné ont commis un acte de cruauté coupable, à moins qu'eux aussi n'aient été sous la domination d'une organisation homicide. Sans doute telle n'a pas été la pensée de notre confrère ; il n'a pas voulu établir une doctrine qui tue toute liberté, toute moralité, toute espérance, pour ne laisser que la fatalité de la pierre qui tombe.

Je me bornerai à une objection capitale, celle de l'unité du moi. La gravité en a été bien sentie : pour l'éluder, on a comparé le cerveau à plusieurs instrumens mis en jeu dans un concert ; chacun de ces instrumens donne un son distinct, et l'oreille est en outre frappée d'un accord général, qui constitue l'harmonie d'ensemble. Je ne vois pas quelle lumière cette comparaison jette sur le sujet ; elle prouve que nous avons à la fin la perception de plusieurs sensations extérieures, ce qui est en effet nécessaire pour que nous puissions comparer et juger, mais ce fait n'a rien de commun avec l'unité du moi, de l'identité personnelle. Ce qui constitue cette unité, cette identité, c'est un sentiment intime qui s'associe à chacun des actes de l'esprit, depuis le premier instant de la vie intellectuelle jusqu'au dernier; de manière que je ne puisse avoir une sensation, une pensée, une impression quelconque, sans avoir en même temps la conscience que c'est moi qui ai cette sensation, cette pensée, cette impression. Ce sentiment du moi s'associe nécessairement à tous mes actes; celui auquel il ne se joindrait pas ne serait pas mien, je ne pourrais me l'attribuer : il veille pendant mon sommeil, il s'associe à mes rêves, et c'est par lui que je les reconnais pour miens. Bien plus, il reste uni aux pensées qui sont sorties de mon esprit et qui sont déjà loin de moi; et lorsque, par un travail que je ne puis assez admirer, je me suis remis sur la trace de ce que j'avais perdu, que j'ai ressaisi la pensée qui m'avait fui, je retrouve avec elle ce même sentiment du moi, qui m'atteste que c'est moi qui l'ai eue, qui l'avais perdue, qui l'ai retrouvée. Ce phénomène si constant, si universel, qui se reproduit nécessairement chez tous les hommes, et dans tous les instans de la vie de chaque homme, s'il dépend de l'action du cerveau, n'y suppose-t-il pas plutôt une action d'ensemble qu'une action isolée de ses différentes parties? S'il y a un organe spécial, quel volume, quelle activité doit avoir cet organe, dont l'examen accompagne nécessairement celui de tous les autres? Si je demande à la phrénologie ce qu'elle propose pour expliquer ce phénomène, elle reste muette à cette question, comme à beaucoup d'autres qu'on pourrait lui adresser.

Il ne faut pas être surpris de cette impuissance,

quand on pense à quelles conditions la phrénologie doit satisfaire, et sur quelles données elle s'appuie pour remplir cette tâche; quand on considère que la structure du cerveau, objet de tant de recherches est à peine tombée dans le domaine de la science, et que son mode d'action est complètement inconnu. Si je me demande ce qui se passe dans mon cerveau, quand un rayon lumineux, frappant mon œil, me fait éprouver une sensation, et lorsqu'il part de cet organe mystérieux une mystérieuse influence qui fait mouvoir mon bras, je ne puis répondre. Comment la science ne serait-elle pas plus impuissante encore, pour dire quelle est la part du cerveau dans la production de nos pensées ou de nos déterminations? Dans le premier cas, les deux termes à rapprocher sont de même nature; ce sont des organes susceptibles d'être étudiés dans leur force, dans leur structure, capables de recevoir et de transmettre les mouvemens. Dans le second cas, la difficulté est tout autre : les termes ne sont plus homogènes, car la pensée n'a point de forme ; elle ne tombe sous aucun sens, elle n'obéit à aucune force matérielle. Aussi, ceux qui ont exploré ces questions difficiles ont-ils été réduits à hasarder des hypothèses, qui ont pu d'abord satisfaire à quelques faits, et qui bientôt ont été démenties par des faits nouveaux : travail semblable à celui d'un homme qui entreprendrait de déchiffrer une écriture tracée en caractères dont il ne connaîtrait pas la valeur, et dans une langue qui lui serait aussi entièrement inconnue.

M. Lelut admet que la phrénologie a été utile par

ses subdivisions, en posant des principes qui peuvent guider le jury et le magistrat dans l'appréciation des crimes, et dans la pénalité à infliger aux coupables. Mais peut-on accorder qu'une science, qui n'en est pas une, qui s'appuie sur des doutes et des hypothèses, puisse éclairer la justice? Si de pareilles théories pouvaient triompher dans le sanctuaire de la justice, il n'y aurait plus de châtiment possible pour le crime, qui ne serait plus qu'une fatalité : le viol demeurerait impuni, puisque la logique absoudrait un homme poussé malgré lui par un volumineux cervelet. Le meurtre reconnaissant une cause matérielle et constante serait placé au dessus des atteintes de la loi, comme l'homme en délire ou le monomane obéissant à une pensée intérieure qui le déchire, puisque dans toutes ces circonstances le criminel obéit à une influence despotique qui, en le poussant au crime, le rend plus malheureux que coupable.

Que dire de cet amalgame singulier des prétendus organes de la théosophie et du meurtre, qui sont singulièrement opposés l'un à l'autre; de ces deux forces qui se battent l'une contre l'autre, à qui l'emportera du bien et du mal?

L'observation journalière sur l'homme malade est là pour attester la fausseté de ces prétendues localisations, qui ne sont pas du fait de Gall, mais qui n'ont commencé à être en vogue qu'à son époque. C'est elle qui nous démontre que les renflemens nerveux crâniens et vertébraux, comprimés lentement, produisent la suspension graduelle de la *musculation* et de la sensibilité dans une partie variable du corps, suivant le siège de la pression, mais que jamais cet accident de l'économie ne vient révéler l'existence d'un organe spécial destiné à telle ou telle faculté.

Ainsi la moelle forme le fluide nerveux et l'émet aux nerfs qui prennent leur source en elle; aussi la musculation dépend-elle de l'intégrité de ce cordon nerveux. Mais jamais on n'a observé dans cet organe d'autres organes secondaires dont la fonction serait de présider, les uns aux mouvemens en arrière, les autres aux mouvemens en avant, et quelques uns enfin aux mouvemens latéraux.

L'altération du cerveau dans une petite étendue n'anéantit pas complètement ses fonctions; et alors il est permis d'observer la persistance des grands actes auxquels il préside, des mouvemens volontaires, de la parole, de la voix, de l'œil, et il n'y a que la régularité qui ait changé, il n'y a que l'équilibre qui soit rompu.

Que le lobe antérieur soit lésé, ou que le lobe moyen ou postérieur soit intéressé, la volition n'étant plus pleine et entière, les mouvemens les plus compliqués, ceux qui exigent le plus d'efforts, le plus de combinaison de l'intellect, sont d'abord puissamment altérés ou tout à fait perdus.

Ainsi la parole peut être anéantie et la voix conservée. Mais la parole n'est pas plus dans le lobe postérieur que dans le lobe moyen, que dans le lobe antérieur; car elle est du domaine de tout le cerveau, puisque par la lésion d'un des points de cet organe, elle se modifie ou s'annihile. Les faits contredisent donc l'assertion de ceux qui veulent que la parole ait son siège dans le lobe antérieur du cerveau ; car tantôt je l'ai trouvée conservée ou abolie, suivant que ce point du cerveau était altéré dans une petite ou une grande étendue. Il en est de même du reste de cet organe. Chez un militaire qui eut les deux yeux traversés par une balle, et par suite les nerfs olfactifs et les lobes antérieurs du cerveau intéressés, la parole et l'intelligence même furent d'abord conservées, et ce n'est que lorsque l'inflammation eut gagné une plus grande étendue de cet organe, que l'intelligence et la parole se perdirent. Je le répète, l'œil, les membres et le larynx peuvent encore, après une lésion étendue du cerveau, continuer des mouvemens incertains, au moins pendant un certain temps, parce que le point d'où naissent les nerfs animateurs des organes n'est pas directement affecté, et permet ainsi le travail local.

On ne peut donc pas supposer à la surface du cerveau des parties distinctes ou des organes séparés qui présideraient à la parole, ou à ces autres facultés si longuement énumérées : si cela était, les autres organes réclameraient aussi leur organe cérébral propre, la déglutition, la mastication ; et ce serait reconstruire la phrénologie sur une autre forme, et détruire l'unité du système nerveux, qui est indestructible.

Nous voyons que la lésion d'un ou de deux lobes n'empêche pas la *musculation*, la parole, la voix, puisqu'il suffit d'une excitation dans le point originaire des nerfs, pour produire ces phénomènes ; que la destruction incomplète des lobes du cerveau n'abolit pas entièrement le travail intellectuel, mais entraîne une action imparfaite des grands phénomènes qui établissent les relations avec les corps extérieurs.

L'observation suivante me paraît offrir quelque intérêt par son rapport avec le point physiologique en question, et parce qu'elle combat l'opinion d'un pathologiste distingué, M. Bouillaud.

Le nommé Bastien (Auguste), âgé de 21 ans, sellier, était occupé près d'une mécanique destinée à soulever des voitures, lorsqu'un crochet venant à se défaire, la manivelle mise en mouvement le frappa violemment à la tête, et le renversa avec perte complète de l'intelligence. Ce malade fut immédiatement apporté à l'hôpital Saint-Louis, le 8 octobre 1833.

L'examen des blessures nous fit voir : 1° Une fracture du crâne, oblique de haut en bas et de gauche à droite, étendue depuis le milieu de la fosse temporale gauche jusqu'à la racine du nez et l'apophyse montante du maxillaire supérieur droit; 2° L'os frontal brisé en plusieurs fragmens enfouis dans la substance cérébrale; 3° Entre les fragmens, une ouverture à travers laquelle on reconnaissait les méninges et le lobule cérébral antérieur du côté gauche déchirés et comme broyés; 4° Manifestement des mouvemens d'élévation et d'abaissement du cerveau, coïncidant avec les contractions et les dilatations du cœur; 5° Abolition complète de l'intelligence, au point que le malade ne comprend pas les questions qu'on lui adresse, et n'y répond nullement; 6° La sensibilité et la motilité non éteintes, puisque le malade remue fortement les membres et contracte les muscles avec une grande énergie (on est obligé de lui mettre la chemise de force); puisque, si on lui pince les bras ou les jambes, il s'agite et cherche à éloigner la main qui l'agace; 7° La mémoire de certains mots, conservée dans toute son intégrité; justesse et précision du chant et de la parole, bien que le malade se plaigne de la tête; 8° L'œil droit vidé complètement, les paupières gonflées, énormément ecchymosées; 9° La pupille du côté gauche médiocrement dilatée, immobile, et l'iris paraissant insensible à l'impression de la lumière; 10° Provocation de la toux, seulement par l'apparition d'un flacon d'ammoniaque sous le nez; 11° Déglutition difficile, injection de quelques cuillerées de boisson promptement suivie de vomissement; 12° Respiration accélérée, un peu bruyante; 13° Pouls fréquent et peu développé.

Plusieurs fragmens enfouis dans la substance cérébrale furent retirés aussitôt; un linge fenêtré, enduit de cérat, fut appliqué sur l'ouverture du crâne et recouvert avec de la charpie imbibée d'eau froide: on fit une saignée de trois palettes.

Le malade ne recouvra pas l'intelligence; il continua de chanter de temps en temps: il eut une selle involontaire, et resta dans cet état jusqu'au soir. A quatre heures il chantait encore, mais la parole était moins nette, les mots étaient embrouillés et avaient singulièrement faibli.

A six heures la respiration était très fréquente,

gênée, stertoreuse, et le malade mourut le 8 octobre à huit heures et demie du soir.

Autopsie, trente-six heures après la mort. Crâne : l'os frontal est brisé près de son bord inférieur et dans toute la moitié gauche : les sinus frontaux sont largement ouverts : la lame criblée de l'ethmoïde, les os propres du nez, et toute la paroi supérieure de l'orbite du même côté sont brisés et réduits en esquilles : la paroi interne de l'orbite, l'os unguis, et l'apophyse montante du maxillaire supérieur du côté droit sont aussi réduits en poussière : la paroi supérieure de la même cavité orbitaire est fracturée jusqu'à l'apophyse clinoïde antérieure : l'œil de ce côté est complètement vidé : les membranes qui recouvrent le lobule antérieur gauche du cerveau sont déchirées, et le second est réduit dans les deux tiers antérieurs en une bouillie, sorte de détritus résultant d'un mélange de substances cérébrales et de sang. Dans les environs de cette altération, on trouve une coloration lie de vin, ou couleur rouge clair, et çà et là des points foncés, et plus gros que le *sablé* qui s'observe à la suite de l'encéphalite ou de la congestion cérébrale. Ces taches sont autant de petites ecchymoses, formées par du sang échappé des vaisseaux qui le contenaient. Le lobe antérieur droit présente une altération semblable à celle de la face inférieure, mais moins étendue qu'elle, et voisine de la grande scissure interlobaire. Les nerfs olfactifs on été détruits complètement dans leurs deux tiers antérieurs; le reste du cerveau est sain.

Les organes des autres cavités sont dans l'état normal.

Les réflexions que nous suggère cette observation n'auront nullement rapport à la fracture de la voûte orbitaire, à l'épanchement considérable de sang qui l'accompagnait, et à la traînée de ce liquide qui suivait le trajet de cette fracture. Ce n'est donc pas le cas de dire que ces larges ecchymoses des paupières, que ces épanchemens considérables de sang dans la paupière supérieure, à la suite d'un coup reçu sur la région antérieure de la tête, indiquent une fracture par contre-coup de la voûte orbitaire : c'est de la physiologie cérébrale seule que je vais m'occuper.

Il ressort de cette observation que la lésion des lobes antérieurs du cerveau a entraîné la perte de l'intelligence, mais n'a pas produit l'absence de la parole, puisque le malade a pu prononcer des mots bien articulés, et qu'il a chanté très distinctement un air suivi ; que la parole enfin n'a cessé que lorsque le délire qui agitait ce malheureux a disparu lui-même, par le fait de l'inflammation qui, s'emparant du cerveau, a amené dans les sources de l'innervation des changemens assez grands pour abolir l'influx nerveux et la vie.

Nous avons vu aussi que, bien que la lésion ait entraîné chez cet homme l'abolition de l'intelligence, il avait pu cependant conserver la faculté d'apprécier le point pincé, ou piqué, ou touché par une mouche, puisqu'il portait la main à l'endroit siège de l'impression. Mais l'appréciation de l'impression conduite au cerveau par les nerfs s'opère très facilement; c'est simplement sentir: au lieu que, dans cette circonstance, comparer et crier étaient une chose impossible, puisqu'il fallait l'intégrité de l'organe du moi, pour que la connaissance des corps extérieurs, de la lumière et du langage pût être comprise, expliquée ou reconnue. Dans tous les cas, la sensibilité, la parole et la voix, les mouvemens désordonnés et quelquefois réguliers, s'expliquent par ce que nous avons dit plus haut.

Quoi qu'il en soit, nous n'avons vu se révéler à nous aucune des facultés distinctes que Gall a décrites : et maintenant il nous est permis de demander aux phrénologistes comment il se fait que l'organe de la musique ayant été détruit, le malade ait pu chanter régulièrement; comment il se fait qu'après la désorganisation des circonvolutions où réside la mémoire il ait conservé celle des mots. Il n'est pas donné à une science vaine et stérile de résoudre ces problèmes, et quoi qu'elle fasse, il demeure constant que les localisations des facultés sont des merveilles inutiles, destinées à occuper les loisirs des gens du monde et à flatter la vanité des petits esprits; que ces théories sont commodes pour cela; que, s'adressant à la crédulité de personnes inhabiles, elles leur expliquent, après l'inspection de leur crâne, comme quoi elles doivent avoir de l'esprit, quoique bêtes d'ailleurs, et du génie quand tout prouve le contraire; qu'elles imposent la bosse de la circonspection à certaines personnes qui n'ont jamais pu garder un secret pour elles et pour les autres; qu'elles gratifient de la protubérance de la théosophie des individus qui n'ont jamais eu l'amour de Dieu. Ainsi Lacenaire, dont j'ose à peine prononcer le nom, a été regardé par les phrénologistes comme possédant la bosse de la vénération. Ah! si ce criminel avait été réellement gratifié par la nature de l'organe qu'on lui a supposé, il n'est pas douteux que, pénétré de l'horreur du crime qu'il allait commettre, il n'en eût été détourné par le sentiment religieux que l'on plaçait en lui. Mais au contraire il se faisait gloire de ce crime, qui devait l'empêcher d'être confondu dans la foule; et cet homme consentait à mourir couvert d'infamie, pourvu que la publicité s'attachât à son nom et que sa cruelle vanité fût satisfaite. Est-ce là de la vénération?

Que reste-t-il maintenant de ce système qui, dominant la nature humaine, prétend faire de l'intelligence un cahier mathématique où logent toutes nos facultés, et résoudre les mystères les plus intimes de notre organisation comme un simple problème d'algèbre? Il n'en reste rien. On nous demandera peut-être ce que nous voulons substituer à des doctrines hypothétiques que les phrénologistes appellent science *établie*; par quoi il faudra remplacer le résultat de tant de veilles, de tant de rêveries annihilées, sans respect pour l'imagination qui les a enfantées; comment il faudra compenser les observations des phrénologistes, après les avoir réduites à leur juste valeur. A cela nous répondrons sans hésitation : Rien encore, rien; jusqu'à ce que le temps ait imprimé une impulsion plus vive à l'esprit humain, et fait descendre la science dans les mystères de notre organisation; jusqu'à ce que l'observation, portant son flambeau dans les points inconnus de la physiologie, traduise au grand jour la plupart des actes nerveux, encore recouverts d'une épaisse obscurité.

Jusque-là nous ne pouvons admettre cette prétendue philosophie qui, loin de faire naître même un doute utile, jette l'espèce humaine dans un labyrinthe inextricable qu'elle appelle vérité.

Il faut donc croire à l'unité du système nerveux, à l'accord qui existe entre toutes ses parties, entre la moelle épinière, le cerveau, la protubérance annulaire, le cervelet et les nerfs, de telle sorte que tout l'appareil nerveux tient sous sa dépendance l'économie entière, par les phénomènes organiques qui résultent de l'union et de l'action réciproque de chacun des organes qui composent ce grand appareil. L'expérimentation ne nous a-t-elle pas appris, en effet, que sans le cerveau tous les rouages nerveux placés au dessous de lui cessaient leurs fonctions? que la moelle épinière et le cervelet entraînent par leurs altérations de tels changemens dans l'arbre sensitif et moteur, qu'il manque à l'ensemble ou l'influence de la volonté, ou la faculté de créer le fluide et de le distribuer?

Les deux chapitres qui suivent m'ont paru mieux placés ici que dans une autre partie de cet ouvrage, parce que celui qui traite de la cicatrice des nerfs résume tout ce que nous avons déjà dit sur chaque cicatrisation en particulier, l'impossibilité du rétablissement du mouvement et de la sensibilité par les anastomoses nerveuses après la section d'un cordon nerveux; et parce que le second m'a paru compléter ce que j'avais à dire de l'action des médicamens et des poisons sur cet important appareil. On y verra les recherches que j'ai tentées dans le dessein de savoir jusqu'à quel point est vraie l'opinion de ceux qui veulent que les poisons tuent *vite* en raison de leur action directe sur les renflemens mous, sensibles, contenus dans le crâne et dans le canal vertébral.

CHAPITRE VIII.

Cicatrisation des nerfs et des renflemens nerveux.

Il y a une question qui depuis long-temps agite les anatomistes et les physiologistes, c'est celle de savoir si les nerfs se cicatrisent, et s'ils sont aptes, après leur division, à reprendre l'exercice de leurs fonctions. Les uns ont pensé non seulement que les nerfs se cicatrisaient, mais encore qu'il se reformait une véritable substance nerveuse, et que les usages du nerf divisé se rétablissaient au bout d'un temps plus ou moins long. Les autres ont bien admis la cicatrisation, mais ils ont avancé que les mouvemens ou le sentiment restaient abolis.

Je vais examiner cette double question : 1° Les nerfs se cicatrisent-ils réellement, et, dans ce cas, quelle est la substance qui sert à la cicatrice? 2° La cicatrisation faite, le nerf reprend-il ses fonctions?

On a fait un grand nombre d'expériences pour savoir s'il y avait régénération dans un nerf coupé. Cruishank, Fontana, Monro, ont admis la reproduction de la substance nerveuse; d'un autre côté, Arneman a soutenu l'opinion contraire.

Béclard et un de ses élèves, M. Descot, ont avancé que la section d'un nerf par une ligature n'empêche pas la formation d'une cicatrice exacte et prompte, et bientôt le rétablissement des fonctions du nerf ainsi divisé. A l'aide d'expériences sur les animaux, ils ont vu qu'une prompte réunion suit la section incomplète d'un nerf, et qu'il n'est pas exact d'avancer que cette division ou une piqûre donnent lieu aux accidens qu'on a attribués à la même lésion chez l'homme, et que du reste les fonctions du nerf se rétablissent comme par le passé. Ils ont observé encore que la réunion s'opérait même, et toujours avec rétablissement des fonctions, lorsque ce nerf divisé était situé au milieu de parties qui offrent peu de mobilité. Ainsi, pour les nerfs placés au devant des os de l'avant-bras, ils ont eu même l'occasion de constater ce fait par l'expérience sur les os de l'avant-bras de l'homme. Ils ont remarqué que, lorsqu'un nerf est coupé au niveau de parties très mobiles, des articulations par exemple, la cicatrisation est longue et imparfaite. Les extrémités du nerf restent éloignées, et il en résulte l'abolition plus ou moins complète de ses fonctions.

C'est ainsi que l'on explique la paralysie qui suit la section du nerf radial à la partie inférieure du bras.

Enfin la perte de substance d'un nerf, soit qu'elle ait lieu par contusion, ou à la suite d'une excision, entraîne un grand écartement entre les deux extrémités, et par suite indispensablement la cessation de ses fonctions, dans quelque point que ce soit. Ainsi l'opinion de Béclard diffère peu de celle de Fontana, de Monro, etc. Il admet avec eux que dans tous les cas la réunion des extrémités nerveuses est possible; qu'il peut y avoir retour de l'exercice de leurs fonctions; que lorsque les choses ne se passent point ainsi, c'est qu'il y a eu un écartement considérable, à la suite d'une grande perte de substance ou par l'effet des mouvemens.

Béclard a étudié le mode de cicatrisation des nerfs. Suivant lui, d'abord de la lymphe est déposée autour des extrémités divisées, et bientôt cette matière organisable pénètre le tissu cellulaire. Remarquons ici d'ailleurs que ce grand phénomène de la nature est le même dans tous les organes, toutes les fois qu'il s'agit de cicatrices, qu'il n'y a seulement que des degrés differens. Pendant ce travail, les fonctions du nerf sont suspendues, les lèvres de la division sont gonflées. La tuméfaction est surtout remarquable à l'extrémité qui correspond au bout supérieur du nerf. Peu à peu la vascularité rétablie au milieu de ce tissu nouveau a bientôt commencé la solidification de la lymphe plastique. Avec le temps, dit Béclard, la dureté des parties environnantes cesse par le fait de l'absorption, et insensiblement cette substance intermédiaire aux extrémités divisées perd de son volume, de sa rougeur, de sa densité, pour prendre la structure du nerf lui-même, puis partager ses propriétés. Cette analogie de structure a été constatée, dit-on, par Meyer, à l'aide de l'acide nitrique. Suivant Béclard, il est impossible non seulement de préciser, mais encore d'apprécier *a priori* le temps qui devra s'écouler avant le rétablissement des fonctions du nerf. Quant aux cas dans lesquels les extrémités sont très écartées, la réunion se fait par le tissu cellulaire sans déposition de substance nerveuse, d'où cessation complète d'influx nerveux local.

Dans le but d'éclairer cette question, Béclard, à l'instar de Cruishank et d'Haighton, a tenté des expériences sur le nerf pneumo-gastrique.

Sur deux chiens il a coupé les deux nerfs pneumo-gastriques; l'un est mort au bout de trente-deux heures, l'autre au bout de soixante-six. Un autre chien, sur lequel la section des deux nerfs pneumo-gastriques fut faite à deux jours d'intervalle, mourut quatre jours après la seconde opération.

Sur un autre la seconde section du nerf pneumo-gastrique fut faite vingt et un jours après la première, et la mort n'arriva que vingt-cinq jours après.

Dans une autre expérience, la seconde section fut pratiquée au bout de trente-deux jours, l'animal ne succomba qu'un mois après. Haighton fit sa seconde section du pneumo-gastrique six semaines après la première, et l'animal vécut encore dix-neuf mois.

Les physiologistes qui n'ont point admis la reproduction de la substance nerveuse, ont avancé que l'influx nerveux, à l'instar du fluide galvanique, pouvait traverser un liquide, du tissu cellulaire, une substance en un mot autre que le tissu nerveux; enfin ils ont attribué à cet influx nerveux une action à distance, qui pouvait se porter d'un bout du nerf à l'autre bout.

Béclard n'admet pas ces opinions, et il repousse la théorie des anastomoses, en niant formellement que les choses puissent se passer ainsi. Il en appelle d'ailleurs à une expérience qui semblerait en effet convaincante; cette expérience consisterait à couper la cicatrice de chacun des deux nerfs pneumo-gastriques. Alors on pourrait voir que les anastomoses ne sont d'aucune utilité, car l'animal ne tarderait pas à succomber. Ce serait donc réellement par une substance nerveuse reproduite que les fonctions du nerf se rétabliraient. Béclard cependant, en citant les expériences de Wilson-Philipps, admet, lui aussi, que l'influx nerveux peut avoir lieu à distance, après avoir énergiquement combattu cette doctrine quelques lignes auparavant, contradiction qu'on ne saurait expliquer qu'en prêtant à cet anatomiste le désir d'accorder quelque chose aux expériences nouvellement tentées, et de se mettre à l'abri du reproche d'être trop exclusif.

Arrêtons-nous ici un instant, et jetant quelques regards en arrière, revenons un peu sur les propositions importantes dont il vient d'être question. Si l'on jugeait par analogie de la cicatrisation des nerfs, on serait porté à admettre en effet que la substance nerveuse doit se reproduire à la manière du cal, comme l'enveloppe tégumentaire, comme le tissu cellulaire lui-même. Cependant il est impossible par de pareilles comparaisons de se rendre compte de ce qui se passe; ce serait mettre la théorie à la place des faits.

Admettre que le tissu cellulaire se reforme, c'est accepter une vérité que l'observation vient confirmer. La structure de ce tissu est si simple qu'on le retrouve dans la fausse membrane, qui n'a plus qu'à prendre de la solidité pour s'identifier avec lui. Qu'une membrane séreuse se reproduise de toute pièce, on se rend parfaitement compte de cette réparation par la structure simple de ces membranes. On peut encore aller jusqu'à admettre une similitude assez grande entre les membranes muqueuses et cutanées récentes et les parties de ces mêmes membranes restées saines et intactes, bien qu'elles soient moins compliquées, qu'elles n'aient plus de follicules, plus de corps muqueux, ce qui les rend ordinairement sèches, douloureuses, et faciles à ulcérer et à déchirer. Que l'on reconnaisse qu'un os nouveau est le produit d'une sécrétion du périoste, c'est une vérité que les faits sont là pour démontrer. On sait d'ailleurs que c'est la destination de cette membrane d'enveloppe des os. Elle exhale la matière qui doit devenir osseuse, comme les membranes de l'œil sécrètent les liquides qu'elles contiennent entre elles.

Mais ce serait une grave erreur de croire qu'il en est de même pour les parties molles, qui sont formées par un certain nombre de tissus comme les muscles et les nerfs.

Le muscle divisé se cicatrise toujours à l'aide

d'une lame de tissu cellulaire intermédiaire à ses fibres, mais jamais par de la fibrine.

Les nerfs sont des organes essentiellement délicats, formés d'une série de canaux, qui enveloppent une substance qui ne se reproduit pas. Aussitôt qu'un nerf a été coupé, les filets nerveux se retirent dans la gaîne commune et dans leurs canaux propres. Ces canaux et cette gaîne reviennent sur eux-mêmes, et bientôt il ne peut plus y avoir de communication entre eux par le fait de leur oblitération. La cicatrisation des nerfs a besoin d'un travail inflammatoire pour se faire, travail qui est essentiellement contraire au rétablissement de leurs fonctions.

Pour mieux démontrer ce que j'avance, je vais étudier successivement ce qui se passe dans un nerf quand il a été piqué, lorsqu'il a été divisé d'une manière complète ou incomplète.

La piqûre d'un nerf détermine une douleur vive, qui cesse plus ou moins promptement, mais qui produit un trouble bien marqué dans les actes musculaires. Du sang s'infiltre dans l'épaisseur du nerf, mais bientôt il est résorbé, et au bout d'un temps très court on n'aperçoit plus de traces de la lésion.

Quand on a pratiqué sur un nerf une section incomplète, du sang s'infiltre dans les gaînes, dans les canaux nerveux et dans les tissus environnans : les filets coupés se rétractent : à une douleur vive survenue au moment de la section, succède une diminution de la sensibilité et du mouvement qui ne se rétablissent jamais pour les filets divisés ; en d'autres termes, comme le nerf n'a point été complètement coupé, il a perdu une partie de ses propriétés et conservé l'autre. Les filets divisés augmentent de volume au dessus de la section, et se renflent au niveau de la plaie, tandis que ceux qui sont au dessous perdent de leur brillant, deviennent grisâtres et s'atrophient.

Lorsque le nerf a été complètement coupé, avec ou sans perte de substance, voici ce qui se passe dans les deux bouts plus ou moins rétractés. Comme il a été déjà dit plus haut, le sang s'infiltre dans les gaînes et à l'extérieur du nerf; de la lymphe se dépose entre les deux bouts du nerf divisé, leur sert de communication et leur fournit une enveloppe. Je ne reviendrai pas sur ces faits, mais je veux m'occuper surtout des changemens survenus dans les lèvres de la division. Les deux bouts du nerf augmentent réellement de volume, comme l'a dit Béclard, mais seulement pendant la période inflammatoire : c'est un phénomène passager, et non pas permanent, comme semblerait le faire croire cet anatomiste. Au bout d'un certain temps, en effet, on reconnaît que l'extrémité inférieure a au contraire beaucoup perdu de son épaisseur; que les filets nerveux sont aplatis, et à peine reconnaissables au moment où ils se fixent sur la cicatrice, dont nous allons parler tout à l'heure.

Tous les filets qui composent le nerf au dessous de la division, sans aucune exception, s'atrophient; une teinte grisâtre remplace leur belle couleur blanche; enfin ils deviennent si minces qu'on les méconnaîtrait volontiers au premier abord, si leur forme, leur situation, leurs gaînes, la présence de la substance nerveuse, en si petite quantité qu'elle soit, n'empêchaient de douter de leur existence. Le bout supérieur au contraire présente d'autres phénomènes: la vie y est double pour ainsi dire, comme si, en se concentrant sur une moindre surface, elle devait acquérir et plus de force et plus d'énergie. Ainsi, toutes les fois qu'un membre a été amputé, les extrémités des nerfs qui se rendent au moignon se renflent, et ce renflement s'opère 1° par l'hypertrophie des filets nerveux, 2° par l'augmentation d'épaisseur de la gaîne, et par la déposition de fausses membranes autour de l'extrémité du nerf coupé. Ce renflement n'a donc des ganglions nerveux que la forme, et il n'en a pas la structure : coupé par tranches, il présente une couleur d'un blanc grisâtre, il offre beaucoup de dureté à la section; il est formé d'ailleurs par une série de couches, dans lesquelles viennent se perdre les filets nerveux que j'ai poursuivis assez loin dans son épaisseur. A Toulon, j'ai pu, grace à l'affectueuse obligeance de M. Renaud, examiner le moignon d'un amputé, dont les nerfs avaient été disséqués avec soin; il a été facile de reconnaître les dispositions anatomiques que je viens de signaler.

Le nerf médian et les nerfs cutanés venaient se fixer sur le même tubercule, et les nerfs radial et cubital présentaient chacun un renflement isolé.

Sur un autre moignon, j'ai vu encore les nerfs radial et cubital se terminer par un renflement qui se terminait sur la cicatrice commune de l'avant-bras : le malade avait été amputé huit mois auparavant; aussi ces nerfs avaient-ils pris un développement considérable, eu égard à leur volume ordinaire. Il est donc évident que les extrémités des nerfs qui communiquent avec le tronc nerveux se renflent à la surface des plaies, soit dans la continuité, soit dans la contiguité, et que tantôt plusieurs se réunissent pour un renflement, tantôt il n'y a qu'un seul nerf pour un tubercule. Après la désarticulation du bras, j'ai vu que plusieurs nerfs se confondaient ou contractaient des adhérences intimes.

Maintenant examinons quelle est la substance que l'on a appelée cicatrice, et qui s'interpose entre les extrémités des nerfs.

La cicatrice, résultat inévitable de la section d'un nerf, est représentée par un tissu blanc, que la macération réduit en une substance molle, pulpeuse, et qui résiste plus à l'action de l'eau que le tissu cellulaire proprement dit. Plus dense que ce dernier, ce tissu, d'une couleur blanchâtre, d'une opacité plus marquée, comme toutes les cicatrices qui offrent une certaine densité, doit être plus lent à se ramollir et à se désorganiser.

Soumise à la macération, cette cicatrice présente pendant toute la durée de son contact avec l'eau une couleur blanc mat, sans qu'on puisse jamais y reconnaître cette structure fibreuse que présente constamment un nerf pendant son séjour dans ce liquide. On ne retrouve donc dans cette substance ni la blancheur du nerf, ni les fibres dont la direction affecte une marche constante.

J'ai coupé le nerf sciatique d'un lapin : après la guérison de l'animal, l'examen du nerf ne m'a offert rien de particulier relativement aux autres cicatrices; j'ai trouvé du tissu cellulaire épaissi qui n'était plus divisible en lames. La macération ne m'a fait découvrir aucune trace de fibres nerveuses.

J'ai pratiqué la section du nerf facial gauche, et l'animal ne fut sacrifié que trois mois après. J'avais eu soin après l'opération de rapprocher les deux extrémités l'une de l'autre à l'aide d'un point de suture. Les fonctions restèrent abolies, et au moment de la mort il n'existait aucun indice de la réapparition des mouvemens : l'animal était très gras, les yeux étaient vifs, mais la narine du côté gauche était aplatie; il n'existait plus qu'une fente, sorte de gouttière par où l'air s'introduisait sans qu'il se fît le moindre mouvement dans l'aile du nez correspondante, et par le seul fait du vide, qui, pendant l'aspiration, s'opérait dans les fosses nasales. La moitié des lèvres du même côté était dans le relâchement : l'une était tombante, c'était la supérieure; l'autre était légèrement renversée : elles avaient cependant conservé quelque mobilité. Par l'examen de la cicatrice, je vis que le nerf avait été coupé au devant de l'oreille, que les deux bouts mis en contact par des points de suture s'étaient confondus dans la même cicatrice, de telle sorte qu'il n'y avait entre eux presque aucun intervalle.

La piqûre du nerf facial gauche, au dessous du point divisé, n'avait donné lieu à aucun mouvement dans les lèvres, tandis que la piqûre du nerf facial droit avait été suivie de contractions très prononcées dans les muscles de la face du même côté.

Le nerf facial gauche, après la section, est devenu d'un gris rougeâtre et s'est atrophié.

J'ai à la même époque coupé un nerf pneumo-gastrique sur un mouton qui fut aussi sacrifié trois mois après. La section avait été très douloureuse, et de plus l'animal avait maigri et continuellement toussé. L'opération avait été faite du côté droit: les deux bouts du nerf étaient confondus, et la fusion paraissait tellement intime, que l'on aurait pu croire que la substance nerveuse se continuait d'une extrémité à l'autre; mais c'était en vain qu'on y cherchait des filets de communication. La section transversale du nerf donnait une coupe grisâtre de texture homogène, et n'offrant aucune apparence de canaux. L'extrémité supérieure présentait un renflement grisâtre; au dessus de la cicatrice, au contraire, les filets étaient très distincts, volumineux, et d'un blanc très net.

Sur un âne mort deux mois et demi après l'opération, j'ai pu observer, pendant le temps qui a suivi la section du nerf facial gauche, un affaissement avec perte d'élasticité de la narine du même côté, et l'abaissement marqué de la commissure correspondante des lèvres. Constamment, entre la mâchoire et la joue gauche, se glissaient des alimens qui ne pouvaient être repoussés dans la bouche. Enfin les chairs ont toujours conservé de la flaccidité depuis le moment où la section a été faite jusqu'à la mort. La résistance bien différente à droite contrastait singulièrement avec l'autre côté, qui semblait être mort depuis long-temps: les deux bouts du nerf venaient se rendre à une cicatrice dure; les filets du bout inférieur étaient gris et moins volumineux, le bout supérieur au contraire avait conservé sa blancheur, sa forme ronde, et présentait généralement la structure du nerf de l'autre côté.

Toutes ces expériences démontrent d'une manière indubitable que la section complète d'un nerf entraîne inévitablement la perte de ses fonctions ; elles font voir que c'est par erreur que quelques anatomistes et physiologistes ont admis que les usages d'un nerf pouvaient se rétablir, lorsque les deux bouts étaient réunis, ou que l'écartement avait été à peine sensible. Elles nous prouvent enfin que la substance nerveuse ne se reforme pas, puisque nous n'avons trouvé dans cette cicatrice aucun des caractères qui appartiennent à la structure propre à tous les nerfs, et puisque par l'action de l'acide nitrique on réduit la cicatrice comme le tissu cellulaire, et qu'il ne reste après l'action de cet agent puissant aucune trace de matière nerveuse. L'absence de la fibre sensitive est donc incontestable.

Au, reste si l'examen de cette substance nouvelle laissait encore du doute sur l'absence de la fibre nerveuse, l'abolition des fonctions lèverait toute difficulté, car la réparation d'un organe est infailliblement suivie du retour de ses fonctions. La circulation s'établit dans les fausses membranes, dans l'os nouveau, aussitôt que les vaisseaux ont paru.

Ainsi les nerfs ne se reproduisent pas, puisque dans la matière nouvelle on ne rencontre aucune des conditions de la fibre nerveuse.

Comment donc concevoir alors le rétablissement des fonctions d'un nerf qui a perdu sa structure? Est-il besoin d'ajouter après cela que nous ne pouvons croire au rétablissement des mouvemens et de la sensibilité dans un nerf qui a été complètement divisé.

Il est clair que si les observations pathologiques démontraient le rétablissement des fonctions d'un nerf après sa division, toutes les destructions que j'ai entreprises pourraient être regardées comme défectueuses; elles ne sauraient conserver la moindre valeur en présence de faits contradictoires bien démontrés. Mais il n'en est malheureusement pas ainsi, et les résultats de l'observation confirment entièrement ce que l'examen anatomique avait reconnu. Qu'il y ait perte de substance ou non du nerf divisé, que les bouts soient rapprochés ou écartés, les conséquences sont les mêmes. Les fonctions ne se rétablissent plus, le nerf ne se régénère pas.

Béclard s'est donc trompé en disant que la substance nerveuse se formait lorsqu'il n'y avait pas trop d'écartement entre les bouts du nerf, ou lorsqu'ils étaient en rapport avec des parties fixes. Lorsqu'on a vu les fonctions d'un nerf se rétablir après la section, c'est que la division avait été incomplète. C'est ce que j'ai pu vérifier chez l'homme. La section incomplète du nerf sciatique avait permis à la sensibilité de se continuer dans certains points de la cuisse, du pied, et avait laissé intacts les mouvemens de certains muscles de la jambe.

Je ne dois pas taire cependant que M. Flourens,

dont on connaît l'habileté expérimentale, admet qu'un nerf divisé peut se réunir, que la sensibilité peut y renaître. Ainsi, que l'on pince au dessus, au dessous, ou au niveau de la section, l'animal témoigne une vive douleur. On peut ainsi, suivant lui, diviser un nerf à plusieurs endroits et obtenir le rétablissement de sa continuité. Il a observé que l'on pouvait croiser deux nerfs différens, les maintenir en contact, et obtenir leur réunion. Il a réussi dans des expériences de ce genre. Sur un coq il coupa le nerf pneumo-gastrique d'un côté, et le nerf spinal: il réunit alors par deux points de suture le bout supérieur du spinal avec le bout inférieur du pneumo-gastrique. La réunion eut lieu; au bout de trois mois il fit la section du nerf pneumo-gastrique opposé, et l'animal succomba le deuxième jour.

La même expérience fut tentée sur un autre coq, avec cette différence qu'il mit en contact une paire cervicale avec le pneumo-gastrique; les résultats furent semblables.

Sur un autre coq, M. Flourens coupa successivement deux nerfs de l'aile, qui devint pendante, paralysée; les bouts du nerf furent rapprochés par des points de suture. Il eut la satisfaction de voir leur réunion, et au bout de trois mois l'aile reprit ses fonctions. Elle ne traîna plus. Le nerf était sensible au dessus et au dessous de la section.

Sur une poule il coupa le nerf sciatique, et il réunit les deux bouts du nerf par la suture. Le mouvement du membre fut perdu: huit mois après cette expérience il n'y avait aucun retour de la mobilité, cependant il existait de la sensibilité au dessus et au dessous de la section.

Sur un coq, M. Flourens coupa le nerf pneumo-gastrique gauche, au bout de huit mois il fit la section du nerf pneumo-gastrique droit. L'animal mourut le neuvième jour, après avoir éprouvé de la gêne dans la respiration et une perte complète d'appétit.

Dans la plupart de ses expériences, M. Flourens a constaté que la sensibilité se rétablissait au dessus et au dessous de la section du nerf, et il en a conclu qu'il y avait continuité de tissu. Quant au rétablissement des fonctions abolies par la division du nerf, il ne l'a observé qu'une fois.

Je ne suis point étonné des résultats qu'a obtenus M. Flourens relativement à la cicatrisation; nous avons vu que de la lymphe est exhalée par la gaîne du nerf comme par les parties qui renferment du tissu cellulaire; mais le rétablissement du mouvement me paraît chose difficile à expliquer par une cicatrisation nerveuse, que j'admets *difficilement*.

Quant à la persistance ou au retour de la sensibilité, je ne saurais la révoquer en doute devant l'autorité si grave d'un pareil expérimentateur. Je me contenterai de répéter que je ne l'ai jamais observée.

Cicatrisation des renflemens nerveux.

Comme pour les nerfs, on peut admettre que la cicatrisation a lieu lorsque la section ou la division est incomplète, mais non pas lorsqu'elle embrasse la totalité de la masse nerveuse. C'est ce que je vais tâcher de démontrer par l'expérimentation.

M. Flourens a incisé profondément un lobe du cerveau, il a vu d'abord les fonctions anéanties, puis il les a vues ensuite se rétablir par une véritable cicatrisation. Il a constaté le même résultat pour le cervelet, les tubercules quadrijumeaux, la moelle épinière, etc. M. Flourens fendit longitudinalement le renflement caudal d'un canard, et à l'instant survint un affaiblissement marqué des deux pattes. Au bout de trois mois l'animal reprit entièrement le libre exercice de ses mouvemens. A l'autopsie on vit une réunion presque complète des lèvres de la division.

Sur un autre canard il attaqua le même renflement et le coupa presque entièrement en travers. Après cette expérience l'animal ne pouvait plus supporter le poids du corps, et s'il voulait changer de place il ne pouvait le faire qu'à l'aide de ses ailes. Quelques mois après cette expérience cet animal pouvait agir avec ses membres postérieurs, et la queue n'avait rien perdu de sa force et de sa mobilité. On trouva ce renflement presque complètement réuni.

Enfin, sur un troisième canard, la moelle épinière fut divisée complètement et en travers au dessus du renflement crural, le mouvement fut totalement perdu dans les membres postérieurs, et l'animal ne pouvait plus se tenir debout.

La queue seule était agitée par des mouvemens quand on l'excitait.

L'animal mourut le deuxième jour. On trouva la

moelle épinière complètement coupée; les bouts de la division étaient gonflés et rapprochés l'un de l'autre.

Ces expériences démontrent que, comme nous l'avons dit déjà, l'abolition des fonctions cesse immédiatement après la section de la moelle, absolument comme cela arrive après la section des nerfs.

M. Ollivier d'Angers a consigné dans la deuxième édition de son savant ouvrage *sur les Maladies de la moelle épinière* (pag. 248), des faits intéressans qui ont été suivis de résultats analogues.

Depuis long-temps on sait en chirurgie que la moelle épinière piquée, légèrement intéressée, se cicatrise. Le professeur Boyer l'a très bien démontré par une observation rapportée dans son *Traité des maladies chirurgicales*.

On sait fort bien aussi qu'il y a de nombreux exemples de la réunion des plaies du cerveau et du cervelet après une division superficielle, et même pour le premier après une perte de substance.

Mais, dans les divisions des renflemens nerveux, le trouble ne se manifeste que lorsqu'il y a lésion de la substance blanche, et alors les accidens sont d'autant plus graves que la lésion est plus près de la protubérance annulaire, et que la division est plus transversale.

Quant au moyen d'union, tantôt il a lieu par la déposition de la lymphe entre les lèvres de la plaie, et tantôt par un travail inflammatoire et le développement de granulations.

Dans tous les cas, voici les phénomènes qui accompagnent cette cicatrisation : immédiatement après la division, du sang sort des vaisseaux intéressés ; il est versé à l'extérieur, et une partie se coagule entre les lèvres de la plaie; il y a en même temps embarras dans les mouvemens et la sensibilité.

Les choses se passent d'ailleurs de la même manière pour le cerveau et pour le cervelet, ainsi que pour la moelle épinière. Les symptômes sont toutefois en rapport avec la différence de la vascularité des parties.

Bientôt une partie de la matière colorante du sang se résorbe, la fibrine reste, et se mêle à de la lymphe ; dans les parties environnantes, on observe une couleur jaunâtre ; et enfin la fusion s'établit entre la fibrine, la lymphe et les lèvres de la plaie.

CHAPITRE IX.

Action des poisons et des médicamens sur le système nerveux.

Je me propose seulement dans ce chapitre d'établir, s'il est possible, les phénomènes physiologiques que produisent les médicamens ou les poisons sur le système nerveux, et d'étudier le rôle qu'il joue dans l'empoisonnement. Et d'abord, je vais examiner quelle est l'influence d'un poison sur nos parties, lorsqu'il a été donné avec ou sans lésion des nerfs qui se rendent aux membres.

Sur un lapin, j'ai fait préalablement la section des nerfs crural et sciatique; cette section a été suivie de vives douleurs dans le trajet des deux nerfs; les chairs sont devenues flasques et le mouvement a été perdu, ainsi que la sensibilité de la peau.

La section du nerf sciatique par degrés m'a offert les particularités suivantes : une petite section occasionnait des douleurs intolérables et n'altérait pas la sensibilité, ou que faiblement, et elle ne fut complètement abolie que quand il y eut solution de continuité entière. Il suffit donc qu'une partie même très petite du nerf soit conservée pour que le courant nerveux continue, et avec lui une partie de la sensibilité et du mouvement.

Quoi qu'il en soit, sur le même animal j'ai fait une incision dans l'épaisseur de la jambe et j'ai introduit de la strychnine dans la plaie, deux heures après l'animal était mort. Une heure s'était passée sans qu'il éprouvât aucun symptôme nerveux; je le remuai, et à l'instant même il se déclara des convulsions tétaniques auxquelles il succomba. Ces contractions laissaient quelque intervalle de calme et de repos, mais leur retour était immédiatement provoqué lorsqu'on changeait l'animal de place.

Après la mort, ce lapin offrait une raideur tétanique remarquable. Les veines étaient gorgées de sang. Il en était de même d'une partie de l'aorte, des veines azygos, caves, du foie, des intestins, des membres qui contenaient une grande quantité de sang, en partie liquide, en partie coagulé. Les veines pulmonaires, les oreillettes droite et gauche, en étaient remplies; les ventricules en contenaient une petite quantité.

Sur un autre lapin, j'ai incisé un muscle du membre abdominal, j'ai introduit de la strychnine entre les lèvres de la plaie; la quantité était la même que pour la première expérience. Le poison n'a eu aucun effet délétère. Chez cet animal, il n'y avait point eu de section préalable des nerfs crural et sciatique.

Sur un troisième, j'ai incisé la cuisse à la partie inférieure, et j'ai introduit de la strychnine entre les lèvres de la plaie; en moins d'une heure l'animal avait cessé de vivre.

A l'autopsie je remarquai les mêmes phénomènes que j'ai signalés plus haut.

Il serait trop long de rapporter ici les autres expériences que j'ai faites sur ce point. Je dirai seulement qu'elles m'ont conduit à conclure : 1° que l'intégrité des nerfs d'un membre n'empêche pas l'absorption d'un liquide vénéneux, d'un poison; 2° que la section des nerfs d'un membre paraît favoriser l'empoisonnement, ou du moins donner plus d'activité et de promptitude à son action.

Peut-on se rendre compte de ce phénomène? Peut-on expliquer cette si petite différence d'action d'un poison lorsque les nerfs ont été divisés ou sont restés intacts? L'absorption paraît s'animer davantage après la division des nerfs, parce que, comme nous l'avons dit, ceux-ci tenant sous leur dépendance les canaux dans lesquels circulent les liquides, l'équilibre est rompu : il en résulte que, lorsque cette force a été détruite, l'absorption du poison paraît être plus active.

Lorsqu'on veut expliquer une mort prompte, on a aussitôt recours au système nerveux, on dit que c'est sur lui-même que le poison a agi; ce qui se traduirait pour nous par l'action directe du poison sur les nerfs par l'intermédiaire de la circulation. C'est dans le but d'éclairer cette question que j'ai tenté les expériences suivantes, dans lesquelles j'ai mis le poison en rapport direct avec les nerfs.

Sur un lapin, le nerf sciatique étant mis à découvert, et divisé dans une partie de son épaisseur, et placé dans une gouttière pour protéger les parties environnantes, j'ai fait tomber sur lui une goutte d'acide hydrocyanique très pur et préparé depuis peu d'heures, il n'en est résulté aucun phénomène; l'animal n'a pas éprouvé la moindre atteinte du poison.

Sur le même lapin, j'ai fait tomber une goutte du même acide sur la conjonctive, il a été instantanément frappé à mort, après avoir éprouvé une raideur tétanique et des convulsions. L'œil est demeuré largement ouvert par l'écartement des paupières. Au point qui avait été touché par l'acide hydrocyanique, on apercevait une tache qui simulait une couche de poudre blanche répandue sur la cornée. On peut facilement enlever cette tache et rendre à la cornée sa transparence.

Les vaisseaux étaient gorgés de sang veineux, les poumons étaient rouges, et les veines pulmonaires remplies de sang. Les cavités gauches et droites du cœur en contenaient aussi; ce sang était d'une couleur lie de vin.

Au moment où l'acide agit sur l'animal, les battemens du cœur perdirent leur force et leur régularité; ils devinrent fibrillaires.

Une goutte de cet acide versé sur le cœur encore palpitant n'en arrêta pas les dernières contractions. Sur un autre lapin, après avoir détruit la partie postérieure du canal vertébral, et mis à découvert la moelle épinière, j'introduisis une goutte d'acide hydrocyanique dans son épaisseur après l'avoir incisée. L'animal succomba, mais beaucoup moins vite que dans l'expérience précédente.

Sur un autre lapin, je portai une goutte d'acide hydrocyanique sur la conjonctive; la tache blanche dont j'ai parlé n'était pas plus tôt dessinée sur la cornée, que les battemens du cœur semblèrent s'arrêter d'une manière magique, et bientôt on ne sentit plus que de faibles frémissemens. Avant que l'animal succombât, la poitrine fut largement ouverte; le cœur paraissait comme *lumineux;* je le vis se gorger de sang veineux.

Il résulte des expériences précédentes et de beaucoup d'autres que je n'ai pas cru devoir rapporter ici : 1° que le plus violent poison ne trouble pas les fonctions générales lorsqu'il est porté sur un gros nerf dépouillé à l'extérieur de ses vaisseaux, même lorsqu'il a été divisé incomplètement;

2° Que, porté sur un des renflemens nerveux, le poison agit avec beaucoup plus de lenteur que lorsqu'on le met en contact avec la conjonctive ou une surface absorbante; ce qui démontre évidemment que son action n'est nullement directe sur le système nerveux, mais bien qu'il agit sur ce dernier par l'intermédiaire du sang et de la circulation;

3° Que dans toutes les expériences l'acide hydrocyanique a laissé une tache sur le point sur lequel il a été versé, et que cette tache peut facilement être enlevée par le frottement;

4° Que ce qui vient encore à l'appui des propositions précédentes, c'est que l'acide hydrocyanique versé sur le cœur ou un muscle en contraction n'arrête pas ses mouvemens;

5° Que la vie est instantanément éteinte par l'action de l'acide hydrocyanique sur le sang, qui, décomposé et chargé des principes de l'acide lui-même, va agir sur les sources du fluide nerveux, sur les renflemens nerveux rachidiens, en l'épuisant et en empêchant sa formation;

6° Que les cris de l'animal indiquent une violente douleur, et que les contractions musculaires trahissent une action profonde sur la moelle épinière, la protubérance annulaire, les tubercules quadrijumeaux et le cerveau;

7° Que les contractions que les animaux éprouvent, et qui tendent à porter la tête en arrière, tiennent, non pas à une puissance particulière, siégeant dans le cerveau, et présidant à ce mouvement, mais bien aux dispositions de certains muscles et à leur force, car, après la décapitation d'une poule, d'un canard, on voit au contraire cet animal se porter en avant; ce qui est dû seulement à la disposition des puissances musculaires et à la marche habituelle.

M. le professeur Orfila avait déjà dénudé un nerf pour savoir si l'acide hydrocyanique avait une action directe.

Il est démontré, par tous les faits qui précèdent, que la section des nerfs qui vont se rendre à un organe n'empêche pas l'empoisonnement, et que c'est par erreur, ou plutôt pour n'avoir pas répété assez souvent les expériences, que Brodie avance que l'empoisonnement s'est ralenti par la section des nerfs pneumo-gastriques. Il reste à examiner la dernière question, c'est-à-dire si l'acide prussique agit d'abord sur le sang.

Sur un lapin, après avoir ouvert la poitrine du côté gauche, mis le cœur à découvert, incisé ou déchiré le mince péricarde qui lui sert d'enveloppe, en inclinant l'animal sur le côté droit, on put lier avec facilité l'artère pulmonaire; une goutte d'acide hydrocyanique versée sur la conjonctive fit succomber promptement l'animal sans convulsion.

Les cavités droites étaient gorgées de sang noir, l'oreillette et le ventricule du même côté étaient remplis par un caillot fibrineux et plastique qui les distendait.

Les cavités gauches du cœur étaient vides; les veines pulmonaires contenaient une petite quantité de sang rouge-brun, ainsi que l'aorte. Toutes les autres veines du corps étaient remplies par du sang noir.

Il est évident que l'acide hydrocyanique n'a produit aucun changement dans la couleur du sang qui était complètement noir, et que d'un autre côté rien n'annonçait qu'il ait pu agir sur le système nerveux; puisqu'il n'y a eu aucune convulsion.

Sur un autre lapin, après avoir incisé et ouvert la poitrine du côté gauche, on put faire la ligature de l'aorte sans difficulté. Quelques gouttes d'acide hydrocyanique introduites entre les paupières ont été suivies de convulsions et d'une mort rapide.

Du sang noir était contenu dans les cavités droites; les poumons étaient lourds, marbrés, gorgés par le sang.

Sur un troisième, l'artère pulmonaire fut liée et trente et une secondes après l'animal mourut dans des convulsions atroces.

Les cavités étaient remplies de sang, partie solide, partie liquide; les veines pulmonaires étaient presque vides. L'aorte contenait peu de sang.

Sur cet animal je n'avais pas versé d'acide hydrocyanique sur la conjonctive.

Dans une quatrième expérience je liai l'aorte, et au bout d'une minute il succomba dans des convulsions.

L'aorte avait été effectivement liée, elle contenait une certaine quantité de sang. Les veines et les cavités droites du cœur étaient remplies de ce liquide.

La présence du sang contenu dans l'aorte était-elle due au défaut d'impulsion du cœur, ou à l'absence de la colonne sanguine? Ces deux causes me semblent admissibles. La mort est donc survenue par défaut de sang.

Chez cet animal, je n'avais point eu recours à l'acide hydrocyanique. Comme on a pu le remarquer, la mort a été un peu plus rapide après la ligature de l'artère pulmonaire qu'après la ligature de l'aorte.

Je conclurai de ce qui précède :

1° Qu'après la ligature de l'aorte ou de l'artère pulmonaire, la vie cesse parce que du sang veineux seul stagne dans les organes;

2° Que des convulsions se déclarent après la ligature de l'origine de l'aorte ou de l'artère pulmonaire;

3° Que l'acide hydrocyanique tue en agissant sur le sang, puisqu'il ne produit pas de phénomène instantané quand on l'applique sur un nerf coupé, sur la moelle épinière, etc.;

4° Que la destruction des nerfs n'empêche pas l'empoisonnement par l'acide hydrocyanique, puisque, après la section de la cinquième paire, la mort est tout aussi rapide;

5° Que l'on peut en quelque sorte comparer les phénomènes de l'empoisonnement par l'acide hydrocyanique à ceux qui résultent de l'absence du sang artériel;

6° Que cet acide absorbé porte son action délétère sur le sang, et que c'est par cette voie qu'il a une influence meurtrière sur la composition intime des organes.

Mais où se produit l'action de l'acide hydrocyanique dans l'altération du sang ? Sans nier qu'il altère ce liquide en se mêlant à lui dans tout son trajet, je suis porté à croire que c'est dans les poumons qu'a principalement lieu cette altération mortelle.

Enfin l'action de l'acide hydrocyanique sur le sang est encore mieux démontrée par les observations suivantes :

Respiré, ce liquide happe à la gorge et produit des crachemens de sang si l'aspiration continue.

De l'eau chargée de chlore, versée sur la face et dans les narines d'un animal en proie aux symptômes de l'empoisonnement par l'acide hydrocyanique, fait disparaître ces symptômes et ramène peu à peu l'animal à la vie.

Ce changement est sans doute le résultat de l'action du chlore sur l'acide hydrocyanique qui se trouve décomposé, action qui s'explique par l'arrivée du chlore dans les bronches, par son influence sur le sang, au moyen des ouvertures qui font communiquer avec la surface aérienne des bronches les *orifices* des vaisseaux pulmonaires.

Il n'est pas possible en effet d'admettre que l'acide hydrocyanique agisse directement sur les fibres musculaires du cœur sans intermédiaire des nerfs, si l'on se rappelle que cet acide, déposé sur le cœur lui-même, n'arrête pas les contractions de cet organe, et si l'on réfléchit qu'il en est de même des autres muscles.

Ce n'est en conséquence que par l'intermédiaire du sang et du système nerveux que les muscles ne restent pas étrangers aux phénomènes d'empoisonnement.

L'acide hydrocyanique agit-il sur les renflemens nerveux comme un corps irritant qui l'agacerait, ou bien suspend-il la formation du fluide nerveux ?

Sur un lapin, j'ai lié la veine cave inférieure près du cœur, l'animal succomba au bout d'une demiheure, après être tombé dans un profond abattement.

Je trouvai l'estomac perforé par suite d'un ramollissement ; la veine cave était liée, les veines des membres inférieurs ainsi que la veine porte conservaient plus de sang que dans l'état habituel.

Il y avait de la sérosité dans les cavités séreuses.

Il résulte de cette expérience que la ligature de la veine cave inférieure n'empêche pas les mouvemens des membres, qu'elle rend difficile le retour de la sérosité vers le cœur.

Dans une autre expérience, je fis la ligature de la veine cave inférieure, j'introduisis de l'acide hydrocyanique dans deux incisions faites aux membres pelviens, l'une à la cuisse, l'autre à la jambe, et six minutes après l'animal succomba dans les convulsions.

Il y avait de la sérosité dans les cavités, et les veines des membres étaient gorgées de sang ; or, 1° l'animal est mort empoisonné; 2° si l'empoisonnement a été si lent, on doit l'attribuer sans doute au chemin plus long que l'acide hydrocyanique aura eu à parcourir.

Sur un autre lapin, je liai l'artère fémorale, j'introduisis de l'acide hydrocyanique dans une plaie de la jambe, l'animal fut pris de convulsions, et mourut quatre minutes après l'expérienee.

Chez ce lapin, comme chez les autres, j'observai des phénomènes caractéristiques, tels que de l'étonnement, le renversement de la tête en arrière, des convulsions tétaniques.

Le sang contenu dans la veine cave et dans les oreillettes était noir et coagulé, il n'y avait pas de sérosité dans les cavités.

Comme on le voit, la mort a été plus rapide que si l'on avait fait la ligature de la veine cave inférieure, et enfin le sang dans toutes ces expériences était noir comme celui d'un asphyxié.

Dans une autre expérience, j'ai fait la ligature de la veine cave supérieure, et je signalerai en passant une dyspnée remarquable et une syncope imminente qu'éprouva l'animal au moment où je passai le stylet sous la veine, phénomène dû évidemment à une double cause, à la stase du sang vers la tête et à l'ouverture de la poitrine

Les veines du membre supérieur, du cou et de la tête étaient rondes et contenaient du sang caillé.

Sur un autre lapin, je liai la veine cave supérieure; l'animal put marcher, bien qu'en poussant quelques cris et en éprouvant de la difficulté à respirer. Douze minutes après cette opération, je fis tomber de l'acide hydrocyanique concentré sur la conjonctive, l'animal succomba, après avoir éprouvé pendant quatre minutes les angoisses de l'empoisonnement.

Il était curieux d'étudier les phénomènes de l'empoisonnement pendant que l'animal vivait encore; c'est ce que j'ai fait sur un lapin, après avoir versé sur la conjonctive une goutte d'acide hydrocyanique concentré.

A l'instant même, la tête fut inclinée sur la nuque, et il survint des convulsions.

Pendant ce désordre, la poitrine fut ouverte, et il m'a été facile de voir que les veines pulmonaires charriaient un sang rouge et rutilant.

L'animal pendant ce temps était sensible aux piqûres.

A l'autopsie, je trouvai les veines gorgées de sang noir, partie solide, partie liquide.

J'ai mis du sang sortant de la veine en contact avec de l'acide hydrocyanique, et à l'instant même il devint rouge et prit une couleur d'un beau rouge tendre. Bientôt il perdit cette coloration pour passer au violet, puis au noir; mais, lorsque je l'agitais de nouveau, il reprenait sa couleur rouge.

Il me paraît donc évident que le rouge rutilant si prononcé que j'ai remarqué dans mes dernières expériences sur les lapins, était dû à l'acide hydrocyanique qui se mêlait au sang avec une promptitude incroyable et lorsqu'il était même mis en contact avec lui après la mort.

Ce poison me semble agir en anéantissant la vitalité du sang, en modifiant ses principes, et en tuant ainsi les organes que ce liquide est chargé d'aller vivifier; et ce qui le démontre, c'est que l'air seul ne suffit pas pour empêcher son action, puisqu'il faut un agent qui l'anéantisse et le décompose pour arrêter ses effets.

Enfin, pour démontrer d'une manière plus évidente encore combien il est vrai que l'acide hydrocyanique n'agit sur le système nerveux que par l'intermédiaire du sang, j'ai, sur un lapin, lié la veine et l'artère crurales. A l'instant, le premier vaisseau s'est rempli de sang ainsi que les branches secondaires, et l'animal a traîné le membre correspondant.

Sur le même animal, j'ai fait une incision au même membre, et j'ai introduit de l'acide hydrocyanique dans la plaie, il n'est survenu aucun phénomène remarquable; j'ai été obligé de faire tuer l'animal.

Quoique le mouvement fût suspendu dans le membre, la sensibilité était complètement conservée dans le nerf, car on provoquait des douleurs atroces en l'irritant.

En résumé, les expériences qui précèdent nous conduisent naturellement aux conclusions suivantes :

1° Les nerfs ne sont pas conducteurs du poison;

2° C'est le sang qui conduit le poison, comme il a été démontré du reste, dans un autre but, par les belles expériences de Hunter et de M. Magendie;

3° L'acide hydrocyanique est absorbé par les veines;

4° L'acide hydrocyanique altère le sang;

5° L'acide hydrocyanique agit secondairement sur le système nerveux en produisant tous les phénomènes semblables à ceux de l'hémorrhagie; ce qui prouve encore l'analogie de l'influence que ce système subit, et de l'absence du sang et de son altération.

QUATRIÈME PARTIE.

DES MALADIES DITES CHIRURGICALES DU SYSTÈME NERVEUX.

Les limites à imposer à ces maladies ont été jusqu'à ce jour si difficilement établies par les savans, que la question est encore dans le même état de doute et d'incertitude; aussi chaque parti est demeuré inébranlable dans son opinion, sans que les médecins étrangers à ces luttes aient pu y trouver la source d'une conviction quelconque. On pourra se persuader bientôt que la ligne de démarcation à établir entre tel ou tel genre de maladie, n'est pas mieux déterminée pour les lésions du système nerveux que pour celles des autres organes; cette obscurité rejaillira nécessairement sur le cadre restreint où je me suis renfermé, résultant de l'embarras que je devrai éprouver à poser les bornes où s'arrête la chirurgie et où commence la médecine. Je me contenterai donc le plus ordinairement de quelques aperçus ou de généralités superficielles quand je traiterai de certaines altérations, réservant de me livrer à un examen plus approfondi, autant du moins que l'état actuel de la science et la connaissance des fonctions me le permettront.

Les lésions de l'appareil nerveux peuvent: 1° être traumatiques; 2° consister dans une aberration ou un défaut d'équilibre dans les parties nerveuses qui composent ce grand système; 3° dépendre enfin d'une altération, d'un changement de nature, ou de la déposition d'une substance nouvelle à l'intérieur, ou dans l'épaisseur de la fibre sensitive.

Dans la première classe se trouvent plusieurs genres d'altérations, qui ne sont souvent que des degrés d'une lésion de même nature; ce sont: 1° les contusions; 2° les arrachemens; 3° les plaies faites par des instrumens, soit tranchans, soit piquans, soit contondans, parmi lesquels on range les corps orbes, les projectiles, etc.

Dans la seconde classe on trouve un plus grand nombre de genres, qui tous appartiennent aux lésions *dites vitales* et que l'on divise en: 1° névralgies; 2° névroses; 3° paralysies locales; 4° et en celles qui sont caractérisées par le défaut d'équilibre entre les centres nerveux, les cordons qui en partent et les muscles dans lesquels ces derniers viennent se distribuer; ce sont: 1° le tétanos; 2° la danse de saint Guy; 3° les convulsions locales.

La troisième classe comprend: 1° les tumeurs cancéreuses; 2° les tubercules; 3° le ramollissement; 4° les abcès; 5° les hémorrhagies; 6° les kystes; 7° les congestions.

Les blessures et les contusions du système nerveux

méritent d'être étudiées avec soin; elles nous conduiront à expliquer les phénomènes variés qui accompagnent ces lésions, et les changemens physiologiques qui suivent leur guérison.

CHAPITRE PREMIER.

Plaies et contusions du système nerveux.

Les lésions des renflemens nerveux ou des nerfs peuvent intéresser une partie ou toute l'épaisseur d'un de ces organes, et les phénomènes qui accompagnent ces blessures présentent de grandes différences, et dans leur gravité et dans leurs résultats.

Il n'est pas un des renflemens nerveux, soit crâniens, soit rachidiens, qui ait été exempt de blessures. Cependant les parties nerveuses les plus superficiellement placées, comme le cerveau proprement dit, ont été plus souvent intéressées que le cervelet, la protubérance annulaire et la moelle épinière, qui sont protégés par des avances osseuses et par leur situation profonde.

La lésion, soit complète, soit incomplète de ces renflemens nerveux, non seulement ne donne pas lieu aux mêmes dangers et aux mêmes symptômes, mais offre au contraire des phénomènes particuliers, propres à tel ou tel point de ces masses nerveuses. C'est ainsi que les plaies du cerveau ne sont accompagnées d'aucune douleur, tandis que celles de la moelle épinière et de la protubérance annulaire provoquent des souffrances vives et aiguës. Le cerveau peut être profondément lésé sans qu'il y ait manifestation de sensibilité et de douleur; quelquefois même la chirurgie a pu retrancher des portions de cet organe, sans que l'animal ou le malade sur lequel on expérimentait témoignât de la moindre sensibilité. Ce que l'observation nous a appris pour le cerveau, nous a été également révélé pour le cervelet.

Si le cerveau et le cervelet offrent le même caractère d'indifférence à leur section, il est remarquable aussi qu'ils se rapprochent de la moelle épinière par des caractères communs, qui se trahissent à l'extérieur du corps par l'abolition du sentiment et du mouvement. En effet, cette abolition existe, ou partielle ou totale, après une lésion profonde du cerveau ou du cervelet, comme après la lésion ou la compression de la moelle épinière.

Que le cerveau ait subi une perte de substance, que les circonvolutions soient intéressées, de la lymphe est déposée, sert de moyen d'union et de cicatrisation : une membrane plus ou moins dense, dont la ténacité varie suivant le degré d'organisation et d'ancienneté, apparaît à la surface lésée et à la place de la substance nerveuse détruite; et dès lors on ne retrouve plus qu'une perte de substance évidente, qui atteste la non-régénération des renflemens nerveux et celle des nerfs. C'est ce qui fait sans doute que les fonctions auxquelles cet organe préside demeurent abolies pour toujours si la lésion a été étendue ; car, pour les cas d'altération peu étendue, il n'est pas plus difficile de concevoir la continuation des fonctions qu'après les lésions d'un viscère d'une autre cavité. C'est ce qui a été démontré par les recherches de MM. Serres, Rochoux, Riobé, et de plusieurs autres pathologistes.

Si l'on devait s'en rapporter aux physiologistes modernes, on pourrait croire que les lésions des nerfs sont, comme celles des renflemens nerveux, tantôt accompagnées, tantôt non suivies de douleur; et ce phénomène est véritablement l'apanage de toutes plaies de nerfs, excepté de celles du grand sympathique.

Comme nous l'avons dit cependant en parlant des fonctions des nerfs rachidiens, ce ne serait que dans les cas de lésion des racines antérieures et du cordon antérieur de la moelle què l'on pourrait signaler l'absence de la douleur, puisque des expériences nombreuses me l'ont démontré, et de fréquentes observations recueillies sur l'homme paraissent aussi l'avoir prouvé.

Mais il est vrai que, quel que soit le nerf de l'économie qui ait été frappé par un corps étranger, une douleur vive se fait sentir en s'étendant aux ramifications nerveuses et en rayonnant pour ainsi dire. Toutes ces plaies sont donc accompagnées de douleur à un degré variable de violence et d'intensité, suivant le volume et le nombre des cordons nerveux.

La section d'un nerf peut être complète ou n'occuper qu'une partie de son cylindre; et, dans ces deux cas, les phénomènes pathologiques présentent les différences que l'on a été souvent à même d'étudier, et que les auteurs se sont accordés à considérer sous le même point de vue.

Complète ou incomplète, la division d'un nerf est, comme nous l'avons déjà dit, accompagnée d'une vive douleur : toutefois, quand la partie du nerf qui est en dehors de la division ne se continue plus avec la moelle épinière, le mouvement et la sensibilité sont éteints à partir du point de section ; si, au contraire, le nerf n'est pas entièrement divisé, le mouvement et la sensibilité sont bien diminués, mais non complètement abolis, et même, avec le temps, ces deux facultés peuvent se perfectionner dans les organes où leurs fonctions avaient été altérées ; ce phénomène est démontré par les expériences faites sur les animaux et par l'observation journalière. C'est pour n'avoir pas assez insisté sur ces divisions complètes ou incomplètes, que, parmi les médecins, les uns ont admis la régénération des nerfs, tandis que d'autres l'ont rejetée.

Toujours est-il que les douleurs provoquées par la lésion des nerfs sont d'autant plus violentes, que l'instrument ou le corps étranger quelconque qui l'opère agit avec plus de lenteur et d'une manière plus irrégulière. Ce fait est donc d'une grande importance en chirurgie : aussi doit-on couper les chairs nettement, diviser les nerfs avec rapidité, de manière à éviter les sections répétées et à confondre plusieurs douleurs en une seule : c'est le moyen de rendre les opérations moins douloureuses, moins énervantes, plus fréquemment suivies de succès et accompagnées de moins d'accidens inflammatoires

Les incisions nettes, étendues, qui comprennent une grande surface, remplissent donc à la fois toutes ces conditions. Ce point important est complètement démontré par les effets des sections répétées d'un nerf, quand elles sont faites dans un même point. J'ai plusieurs fois déterminé un abattement extrême, en opérant la division d'un nerf par de petites sections pratiquées en grand nombre et sur le même point; mais, quel que soit le nerf coupé, les deux extrémités divisées se retirent en totalité, et les filets qui composent chacun des cordons éprouvent le même retrait. Les extrémités divisées se présentent sous l'apparence d'une multitude de points blancs séparés par de minces cloisons. Comme dans les cas de section des renflemens nerveux, le sang coule, mais en quantité variable, et ce sang s'infiltre dans la gaîne commune du nerf et dans ses petites gaînes partielles.

Lorsqu'un nerf a été divisé, il s'établit entre les deux extrémités une cicatrice qui, comme nous l'avons déjà dit, devient cellulaire, et ne participe jamais de la nature de la fibre nervale. Je crois d'ailleurs inutile de revenir sur ce que j'ai dit des cicatrices des nerfs quand j'ai traité la physiologie du système nerveux.

La contusion des nerfs, comme celle des renflemens nerveux, peut exister à différens degrés; elle se borne dans certains cas à une simple meurtrissure des cordons nerveux, donnant lieu à de vives douleurs qui se prolongent dans la direction du nerf, comme cela se voit lorsque le nerf cubital a été frappé par un corps étranger. Dans d'autres circonstances, au contraire, la contusion est plus violente, et alors les filets nerveux sont rompus, les vaisseaux sont déchirés; du sang infiltre l'épaisseur du cordon nerveux, et alors des douleurs violentes, mais non plus passagères, comme dans le premier cas, sont l'inévitable conséquence d'une pareille lésion. Si enfin un corps orbe, un projectile, lancé par la poudre à canon, a rencontré dans son trajet un filet ou un cordon nerveux, et que l'un et l'autre ne soient pas protégés par leur forme ronde et leur déplacement facile, ils sont déchirés et complètement détruits; si alors une douleur vive se manifeste dans le point frappé, bientôt la sensibilité et la cessation du mouvement se manifestent au dessous du point divisé.

Ces faits concluent déjà contre la non-régénération de la substance nerveuse; mais cette vérité, qu'il était si important de fixer, sera mieux établie encore par la description que nous allons faire de ces diverses altérations physiques, et par leur énumération détaillée.

Comme les contusions des renflemens nerveux peuvent exister avec ou sans plaie des cavités qui les renferment, cette différence entraîne deux grandes divisions de ce genre de lésion : d'une part, l'altération résultat de l'ébranlement; de l'autre, l'altération produite par cause directe, quand un corps laboure, détruit, désorganise la substance nerveuse qu'il vient de frapper.

Mon intention n'est pas d'examiner ici les ingénieuses explications qui ont été données à plusieurs époques sur la manière dont la substance nerveuse se désorganise par les contre-coups, et les savantes recherches de M. Gama sur la nature de ce phénomène dans le cas de chute sur les pieds, sur la voûte du crâne, etc. : laissant ces théories de côté, je passe immédiatement aux lésions physiques que l'on rencontre dans les différens degrés de la contusion.

Lorsque la substance nerveuse a été détruite sans être atteinte par un projectile, on voit dans un premier degré du sang rouge ou noir, qui, sorti de ses vaisseaux, est infiltré entre les membranes et dans l'épaisseur de la substance cérébrale. Celle-ci est alors comme ponctuée de points rouges ou noirs, mais elle est cependant reconnaissable; elle n'est pas désorganisée, et il semble pour ainsi dire que les rameaux artériels et veineux soient remplacés par le sang qu'ils contenaient.

Dans un second degré, le sang a fait effort sur la masse cérébrale, il s'est combiné avec elle dans différens points, sans pour cela avoir effacé complètement son organisation, n'ayant pour ainsi dire qu'écarté de leur position habituelle les parties composantes. On dirait que cette substance, à demi écrasée, est imprégnée de sang; aussi ressemble-t-elle à une sorte de marbrure.

Dans un troisième degré, la substance nerveuse est complètement réduite en bouillie, écrasée au point que le sang est entièrement mêlé avec elle; de telle sorte que ce mélange ressemble assez bien à de la lie de vin. Il n'est pas besoin de dire que ces trois degrés peuvent se rencontrer dans différens points à la fois.

L'organe le plus souvent affecté de contusion est le cerveau ; après lui le cervelet, et ensuite la protubérance et la moelle épinière.

Il n'est pas sans intérêt de signaler ici les altérations que laisse le passage des projectiles. Les corps étrangers, lancés par la poudre, produisent des effets variables sur ces tissus délicats, et ces effets, comme sur les autres parties de l'économie vivante, dépendent de la forme du corps étranger, de sa vitesse, de sa direction, etc. Ici ils ne font qu'effleurer la surface; là ils désorganisent superficiellement les couches extérieures ; tantôt ils les réduisent en pulpe molle mêlée à du sang, tantôt ils pénètrent fort avant dans leur épaisseur et détruisent tout ce qu'ils touchent à une grande profondeur. Si la balle ne fait que produire une contusion en venant donner sur la dure-mère qu'elle ne traverse pas, quelques vaisseaux sont rompus, et il en résulte des épanchemens de sang dans la pie-mère ou à la surface du centre nerveux frappé. Dans d'autres circonstances, et si la contusion est plus forte, les vaisseaux capillaires qui pénètrent le centre nerveux sont aussi rompus, et l'on remarque de petites ecchymoses, de petits foyers de sang répandus dans son épaisseur. D'autres fois on trouve un sablé rouge; ailleurs c'est du sang épanché par plaques et imitant assez bien un dessin marbré. Si la désorganisation est plus profonde, si la balle a traversé la masse cérébrale, il peut arriver qu'une partie de cette masse soit entraînée par la balle et sorte au milieu du sang et des débris osseux détachés. A ce degré tout est confondu ; on reconnaît à peine la structure des tissus, et il est impossible de distinguer la substance grise de la blanche : c'est ce que j'ai pu constater sur l'homme et des animaux tués par la poudre à canon. Assez souvent, j'ai rencontré du sang épanché en caillots. Je puis assurer également que ce sang n'est jamais infiltré loin du point contus, particularité qu'expliquent du reste assez bien la structure de la substance nerveuse, son état compacte, son peu de perméabilité et son manque presque absolu de tissu cellulaire : mais il m'a été impossible de trouver des traces d'organisation sur tout le trajet parcouru par la balle. Les substances blanche et grise, et surtout cette dernière, étaient comme combinées avec le sang ; c'était une sorte de bouillie, une espèce de lie de vin épaisse et peu chargée en couleur. Chez les chevaux, saignés après la blessure quand elle n'était pas instantanément mortelle, le cerveau était moins injecté que chez ceux que l'on avait abandonnés à eux-mêmes, ou qui étaient restés morts sur place. Ce résultat prouve que, dans des blessures de ce genre, il ne faut pas être sobre d'émissions sanguines: on doit en effet les répéter souvent; c'est le moyen d'éviter un épanchement de sang plus considérable avec compression, qui peut persister même longtemps après l'accident : c'est aussi le meilleur moyen pour maintenir dans de justes bornes le travail inflammatoire qui doit suivre, de limiter les abcès qui peuvent se former, et aussi de rendre la respiration et la circulation plus faciles, plus naturelles.

La contusion au premier comme au deuxième degré peut exister avec commotion, et alors la mort est quelquefois instantanée : mais il faut attribuer cette terminaison fatale plutôt à l'ébranlement nerveux général qu'à la lésion locale elle-même. La contusion au troisième degré peut amener la mort presque aussi subitement que la commotion. Ce fait est démontré par plusieurs observations : seulement c'est que la balle aura alors parcouru un long trajet ou aura intéressé une des parties dont les fonctions sont encore imparfaitement connues, mais qui ont une si grande influence sur la vie, que leur lésion, quoique minime, peut la briser à l'instant même.

Quelquefois, à la suite d'une plaie énorme, après une désorganisation étendue de la substance cérébrale, et alors que tout fait présager une fin inévitable et prochaine, on est tout étonné de voir le malade résister : la suppuration, tout abondante qu'elle puisse être, ne l'affaiblit pas aussi rapidement qu'on le croit; la plaie se déterge; une portion du cerveau, trop profondément altérée, tombe en gangrène, s'échappe avec le pus, et bientôt, malgré toutes les prévisions de l'art, le chirurgien étonné voit la vie se ranimer, la cicatrisation se faire sur tout le trajet parcouru par la balle; en un mot le malade revenir à la santé, les facultés intellectuelles et le mouvement ayant seuls perdu de leur perfection.

Dans ces cas, c'est-à-dire quand la substance nerveuse a été violemment maltraitée par le projectile, mais pas assez cependant pour que la mort ait lieu subitement, la suppuration est abondante et très liquide; on dirait de la sérosité floconneuse : elle s'écoule par mouvemens intermittens, mais réguliers et isochrones aux battemens du pouls, sans que la respiration m'ait jamais paru l'influencer. Cette suppuration ne tarde pas à prendre un caractère particulier : elle laisse exhaler une très forte odeur de phosphore. Dès lors, il n'y a plus de doute, l'inflammation a envahi la substance cérébrale, et celle-ci va bientôt sortir avec le pus, par masses d'un volume variable, mollasses, pulpeuses, et toujours sans aucune trace de l'organisation primitive. Chaque jour voit disparaître ainsi une nouvelle quantité de cette substance; et si la mort ne venait arrêter cette destruction, un des côtés du crâne finirait par se vider. J'ai vu moi-même deux cas, dans lesquels un des lobes avait été ainsi presque entièrement expulsé à l'extérieur. L'intelligence décroissait à mesure que la masse cérébrale diminuait, et l'on pouvait assister à la destruction graduelle de chacune des facultés dont l'ensemble constitue l'intelligence humaine. A mesure que ce mystérieux travail de la pensée perdait de son énergie, la perception devenait aussi moins active, moins complète, et tous deux suivaient les mêmes phases d'anéantissement. Plus tard, et lorsque le terme fatal approchait, on remarquait de loin en loin des sortes d'interrègnes pendant lesquels l'intelligence n'existait plus, et ne se manifestait que par intervalles. Alors surtout les impressions paraissaient bien encore être perçues, mais leur transmission était impossible. Les sens s'éteignaient par degrés, la sensibilité générale disparaissait elle-même au milieu de toutes ces morts partielles, et la vie quittait enfin ce cadavre anticipé.

Si au contraire la plaie extérieure est très étroite ou bouchée, si les parties gangrénées, ainsi que les liquides épanchés, ne peuvent plus s'écouler facilement, alors la marche des symptômes est ordinairement plus rapide, et la mort arrive plus promptement, si l'on n'a pas la précaution d'inciser et d'appliquer le trépan.

Quelquefois néanmoins l'altération procède avec lenteur, et la vie ne s'éteint qu'après une série de désordres, qui devaient, d'après ce que l'on observe d'habitude, être plus promptement mortels. L'observation suivante prouvera ce qu'il faut parfois d'altérations profondes, pour que certains malades succombent. Je ne présenterai ici que l'autopsie.

La balle avait pénétré vers le milieu de la partie latérale gauche du nez, au point où le cartilage s'unit à l'apophyse montante de l'os maxillaire supérieure, et était venue mourir derrière l'oreille droite, d'où elle a été extraite. Dans son trajet elle brisa les cornets et les ailes du sphénoïde, la portion verticale et une partie de l'horizontale de l'os palatin, une grande partie de l'apophyse maxillaire, l'apophyse styloïde du temporal, une partie du corps du sphénoïde du côté droit, une petite portion du rocher et de l'occipital. La plupart de ces fractures avaient été faites par contre-coups; on ne peut pas le concevoir autrement. Le canal carotidien avait été largement ouvert, et le sinus maxillaire communiquait librement avec le nez ; de plus, les deux fosses nasales n'en formaient presque plus qu'une, tant était grande la perte de substance qu'avaient éprouvée l'os palatin et la lame perpendiculaire du vomer. J'ai également rencontré plusieurs portions d'os fracturés qui s'étaient vicieusement consolidées avec les os du crâne.

Indépendamment de ces graves lésions, j'ai rencontré un abcès volumineux qui s'était développé dans l'épaisseur du lobe gauche du cervelet : il était enkysté et circonscrit par des fausses membranes ; il avait du reste presque le volume du lobe qu'il avait envahi ; la face inférieure de celui-ci avait été singulièrement ramollie et tachée par un liquide noirâtre.

Le malade avait éprouvé sur toute l'étendue de la face du côté droit des douleurs atroces, que l'on explique facilement par les lésions anatomiques que nous venons de signaler. Une des saillies osseuses dont je viens de parler s'avançait, en effet, vers le trifacial ; elle avait irrité et enflammé les parties au milieu desquelles est plongé ce nerf, et l'inflammation avait gagné son tissu lui-même. Il existait en même temps une paralysie de la face du côté droit ; le nerf facial avait été coupé par la balle au niveau de sa sortie du crâne.

On pense bien que la suppuration a été longue, abondante, et a duré pendant tout le temps que le blessé a vécu ; des fistules se sont établies sur plusieurs points différens ; des esquilles en ont été extraites à plusieurs reprises, mais particulièrement de celle qui existait derrière l'oreille, c'est-à-dire dans l'épaisseur de l'apophyse mastoïde.

Le cervelet était trop près du désordre, pour qu'il ne s'en ressentît point; à la longue l'irritation fut transmise de proche en proche jusqu'à lui, et l'abcès dont j'ai parlé en a été la conséquence.

A mesure qu'il se formait, les symptômes prenaient plus de gravité, des éblouissemens et des étourdissemens tourmentaient le malade; ils étaient quelquefois si intenses, que le blessé chancelait, ne pouvait marcher, et était menacé d'évanouissement.

Cependant les évacuations sanguines amélioraient son état; mais leur résultat n'était que passager, et il fallait recommencer quelques jours après. Dans des cas pareils, dans les inflammations des masses nerveuses, qu'il y ait déjà abcès ou non, l'art offre peu de ressources, et c'est sur les saignées qu'il faut particulièrement insister. Si elles ne peuvent arrêter les progrès du mal, elles ont du moins la puissance de les ralentir. Le malade en éprouve toujours un soulagement marqué. Il ne faudrait pourtant pas s'en tenir là, s'il existait sur quelques points du crâne une fistule donnant passage à du pus, si l'orifice fistuleux était peu large, et surtout s'il se manifestait des symptômes de compression; il faudrait alors, sans hésiter, appliquer une ou plusieurs couronnes de trépan, et aller avec prudence à la recherche du foyer purulent.

Les contusions des renflemens nerveux sont si graves, qu'il faut à l'instant même empêcher le travail inflammatoire, qui pourrait produire une désorganisation plus profonde et une mort plus ou moins rapide. Toutefois, tout rationnel et tout énergique qu'il soit, aucun traitement ne saurait remédier aux effets d'une contusion au troisième degré, par la raison qu'il est impossible de rétablir une substance qui a perdu son organisation, sa structure.

On ne peut donc espérer de résultat heureux que lorsque la contusion est faible, lorsque la substance cérébrale n'a pas été entièrement désorganisée. Quoi qu'il en soit, les efforts du chirurgien doivent tendre à deux buts : à favoriser la résorption du sang, à arrêter le développement du travail inflammatoire. Les larges évacuations sanguines générales et locales diminuent la masse du sang, activent l'absorption et maintiennent l'inflammation dans de justes limites. C'est alors qu'il convient d'avoir recours à la méthode de Pott, c'est-à-dire aux larges évacuations de sang dans un temps très court, et aussi aux dérivatifs sur le canal intestinal : les vésicatoires et tous les excitans sur la peau ne sont indiqués qu'à la période adynamique; car autrement la douleur qu'ils déterminent ne fait qu'augmenter la congestion et aggraver le mal.

Une femme âgée fut apportée dans un hôpital, elle venait d'être frappée d'apoplexie ; il en était résulté une hémiplégie, la déviation de la bouche, la perte de connaissance, etc. Des saignées abondantes faites dans les premiers temps rétablirent incomplètement la parole, la paralysie se dissipa ; mais tous ces symptômes reparurent après l'application de sinapismes aux membres inférieurs. De nouvelles saignées améliorèrent l'état de cette malade, qui succomba pendant les efforts de vomissement déterminés par l'administration d'un émétique.

CHAPITRE II.

De la Commotion.

La commotion des renflemens nerveux a été diversement appréciée par les pathologistes : les uns l'ont définie un changement dans la circulation cérébrale, les autres l'ont regardée comme un ébranlement de la masse nerveuse.

Il est positif que par le fait même de la commotion il s'opère un changement dans l'état physiologique de l'organe ; changement instantané, et qui peut devenir promptement mortel s'il s'étend à tout l'appareil nerveux. Les fonctions du cerveau et du cervelet peuvent être suspendues par une commotion qui ne s'étend pas au delà de la boîte crânienne, la moelle conservant son intégrité, et présidant aux phénomènes mécaniques qui sont sous la dépendance des nerfs qui en partent. On comprend que la moelle peut à son tour être le siége du désordre, sans que le cerveau y participe en rien.

Il est curieux pour le physiologiste et pour le pathologiste d'étudier les changemens remarquables qui surviennent dans l'appareil nerveux, à propos d'un ehoc, d'une chute, ou de l'ébranlement de tout le corps. Cette étude nous permettra d'apprécier l'exactitude de l'opinion de ceux qui veulent que les plaies d'armes à feu soient accompagnées de stupeur, de commotion du système nerveux.

Le mécanisme de la commotion, ou l'appréciation des phénomènes qui apparaissent dans l'individu, peuvent-ils être expliqués réellement par un changement dans la circulation, ou par un trouble dans les fonctions de l'organe lui-même?

L'opinion qui regarde la commotion comme un changement dans la circulation cérébrale, opinion admise depuis long-temps presque sans contestation, et si peu soutenable qu'elle tombe devant le plus simple raisonnement, cette théorie n'a pas même pour appui la connaissance des fonctions du système nerveux; en effet, il y a si souvent modification de l'appareil circulatoire dans les maladies du cœur, du poumon, par suite de développemens de tumeurs sur le trajet des veines, etc., qu'à chaque instant la vie de l'homme se trouverait en péril. Y a-t-il le moindre rapprochement à établir entre les étourdissemens qui surviennent dans la congestion cérébrale, la faiblesse des membres, cette pléthore générale, ainsi que les éblouissemens qui surviennent par la rotation sur soi-même, et la commotion qui survient instantanément par le fait seul d'une simple chute, d'un faible coup porté sur la tête, et qui, tout en ne pouvant modifier la circulation, produit cependant des phénomènes graves?

La commotion consiste dans un trouble des renflemens nerveux, dans un ébranlement de ces organes, qui anéantit ou diminue leurs fonctions, au point d'enchaîner ou de troubler les sens, les fonctions des viscères et des muscles auxquels ils président.

L'appareil vasculaire cependant, il faut le dire, participe à ce trouble, comme nous le verrons plus loin; mais ce n'est que d'une manière secondaire, et seulement parce que l'axe cérébro-rachidien a été ébranlé, ce qui est contraire à l'opinion de ceux qui font partir la perturbation du cœur et des vaisseaux.

Ainsi la commotion consiste pour moi dans une atteinte portée à tout le système nerveux, ou à une partie de ce système, et dans une sorte d'épuisement de la source du fluide qui anime les organes.

Une grande frayeur, dont l'action incontestable sur le système nerveux est directe, une violente douleur, conduisent à une sorte d'épuisement général, qui peut être porté à différens degrés, et qu'on peut comparer aux phénomènes de la commotion.

Au reste, la théorie de ceux qui voudraient persister à croire que la commotion consiste dans un changement de la circulation, ne saurait être appliquée à la moelle épinière : les artères qui viennent se répandre dans cet organe sont d'un calibre trop petit, pour qu'on puisse un instant supposer qu'une simple chute sur les fesses puisse amener dans la circulation de ce cordon nerveux un dérangement capable de produire la paraplégie, par exemple, sans qu'il y ait lésion de cet organe. Il est évident qu'alors il n'y aurait pas commotion, mais bien contusion.

Cette théorie a sans doute pris naissance avec une apparence de vérité dans l'état des sinus crâniens, des grosses veines et des volumineuses artères distendues par le sang apporté en trop grande abondance. Mais, comme nous l'avons déjà vu, elle ne peut s'appliquer à la moelle épinière; aussi me suis-je trouvé naturellement conduit à la rejeter, et à rechercher le mécanisme de la commotion, non dans l'appareil vasculaire, mais dans l'appareil nerveux dont les substances ont été ébranlées, comme le serait un gros nerf, qui, pressé ou légèrement contus, cesse d'abord ses fonctions, pour les reprendre ensuite avec une nouvelle activité.

Il résulte de là que le traitement diffère essentiellement de celui qu'on avait d'abord admis, et qui consistait à pratiquer des évacuations sanguines : aussi songe-t-on à relever les forces du malade, à remédier à l'épuisement nerveux par des excitans sur le canal intestinal et sur la peau, par les sinapismes et l'émétique. Mais si, après ces ébranlemens, des congestions se déclarent, il faut alors les combattre par des évacuations sanguines.

Commotion du cerveau.

La commotion si fréquente du cerveau est accompagnée de celle du cervelet, avec une constance que l'on s'explique si l'on songe combien il est difficile que de ces organes, logés dans les fosses cérébrales, soit postérieures et inférieures, soit postérieures et supérieures, soit moyennes et antérieures, l'un soit ébranlé sans que l'autre souffre de ces ébranlemens, et participe aux mouvemens imprimés par la percussion des os du crâne. On ne pourrait pas cependant objecter que la protubérance annulaire, renfermée dans la même cavité, est rarement le siége de cette commotion, puisque ce phénomène s'explique d'ailleurs par le peu de volume de cet organe, par sa densité, et surtout par cela qu'il est soutenu de toutes parts par des prolongemens qui se continuent avec le cerveau, le cervelet et la moelle.

Je ne parlerai pas ici des causes qui donnent lieu à ces ébranlemens du cerveau et du cervelet, du mouvement communiqué par une chute sur les pieds, ni de la manière dont le coup est transmis à ces organes par les percussions du crâne.

On doit, dans les commotions du cerveau et du cervelet, puisque nous les regardons comme inséparables, distinguer deux degrés bien différens : l'un qui entraîne la perte de l'intelligence, l'autre qui en permet la conservation.

Dans ce dernier cas, que l'on peut appeler commotion faible, le cerveau, le cervelet, et peut-être aussi la protubérance annulaire, ont été ébranlés, engourdis pour ainsi dire, mais pas à ce point cependant que les facultés intellectuelles soient anéanties ; il y a seulement altération de ces facultés, avec atteinte plus ou moins profonde portée à l'innervation, à la circulation, et aux sécrétions qui sont sous la dépendance de celles-ci.

Il existe une sorte d'anéantissement local, une lenteur dans les idées, une pâleur générale, un abaissement sensible dans la température du corps, et souvent les réservoirs expulsent les liquides ou matières qu'ils renferment, par le fait d'une contraction instantanée déterminée par le changement dans l'influx nerveux.

La multiplicité des battemens du cœur, la rapidité du pouls, l'altération de la sensibilité, l'imperfection du jugement et de la comparaison, tout dénote assez la lésion du cerveau et du cervelet, sans que rien annonce cependant une abolition complète ni de la sensibilité ni du mouvement. Il n'y a d'appréciable que l'absence de la régularité et de la volonté, facultés fondamentales qui sont dévolues au cerveau.

Dans le premier degré, que l'on peut appeler commotion forte, les renflemens crâniens sont violemment ébranlés; aussi voit-on leurs fonctions frappées de nullité, par suite d'un changement moléculaire, qui porte une atteinte dangereuse et instantanée à l'exercice de ces organes. Il est heureux alors que la volonté, que l'exercice des sens, que les facultés intellectuelles, le jugement, la mémoire, ne soient pas indispensables à la persistance de la vie organique, car on verrait cette dernière cesser immédiatement à la suite d'une commotion forte. Bien que dans ce cas les facultés intellectuelles, la vue, l'ouïe, l'odorat, la sensibilité de la peau, aient été complètement abolies, la vie continue cependant, parce que la moelle épinière est là qui alimente les organes de la respiration, en fournissant le stimulant nécessaire aux muscles dilatateurs et constricteurs de la poitrine, et qui permet à l'air d'entrer et de ressortir, et d'exciter secondairement les contractions. Il en est de même pour le cœur, qui reçoit aussi de la moelle son influx nerveux, et dont le sang excite les contractions.

La commotion du cerveau et du cervelet, quand elle existe sans contusion de ces organes, est donc loin d'offrir une terminaison fatale, et l'expérience nous a appris que, dans de telles circonstances, il n'y avait aggravation de symptômes que si la commotion était compliquée de contusion, ou s'il survenait des accidens consécutifs, tels que l'aliénation mentale, l'inflammation du cerveau.

Commotion de la moelle épinière.

La moelle épinière peut, comme les renflemens crâniens, être ébranlée par suite d'une chute sur les pieds ou sur les fesses, au point que ses fonctions soient interrompues partiellement ou d'une manière générale, sans que cependant le cerveau et le cervelet participent à cet état accidentel.

La commotion de la moelle est tout aussi réelle que celle des masses nerveuses contenues dans l'intérieur du crâne, mais pourtant elle doit être bien plus rare ; 1° parce que le poids et le volume de cet organe sont moins considérables que ceux du cerveau et du cervelet; 2° parce que la moelle est entourée d'une membrane dure, résistante, qui, soutenant les substances dont elle est composée, les protège contre les vibrations extérieures; 3° parce qu'elle ne remplit pas exactement le canal vertébral, d'où il résulte que le mouvement imprimé à la colonne épinière par un coup porté directement sur elle, ou transmis de proche en proche par une chute sur les pieds ou sur les fesses, perd nécessairement de sa force et de son impétuosité avant d'être arrivé à la moelle ; 4° parce que le mouvement se perd facilement dans les brisures nombreuses de la colonne vertébrale ; disposition anatomique qui, dans le parallèle que l'on serait tenté d'établir entre le crâne et la colonne vertébrale, doit faire établir ces grandes différences dans le mode de transmission du mouvement aux renflemens nerveux contenus dans l'une et dans l'autre enveloppe osseuse.

Cette commotion peut se borner à un simple engourdissement des membres, à une sorte d'étonnement, à des douleurs parties de la moelle et qui ne sont que de courte durée.

Mais lorsque la moelle a été fortement ébranlée, les phénomènes ne sont pas aussi simples : les membres, ainsi que les organes qui reçoivent des nerfs partis du point que la commotion a atteint, ont perdu le mouvement et la sensibilité, il en résulte l'incontinence des matières fécales et de l'urine, l'insensibilité de la peau, la difficulté de la respiration et l'absence du sentiment et du mouvement dans les membres. Ces organes ne peuvent donc plus obéir à l'influence de la volonté, dont la toute-puissance demeure alors sans effet. Ces phénomènes ne prouvent pas que les renflemens nerveux soient indépendans les uns des autres, mais que l'intégrité de chacun d'eux devient indispensbale pour qu'il y ait *consensus* dans leurs actes.

Cette commotion se termine ordinairement d'une

manière favorable, et peu à peu on voit reparaître le mouvement et la sensibilité, bien que l'incontinence d'urine puisse persister pendant un temps plus ou moins long, et en même temps qu'il resterait des traces d'imperfection dans la sensibilité et les mouvemens.

Je me bornerai ici à rapporter quelques faits.

Le nommé Prov..... (François), âgé de 30 ans, fit sur les pieds, dans le mois de juillet 1836, une chute de douze pieds de haut, et tomba sur la région sacrée, les membres inférieurs n'ayant pu supporter le poids du corps, et ayant manqué d'équilibre. Cet homme ne put se relever; tous les efforts qu'il fit pour en venir à bout furent inutiles; les membres inférieurs avaient perdu le sentiment et le mouvement, et même l'insensibilité se prolongeait à deux pouces au dessus de l'épine antérieure de l'os des îles. La paraplégie fut accompagnée de la paralysie du rectum et de la vessie, au point que les matières fécales et les urines ne purent être expulsées de leurs réservoirs. On fut forcé d'avoir recours au cathétérisme pour faire évacuer l'urine, et aux lavemens pour expulser les matières fécales.

Le 24 août le malade entra à l'hôpital Saint-Louis, sans que sa position fût améliorée. La vessie en effet était pleine d'urine, ce qui occasionnait de vives souffrances. Les membres inférieurs étaient toujours dépourvus de sensibilité et de mouvement. Une sonde fut mise à demeure dans la vessie, huit ventouses scarifiées furent appliquées à la région inférieure des lombes.

Le surlendemain huit nouvelles ventouses furent appliquées et l'on prescrivit des lavemens purgatifs.

Cette médication fut suivie d'un soulagement assez prompt, puisque les membres inférieurs recouvrèrent de la sensibilité et du mouvement, en même temps que la vessie ainsi que le rectum reprenaient imparfaitement leurs facultés perdues.

Dès que la sonde fut retirée, le malade put uriner sans le secours du cathétérisme; mais l'urine coulait involontairement goutte à goutte. Il y avait incontinence.

Depuis la fin de juillet, époque à laquelle cet accident était survenu, jusqu'au 22 octobre, les symptômes de paralysie et d'insensibilité disparurent graduellement, et il ne resta bientôt que l'espérance de voir se rétablir les fonctions des organes, puisque le malade pouvait enfin marcher et évacuer ses urines.

Il est évident que l'on ne peut attribuer les accidens que nous venons de décrire qu'à une commotion de la moelle épinière, déterminée par un ébranlement, qui s'est de proche en proche communiqué à cet organe; car une contusion, une plaie, eût été suivie d'une paraplégie incurable, ou du moins, si l'on peut supposer la guérison de la moelle contuse et divisée, elle eût été longue et difficile. On ne peut pas davantage attribuer les symptômes de paralysie à la compression de la moelle, puisqu'il n'a pas été permis de soupçonner une fracture de la colonne vertébrale ou un épanchement de sang.

Si la commotion partielle donne lieu à des accidens aussi graves, on comprend que lorsque l'ébranlement se communique à tout le système nerveux, la mort doive être promptement la suite de l'interruption de ses fonctions. C'est, je pense, à la commotion, non seulement du cerveau, mais encore à celle du cervelet, de la protubérance annulaire et même de la moelle, qu'est due la mort instantanée de ce jeune criminel dont parle Littre, lequel, désirant se défaire de la vie, se précipita tête baissée contre les parois de son cachot. L'autopsie fit connaître que le crâne, intact, n'était pas rempli par la masse encéphalique, affaissée au point de laisser un intervalle entre elle et les parois de cette cavité.

Sabatier a eu l'occasion d'observer les mêmes résultats pathologiques chez un sujet qui a succombé à un coup reçu sur les parois du crâne.

—

CHAPITRE III.

Commotion dans les plaies d'armes à feu.

Le trouble général qui se manifeste dans les cas de plaies d'armes à feu, et dont la gravité et la violence sont en rapport avec l'irritabilité du sujet, est caractérisé par un engourdissement, un froid glacial de tout le corps, par la pâleur de la face, ou quelquefois par sa coloration jaunâtre, par la faiblesse du pouls, des vomissemens, un tremblement général : ce trouble était regardé par les anciens comme le résultat d'une sorte d'empoisonnement par le projectile qui avait produit la blessure, et fut ensuite attribué par les modernes à un ébranlement du système nerveux, à une commotion générale.

Il n'entre pas dans nos vues d'apprécier maintenant la valeur de ces théories, dont la première a été oubliée depuis les recherches du grand Ambroise Paré : nous dirons seulement que la seconde a pris consistance dans les meilleurs esprits, depuis qu'il fut démontré que la commotion donnait lieu à tous ces phénomènes graves que nous avons énumérés.

On a regardé cette commotion comme pouvant, dans certains cas, se borner à l'organe qu'avait frappé l'arme à feu, et dans d'autres s'étendre à tout le système nerveux. Voyons si ces différences peuvent exister. Dans le premier cas, le système nerveux de l'organe intéressé est tombé dans une sorte d'inertie qui ne lui permet plus d'exécuter ses fonctions : de là, stupeur, insensibilité locale, faiblesse du mouvement, ou absence de contractions musculaires, et par suite infiltration facile du sang qui sort de ses vaisseaux, et donne lieu à un engorgement plus ou moins considérable du membre. Certes, il est impossible de ne pas admettre ces phénomènes pathologiques survenus dans le membre intéressé, soit que les nerfs aient été divisés ou contus, soit qu'ils aient été simplement ébranlés. Il est important d'ailleurs de bien déterminer cette commotion locale, cette stupeur, cette inertie, non des solides, comme le prétendait de Lamartinière, à la page 5 du tome IV des *Mémoires de l'Académie de chirurgie*, mais des nerfs, dont les fonctions sont alors supprimées, ce qui occasionne un relâchement, un défaut d'action, favorable à l'infiltration du sang, à la distension des tissus, et par suite à une facile mortification de ceux-ci.

Mais, si l'on se rend facilement compte de cet état local par l'action des corps orbes lancés par la poudre à canon, il n'en est pas de même de ces phénomènes généraux, que l'on a mal à propos attribués à un ébranlement de tout le système nerveux. Cette opinion tendrait, en effet, à faire croire que le mouvement déterminé par le projectile s'est transmis de proche en proche aux renflemens nerveux, et a produit consécutivement la commotion de ces organes. N'est-il pas plus rationnel d'expliquer ces phénomènes, froid du corps, pâleur, etc., 1° par l'irritabilité du sujet, 2° par la frayeur, 3° par la perte du sang, 4° par la fatigue et les douleurs qui ont accompagné ou suivi l'accident? En effet, on ne peut signaler ni cessation des fonctions de la moelle épinière, comme cela arrive dans les cas de commotion de cet organe, ni annulation des facultés intellectuelles, comme cela se rencontre dans la commotion du cerveau. On chercherait vainement des objections dans des faits qui semblent contraires à notre manière de voir, on alléguerait en vain que l'altération survenue dans les facultés intellectuelles ne permet pas de douter que le cerveau ne fût sous l'influence de la commotion; il nous suffirait, pour répondre, de dire que l'ébranlement ne s'était pas communiqué au cerveau par le fait de la plaie d'arme à feu, mais que la chute seule ou la contusion du crâne avait été la cause de cette complication. Par exemple, le fait de Quesnay, que tous les auteurs répètent, et qui, suivant eux, prouverait l'influence des plaies d'armes à feu sur le cerveau et l'existence de la commotion, ce fait est loin de démontrer ce que Quesnay avance, et ce que les auteurs qui l'ont suivi ont bien voulu fortifier de leur autorité. « Un chevau-léger fut frappé à la jambe par l'éclat d'une boîte; il en résulta une plaie qui, quoique considérable, ne pouvait pas produire les accidens funestes dont elle fut accompagnée. En effet, dès l'instant même du coup, l'esprit s'aliéna, la jambe demeura insensible et tomba en mortification. Ce malade n'avait aucune connaissance de son état déplorable. Lorsqu'on lui en parlait, il n'y prenait aucun intérêt et se maintenait dans une sécurité que rien ne pouvait troubler. Quand on lui proposa l'amputation de la jambe, il y consentit gaîment, comme à une affaire qui ne le touchait pas personnellement et qui n'avait rien de fâcheux. M. de Lapeyronie, qui traitait le blessé, prévoyait assez les suites fâcheuses de cette commotion terrible : mais, quoiqu'il désespérât entièrement de la vie du malade, il fit pour le sauver tout ce que l'art exigeait. L'amputation eut lieu; mais cette opération ne fournit pas de sang. Elle était d'ailleurs aussi insensible qu'indifférente au malade, et celui-ci resta constamment tranquille sur son état jusqu'à la mort. »

Rien dans ce fait ne justifie d'une commotion du cerveau qui, déterminée par un ébranlement, serait partie de la jambe, et, se transmettant le long des cordons nerveux, aurait eu pour aboutissement l'encéphale. Mais il faut regarder cette plaie grave comme compliquée du *delirium tremens*, trop peu connu sans doute à cette époque. En effet, ce délire gai et cette insouciance, si remarquables dans cette observation, ne dépendent pas d'une commotion du cerveau, mais bien du délire nerveux. Que l'on cesse donc d'invoquer sans cesse le fait de Quesnay, pour faire admettre la commotion des centres nerveux comme résultat de l'ébranlement produit par une plaie d'arme à feu.

Il faut dès lors admettre une commotion locale, bornée à la plaie d'arme à feu et à ses environs, mais rejeter la commotion générale comme conséquence de cette blessure, à moins d'une chute ou d'un ébranlement de la boîte crânienne.

Il est inutile d'ajouter qu'on ne peut plus donner foi à ces morts rapides causées par la commotion que déterminerait le vent du boulet : les plus simples notions de physique ont fait justice de cette vieille théorie. On n'est plus admis à dire qu'un blessé a succombé à une commotion, suite de l'ébranlement de l'air, par le passage d'un boulet de canon : le fluide comprimé, condensé par le projectile lancé avec vitesse, était déplacé de manière à produire une contusion plus forte qu'aucun autre corps n'eût pu le faire.

Vacher, dans les *Mémoires de l'Académie*, p. 22, tome IV, affirme que cette opinion avait été partagée par tous les auteurs, et que Bilguer lui-même l'avait admise sans restriction dans une de ses dissertations.

Je crois inutile de demander à la physique les

preuves de ce que j'avance. Pour démontrer qu'un boulet ne peut pas déplacer un volume d'air assez considérable pour déterminer les phénomènes graves que l'on a attribués à la commotion, il suffit de savoir que, de toute la colonne d'air déplacée dans ce cas, la portion qui avoisine le membre, ou la partie du tronc qui lui est correspondante, pourrait seule agir, et qu'alors son volume serait trop peu considérable pour produire la moindre lésion. Et d'ailleurs, la jambe ou la cuisse d'un cavalier n'est-elle pas tous les jours emportée sans que le cheval ressente la moindre atteinte ? Un boulet ne passe-t-il pas entre les membres d'un soldat sans produire la moindre commotion ? Ne voit-on pas une mèche de cheveux emportée sans que la partie correspondante de la tête souffre aucune lésion ? Une portion d'habit, de chapeau, ne peut-elle pas être déchirée, enlevée, sans que les organes que les vêtemens recouvrent soient offensés d'aucune manière ? Vacher a connu un soldat qui avait vu, sans en être atteint lui-même, un boulet de canon lui enlever la basque de son habit, déchirer sa culotte et écraser une cuiller de bois dans la poche de ce vêtement.

Le déplacement de l'air ne peut donc pas plus produire de commotion qu'une plaie d'arme à feu ne peut déterminer un ébranlement du système nerveux, à moins qu'elle ne soit accompagnée de circonstances particulières, que nous avons signalées.

Il faut donc chercher dans d'autres lésions les phénomènes graves qui suivent malheureusement trop souvent les plaies d'armes à feu.

Lorsque le pouls est fréquent, petit, irrégulier, lorsque la pâleur est générale, lorsqu'il y a sueur froide, avec abaissement marqué de la chaleur animale; lorsque la respiration, toujours soumise si impérieusement à l'influence des masses nerveuses, est aussi altérée, et qu'il n'existe cependant à l'extérieur aucune trace de plaie, il faut se préoccuper de l'existence de lésions graves et profondes, de dégâts réels, déterminés par un boulet, par une balle, et ne pas s'arrêter à la pensée d'une commotion des renflemens, surtout si l'intelligence conserve son intégrité, et avec elle ses privilèges. Si au contraire le cerveau avait été frappé de commotion, il y aurait alors stupeur, absence de jugement, d'imagination et de mémoire; l'homme, réduit à la simple vie végétative, ne ressemblerait plus à son espèce que par le passé et par son existence matérielle.

Les chirurgiens d'autrefois, facilement trompés par les apparences, avaient accueilli avec empressement l'idée de la commotion par le vent d'un boulet, pour s'expliquer ces morts mystérieuses que leur ignorance ne leur permettait pas d'interpréter autrement. L'expérience a fait justice de ces erreurs, et les autopsies sont venues démontrer que, dans les cas mortels, on avait toujours trouvé des lésions en rapport avec la terminaison funeste de l'accident. Ainsi, ce sont tantôt des lésions profondes des membres, telles que broiemens des muscles, déchirures des artères, des veines, des nerfs; fractures des os, sans lésion extérieure. En effet, la peau, cette membrane molle et élastique, poussée devant un corps rond à large surface, résiste en cédant, tandis que les parties qui offrent une résistance réelle sont brisées par une puissance plus grande. Tantôt ce sont des altérations variées et nombreuses que l'on observe dans les viscères du bas-ventre, de la poitrine, ainsi que cela a été signalé par Vacher, le baron Larrey, Guthrie, Dupuytren, Boyer, et que je l'ai vu moi-même.

Il faudrait donc s'attacher à ces divers désordres, prévenu que l'on doit être de la rareté de ces commotions, et de la fréquence des altérations intérieures sans trace de lésion extérieure, et diriger son attention sur la forme des membres, sur leur résistance comparée, afin de pouvoir, s'il existe des épanchemens, des ruptures, donner issue au liquide par des incisions, comme l'a conseillé de Lamartinière, comme cela a été pratiqué par Lapeyronie, ou faire la ligature d'un vaisseau qui pourrait fournir du sang.

J'ajouterai ici un mot sur les lésions traumatiques, qui ne sont elles-mêmes qu'un symptôme d'une lésion principale. On les observe principalement chez les sujets irritables, dont les plaies n'ont pas été assez étendues pour produire la commotion; chez ceux dont quelques nerfs auront été contondus, froissés ou même déchirés par le projectile; chez ceux enfin dont l'exaltation morale, au milieu du combat, était exagérée.

—

CHAPITRE IV.

De la compression des centres nerveux.

La chirurgie s'est, à toutes les époques, occupée tour à tour de la commotion et de la compression des centres nerveux; mais cette dernière a surtout appelé l'attention et mérité tout l'intérêt des pathologistes.

Toute compression exercée sur une partie quelconque du corps, et à un degré variable de violence, a pour effet de produire un changement dans la circulation, la sensibilité, le mouvement et la nutrition de l'organe sur lequel elle agit, avec des différences dans le résultat, suivant que le corps comprimant appuie sur un seul point ou sur une grande surface, suivant enfin que la partie pressée est comprise entre deux points résistans, ou qu'elle cède. Quoi qu'il en soit, la compression a pour effet de diminuer les fonctions d'un organe ou de les suspendre complètement, en diminuant ou suspendant la circulation, et en interrompant la communication fonctionnelle entre les centres nerveux et les autres parties du corps.

Je ne parlerai pas de la compression qui, exercée sur une grande surface, diminue, sans les anéantir, la circulation et l'influx nerveux, à moins qu'elle ne soit exercée avec une grande violence: alors elle diminue seulement la vitalité, et en conséquence la nutrition et le volume de l'organe qui s'atrophie visiblement. Je ne m'arrêterai pas non plus sur la compression qui offense irrégulièrement une petite surface, et qui, portée à un certain degré, détermine une gangrène partielle, en éteignant les propriétés vitales.

Ce point posé, nous pouvons établir que la compression générale des nerfs d'un membre peut bien diminuer les fonctions de l'organe, mais ne les anéantit pas; que si au contraire elle agit partiellement sur un nerf, elle peut abolir complètement ses fonctions, sans que pour cela les parties situées au dessus du point comprimé aient cessé de vivre, sans doute parce que le névrilème qui entoure les filets nerveux reçoit des filets artériels par toute sa circonférence. Il en est d'un nerf comme d'un muscle, qui peut perdre une partie de ses fonctions sans pour cela être privé de la faculté de vivre.

Ce que nous venons de dire peut s'appliquer aussi à la compression qui, exercée sur les renflemens nerveux, peut bien diminuer ou anéantir leurs fonctions, sans que pour cela ils cessent d'exister : aussi remarque-t-on assez rarement la gangrène dans les masses nerveuses, parce que, d'une part, la compression n'est pas assez violente pour que la circulation, qui s'opère par des bouches si nombreuses, puisse être interrompue ou arrêtée, et parce qu'enfin les causes de la compression agissent sur une surface plus ou moins étendue, et que surtout la force comprimante rencontre une substance molle, dépressible, qui ne présente aucune résistance, comme le cerveau, le cervelet, la protubérance annulaire et la moelle. Ainsi les fonctions de la moelle peuvent être interrompues quand le cerveau a été seulement pressé. Elles sont abolies quand il y a eu altération ou lésion de sa substance. Ces faits peuvent être établis par des discussions particulières.

Ce que nous avons dit de la compression des centres nerveux en général doit s'appliquer spécialement au cerveau, qui peut être comprimé dans un point, à la surface d'un de ses lobes, ou des deux à la fois. Cette dernière circonstance constitue un des accidens les plus graves, accompagné de phénomènes formidables, et presque toujours suivi de mort, puisque le trépan n'est pas même alors un moyen d'enrayer la marche de la maladie et une chance de salut pour le malade, puisque tous les efforts de la chirurgie ont échoué contre l'insuccès habituel de ces opérations alors inutiles.

Je ne m'arrêterai pas ici à examiner les causes nombreuses qui peuvent engendrer ces collections, aussi variées dans leur nature que dans leur quantité et leur origine, et ces tumeurs diverses, source ordinaire de la compression. Il est seulement utile de signaler, parmi les causes de la compression du cerveau, du cervelet, ainsi que de la moelle épinière, la présence dans ces organes du sang fourni par les vaisseaux veineux ou artériels; du pus venant d'une inflammation traumatique, ou fourni par une carie; des portions d'os déplacées dans une fracture du crâne; des corps étrangers métalliques ou non métalliques venant de l'extérieur; des productions nouvelles, variables par leur nature, leur volume, et déterminant dans la marche des symptômes des variétés très différentes.

Compression des renflemens nerveux crâniens par des liquides sanguins.

Les masses nerveuses contenues dans le crâne peuvent être comprimées par du sang, du pus ou de la sérosité.

Les épanchemens sanguins, variables par leur siège, leur source et leur nature, puisqu'ils viennent des veines ou des artères, diffèrent aussi par leur quantité.

Presque toujours circonscrits, lorsqu'ils sont situés entre les os du crâne et la dure-mère, entre celle-ci et l'arachnoïde (cas très rare, Blandin), ils sont au contraire diffus, quand le sang, sorti de ses voies habituelles, est répandu à la surface du cerveau; car alors il s'infiltre facilement dans le tissu cellulaire sous-arachnoïdien, ou entre les circonvolutions cérébrales, ou à la surface lisse de la cavité de l'arachnoïde. Quelquefois même le liquide peut gagner de la voûte du crâne à la partie la plus déclive de la base, quoique la cavité soit exactement remplie, et cela à cause du mouvement alternatif d'abaissement et d'élévation du cerveau : résultat inévitable, quand cet organe a été, par suite de l'accident, ou affaissé ou fortement contus, au point que la cavité du crâne étant restée la même, alors que le cerveau perdait de son volume, le liquide se répand et s'accumule sans obstacle. On concevra avec autant de facilité pourquoi on rencontre aussi bien du sang à la base du crâne qu'à la surface du cerveau, si l'on fait attention que ce liquide s'infiltre de proche en proche dans le tissu cellulaire sous-arachnoïdien, continu de la voûte à la base, en même temps que ce fait doit rendre compte aussi de la continuation des phénomènes de compression après l'opération du trépan.

Pour qu'une collection sanguine donne lieu à des phénomènes réels de compression, il ne suffit pas que le sang forme une couche noire, résultat de l'infiltration de ce liquide au milieu des membranes d'enveloppe, mais il faut encore qu'il soit rassemblé en certaine quantité, de manière à former un amas qui puisse presser la matière cérébrale assez fortement pour la troubler dans l'exercice de ses fonctions. Aussitôt que le sang est amassé dans les proportions suffisantes pour déterminer la compression, on voit les phénomènes morbides porter d'abord sur l'organe où aboutissent les impressions, et d'où jaillit la volition. En effet, il n'y a plus perception ni appréciation des impressions, état qui détermine une insensibilité plus ou moins étendue, plus ou moins complète. Les mouvemens sont imparfaits ou nuls, suivant le degré de compression. Il y a donc paralysie du sentiment et du mouvement : incomplète, quand le cerveau est faiblement pressé et que le sang est déposé à l'extérieur ; complète au contraire, quand l'épanchement est considérable, et surtout quand il y a lésion du cerveau.

La paralysie est croisée, et ce n'est que dans des cas exceptionnels qu'elle a lieu du côté même de l'épanchement, comme on prétend que cela a été observé par Morgagni, et depuis par quelques autres observateurs, qui se sont efforcés d'expliquer ce phénomène par des recherches anatomiques. Je n'ai pas besoin d'ajouter que les organes qui ont des rapports plus ou moins directs avec le cerveau doivent aussi être troublés dans leurs fonctions. Ainsi la lumière ne produit plus d'impression sur la rétine du côté opposé à l'épanchement; la perception des sens est abolie, la face subit une déviation remarquable, la respiration, la défécation et l'excrétion des urines sont ou annihilées ou singulièrement affaiblies. Aussi voit-on l'urine s'accumuler dans la vessie et la distendre, les matières fécales s'amasser dans le rectum et le gonfler de manière à en faire une poche énorme, et dans certaines circonstances même le mucus s'entasse dans les bronches, par suite de la paralysie d'une partie des muscles qui contribuent à son expulsion; c'est pourquoi il existe un râle muqueux bien caractérisé. Si la compression s'étend à toute la surface du cerveau, le râle est encore plus violent; la respiration est laborieuse, stertoreuse; l'air n'oxigène plus le sang, le froid du corps apparaît, le râle est déjà le râle des mourans : phénomènes qui annoncent irrévocablement une mort prochaine.

Quand on a voulu établir le diagnostic des épanchemens sanguins, on a conseillé d'étudier avec soin le mode de développement des accidens, et de voir, pour se convaincre de la nature de la maladie, si les phénomènes vont en augmentant ou en diminuant. Le malade est-il frappé d'insensibilité au moment de la chute, mais les accidens vont-ils en s'affaiblissant, les pathologistes disent qu'il y a eu commotion. Si au contraire le malade n'a pas perdu connaissance, et que les signes de compression se manifestent par degrés, ils signalent alors une compression déterminée par une collection de sang. Je ne blâme pas cette logique, mais je ne crois pas qu'il suffise de ces signes, tirés de la maladie, pour en établir la nature. En effet, il peut y avoir épanchement et commotion tout à la fois, ou bien l'épanchement peut exister sans commotion considérable, bien que dans ces circonstances ces deux accidens me paraissent souvent réunis.

Je me rappelle avoir pratiqué plusieurs fois l'opération du trépan sur des malades qui, affectés de plaies à la tête, n'avaient cependant offert aucun signe de compression pendant plusieurs jours, et qui, tout à coup ou après quelques jours de délire, après avoir perdu graduellement la connaissance, et avoir été atteints d'une paralysie partielle, ont succombé aux suites de l'opération. A l'autopsie, j'ai rencontré du côté opposé à la paralysie des caillots de sang étendu en nappe, qui étaient là depuis plusieurs jours, sans avoir déterminé de trouble, et qui, par leur ramollissement, donnaient lieu à une arachnitis, à une inflammation du cerveau.

Il existe, selon moi, des signes plus tranchés que les précédens, qui établissent un diagnostic plus sûr, et posent des limites plus précises entre la commotion et la compression.

Dans la commotion, les organes musculaires sont bien tombés dans une sorte d'inertie, mais elle est incomplète, parce que le système nerveux n'a jamais totalement perdu son empire; ainsi la respiration s'accomplit encore; le mouvement persiste, bien qu'irrégulièrement; la circulation se continue.

Dans la compression, la respiration est partiellement laborieuse; les membres retombent comme du plomb; l'inertie musculaire est réelle; la circulation est profondément altérée, et les réservoirs conservent dans leur intérieur les liquides ou les matières. Lorsque l'épanchement est étendu à toute la surface du lobe, la paralysie est générale et la mort est presque inévitable.

Les collections de sang dans la cavité crânienne, quand elles ne sont pas assez considérables pour interrompre les fonctions du cerveau, ne sont pas plus incurables que dans les autres parties du corps. Mais il y a peu d'espoir de guérison quand elles s'étendent à une grande surface et quand le sang est répandu sur les deux hémisphères cérébraux; la paralysie, générale alors, est le symptôme d'une mort certaine et prompte.

Quand les phénomènes généraux sont faibles, il faut pour la guérison avoir foi dans de larges et nombreuses saignées, dans l'administration de l'émétique en lavage, pourvu que l'on évite les vomissemens, qui tendraient à augmenter l'épanchement du sang.

Mais quand les accidens sont graves et instantanés, on doit alors, si la paralysie est bornée à un côté du corps, désemplir largement les vaisseaux, et donner issue à la collection sanguine, par l'application d'une ou de plusieurs couronnes de trépan.

Il me semble nécessaire d'attendre, pour pratiquer cette opération, le moins de temps possible après la blessure, afin de donner issue au sang lorsqu'il est encore liquide, d'empêcher aussi qu'il ne s'étende, ne s'infiltre, et de prévenir enfin le *coagulum*, qui, dans beaucoup de circonstances s'altère, se ramollit, et produit une inflammation promptement mortelle des membranes du cerveau.

C'est sans aucun doute, et comme nous l'avons dit ailleurs, pour avoir trop retardé l'opération du trépan, qu'elle a été tant de fois tentée sans succès.

Cette assertion me semble fortifiée de l'exemple de réussite, cité par M. Paul Dubois, dans une opération de ce genre, et due, selon moi, à ce que le trépan pratiqué immédiatement après la blessure a donné issue au sang épanché, et a empêché que l'artère méningée moyenne, qui était lésée, ne fournît à l'intérieur un nouveau liquide, qui plus tard eût rendu l'opération inutile et inefficace.

Compression des renflemens crâniens par un liquide purulent.

La compression peut être déterminée par une collection purulente, bornée à un point du cerveau, ou étendue à toute sa surface.

Le pus peut être le produit d'une inflammation de l'arachnoïde ou du tissu sous-arachnoïdien; d'où il résulte qu'il faut distinguer l'état inflammatoire de la membrane de la collection purulente. Tant que persiste l'inflammation de l'arachnoïde, elle se manifeste par un délire dont l'intensité varie, avec agitation générale, excès dans la force et la multiplicité des mouvemens; mais, aussitôt que le pus se rassemble en foyer, on voit se déclarer les phénomènes de compression, tels qu'assoupissement, paralysie d'un côté ou des deux côtés du corps à la fois, suivant que le liquide est borné à un lobe ou étendu aux deux.

Dans de telles circonstances, la chirurgie ne peut rien faire. C'est aux vésicatoires appliqués sur le crâne, et aux dérivatifs sur le canal intestinal, qu'il faut avoir recours pour aider les efforts de la nature ou déterminer des crises, dont les résultats heureux témoignent de la bonté de cette pratique.

L'opération du trépan serait dangereuse autant qu'inutile si l'on avait à combattre une paralysie générale. On peut ajouter qu'elle est inapplicable à la paralysie bien circonscrite; car il est impossible de fixer le lieu de l'épanchement, outre que l'inflammation diffuse et l'infiltration du pus sont des obstacles au succès d'une pareille tentative. D'ailleurs, et en raison de cette dernière circonstance, il faudrait râcler toute la surface du cerveau, et ainsi augmenter l'inflammation sans en retirer le produit. Il faudrait enfin multiplier à un tel point les couronnes de trépan, qu'il n'est pas donné à un chirurgien d'employer un moyen qui ne pourrait qu'ajouter à la gravité de la maladie et en précipiter l'issue fatale, en supposant d'ailleurs qu'il fût possible d'enlever le pus épanché dans le tissu cellulaire sous-arachnoïdien.

Si les collections sont diffuses dans l'arachnitis, il n'en est pas de même de celles qui surviennent à la suite de certains coups portés sur la voûte du crâne, ou d'une altération particulière des os qui le composent.

La nécrose et la carie sont quelquefois accompagnées de ces collections, qui, placées entre la dure-mère et les os du crâne, donnent lieu à tous ces signes de compression du cerveau que nous avons déjà détaillés.

Des coups portés sur un des points du crâne peuvent altérer la structure de l'os, donner lieu à une inflammation de ses parties constituantes, à leur ramollissement, et produire une collection située entre la dure-mère et les os. Lorsque le pus s'écoule à l'extérieur, il existe une fistule qui, dans ces circonstances, fournit une quantité de pus qui n'est point en rapport avec l'étendue des parties molles malades, et qui, dans son évacuation, présente des différences de quantité qu'il faut attribuer à l'étroitesse de la fistule. C'est dans ces circonstances que, l'évacuation n'étant plus en rapport avec la formation du pus, ce liquide s'accumule, et donne lieu à tous les symptômes de compression du cerveau.

La première indication à remplir est de s'opposer à l'accumulation du liquide, et de lui donner issue en comprenant l'ouverture fistuleuse dans une couronne de trépan. Bientôt le pus sort librement; la surface où la couronne a été appliquée s'exfolie; des bourgeons se développent, comblent peu à peu ou simultanément l'espace, et la cicatrice se forme.

En 1825, M. le professeur Roux pratiqua l'opération du trépan pour agrandir l'ouverture d'une fistule de cette nature, qui communiquait avec un foyer purulent placé à l'extérieur de la dure-mère. Ce foyer s'était formé à la suite d'un coup, et produisait une compression intermittente qui se manifestait quand le liquide n'était pas expulsé en quantité égale à celle de sa formation.

Je puis ajouter ici un fait qui m'est particulier. Un jeune homme avait été soigné, à l'hôpital de Versailles, pour une fistule qui, survenue à la suite d'une chute sur la tête, déterminait tous les signes de la compression : n'ayant pu être guéri, le malade se transporta à l'hôpital Saint-Louis. Là il me fut facile de reconnaître une altération des os du crâne avec fistule crânienne, et de signaler une collection purulente par l'introduction d'un stylet. L'opération du trépan, pratiquée sur ce jeune homme, fut suivie d'un plein succès.

Je ne parle pas ici de ces collections de pus qui se forment à la base du crâne et qui sont inévitablement mortelles, ni de ces abcès circonscrits ou diffus, qui, se formant au sein de la matière cérébrale, soit du cervelet, soit du cerveau, ne sont combattus avec succès par le chirurgien que dans des circonstances rares et heureuses, quand le pus se rapproche de la surface du dernier organe.

Il peut arriver que le pus après avoir tardé à se faire jour à l'extérieur, y réussisse réellement quand un lobe du cerveau est entré en suppuration. Un exemple curieux de ce phénomène a été rapporté par Poupart en l'année 1700, *Observation* 19e *de l'Histoire de l'Académie des sciences.*

Un jeune enfant ayant fait une chute sur la tête, conserva à la suture sagittale un petit trou par où s'écoulait une grande quantité de pus, qui quelquefois s'arrêtait pendant plusieurs jours pour reprendre ensuite son cours ordinaire. Quand la suppuration était ainsi interrompue, le malade était *pris de grandes convulsions du bras droit et de la mâchoire du même côté,* accidens qui ne cessaient que lorsque le pus s'écoulait de nouveau à l'extérieur. La cicatrisation laissa persister les convulsions; aussi la fièvre se déclara et le malade succomba bientôt.

A l'autopsie on trouva la dure-mère saine: elle n'était *ni enflammée ni altérée;* le lobe gauche du cerveau était altéré.

Si l'on avait agrandi l'ouverture fistuleuse et donné issue au pus par une voie facile, en pratiquant une couronne de trépan, n'aurait-on pas prévenu la mort chez ce petit malade? L'affirmative est permise si l'on fait attention aux phénomènes éprouvés par le malade; mais si, d'un autre côté, on interroge les altérations pathologiques rencontrées après la mort, on pourrait douter du résultat de l'opération, puisqu'il est dit dans cette observation que tout un lobe du cerveau était en suppuration, quand d'ailleurs la dure-mère était saine. Cette dernière circonstance peut être contestée, précisément à cause de l'irrégularité de l'écoulement du pus, et de l'apparition ou de la disparition des phénomènes de compression, suivant que le liquide était retenu ou versé en dehors. Je crois donc que la dure-mère n'a pas été examinée assez attentivement, parce que tout semble indiquer une communication, à moins qu'on ne veuille admettre l'existence de deux foyers isolés. Dans tout état de choses, la première indication à remplir était de pratiquer l'agrandissement de l'ouverture.

—

Compression de la moelle épinière.

La moelle peut être comprimée par un liquide séreux, purulent, de manière à ce qu'il en résulte la paralysie des organes qui reçoivent d'elle leur influence nerveuse.

La moelle peut, comme le cerveau, être longtemps pressée, puisque les fonctions ne sont abolies que pendant le temps que dure la compression. Il faut donc, à moins d'une atrophie entière, une lésion de structure dans cet organe, pour que les usages de ce renflement nerveux soient complètement anéantis.

L'observation suivante prouvera que la moelle épinière et les membranes peuvent être comprimées pendant un temps fort long sans danger.

Le nommé Desgranges (Thomas), âgé de 28 ans, d'une constitution assez forte, n'avait à aucune époque de sa vie offert des symptômes scrofuleux, et avait au contraire toujours joui d'une bonne santé, quand, il y a deux ans, et sans aucune cause appréciable, il ressentit dans la région des reins des douleurs vives, qui semblaient augmenter dans certaines situations. Ces douleurs, qui ont persisté pendant un an, n'empêchaient pas le malade de marcher et de porter des fardeaux sur les épaules, quand il se manifesta dans la région lombaire, sur les parties latérales droites de la colonne vertébrale, un abcès par congestion, sous la forme d'une tumeur à demi bilobée, et qui avait graduellement augmenté de volume: c'est alors que les douleurs cessèrent. Il survint à cette époque une déformation de la colonne vertébrale; les apophyses épineuses des cinquième, sixième et septième vertèbres dorsales, présentèrent une saillie prononcée en arrière; il y avait du côté des membres inférieurs de l'engourdissement, de la faiblesse, au point de rendre peu à peu la marche impossible. Plusieurs cautères furent appliqués autour de la gibbosité et on promena le fer rouge sur les parties voisines.

Telle était la situation du malade quand il entra à l'hôpital Saint-Louis, le 13 mai 1837.

Le 16 mai, ce malade qui n'éprouvait d'ailleurs ni palpitations, ni gêne dans la respiration, ni embarras dans les voies digestives, ni altération des facultés intellectuelles, présentait une tumeur fluctuante, molle, sans changement de couleur à la peau, qui, située dans la région lombaire, se prolongeait sous l'angle inférieur de l'omoplate. A la percussion le ventre offrait une grande résonnance, et cependant la défécation et l'évacuation des urines se faisaient bien; mais les membres inférieurs étaient frappés d'une immobilité absolue, au point que le malade, pour les déplacer, était forcé de les prendre avec les mains et de les soulever. La sensibilité dans ces parties était obtuse; les érections étaient rares; l'appétit était conservé; le sommeil était bon; la face était colorée et présentait de l'embonpoint.

Le 1er septembre une escarre se forma au sommet de la tumeur lombaire, et continua de s'étendre jusqu'au 19, avec accompagnement de frissons, de fréquence du pouls, de soubresauts dans les tendons, et de contractures dans les membres inférieurs.

Enfin le 20 l'escarre tomba, du pus liquide, grisâtre et fétide, s'écoula de la tumeur, et dès ce moment l'appétit devint meilleur. En même temps que la suppuration diminuait, le mouvement revenait dans les membres inférieurs, et la sensibilité reprenait son état normal.

Ainsi le mouvement a été aboli, et la sensibilité diminuée pendant vingt et un mois, sans que pour cela la moelle ait cessé d'être apte à faire ses fonctions. Ce malade est actuellement presque guéri.

—

CHAPITRE V.

Compression des renflemens nerveux par des tumeurs.

Il existe deux grandes classes de tumeurs : les unes osseuses, appartenant aux parois des cavités qui enveloppent les renflemens crâniens; les autres, molles, kystiques, akystiques ou tuberculeuses, développées à l'extérieur des renflemens ou au milieu de la substance nerveuse; différence de siège qui établit aussi une marche différente.

Celles qui se développent au milieu de la substance nerveuse agissent avec plus de promptitude sur les fonctions du système nerveux, et amènent en général une mort rapide par la désorganisation de la substance nerveuse qui se ramollit, et par l'annulation des fonctions des organes. J'ai observé ces phénomènes sur le baron de Flassant, dont j'ai ailleurs rapporté l'histoire, et qui succomba aux accidens qu'avait déterminés un tubercule développé au centre du renflement brachial de la moelle épinière.

Mais quand des tumeurs se forment à l'extérieur des renflemens nerveux, leur développement s'opère avec lenteur, à cause des obstacles qui de toutes parts s'opposent à leur accroissement : en effet, elles sont retenues d'une part à leur surface par les os, et de l'autre par les renflemens crâniens qui tendent à ne laisser aucun intervalle entre eux et la boîte crânienne : aussi ne voit-on apparaître que très graduellement les phénomènes de compression, et faut-il un certain nombre d'années pour que ces tumeurs deviennent funestes à l'organisme.

Du développement presque insensible de ces tumeurs, et de leur envahissement graduel, il résulte que les fibres nerveuses s'atrophient lentement; aussi la sensibilité et le mouvement, quoique imparfaits, se continuent-ils jusqu'à la mort, à moins toutefois que la compression trop violente n'ait déterminé l'inflammation et la désorganisation de la substance.

L'action de désorganisation de ces tumeurs varie, suivant qu'elles sont placées à la base ou à la voûte du crâne. Dans ce dernier cas elles déterminent avec plus de lenteur les phénomènes de compression, et il existe une paraplégie, presque toujours circonscrite et bien déterminée d'un côté du corps seulement. Ces phénomènes de compression sont quelquefois passagers, parce que la tumeur use enfin les parois du crâne par les mouvemens d'élévation et d'abaissement sans cesse renaissans.

Si ces tumeurs, placées entre la voûte et la surface du cerveau, n'ont produit jusqu'ici que des phénomènes de paralysie, ou de diminution dans la sensibilité et le mouvement, nous allons voir se développer d'autres phénomènes, résultant de la présence de tumeurs à la base du crâne. Dans ce dernier cas, outre les accidens de compression que nous venons de décrire, les malades éprouvent des douleurs qui vont en s'irradiant à l'extérienr du crâne et de la face, en suivant le trajet des nerfs, et qui sont si violentes, qu'elles arrachent des cris, qu'elles provoquent des convulsions dans les muscles de l'œil, dans ceux de la nuque et de la face, et même des rétractions dans les membres supérieurs. Les malades comparent ces souffrances à des traînées de feu. Alors le pharynx et l'œsophage se resserrent, au point d'empêcher l'introduction des boissons et des alimens; la respiration s'embarrasse. On se rend compte de tous ces désordres, par le nombre et la vive sensibilité des nerfs qu'une tumeur développée dans cette région doit toujours toucher, quel que soit d'ailleurs son volume. Il est digne de remarque que les tumeurs développées dans les environs des couches optiques amènent la perte de vue.

Dans deux cas différens, j'ai pu observer des phénomènes de compression déterminés par des tumeurs placées à la base du cerveau, qui représentaient de véritables kystes, compactes dans certains points, et qui avaient un volume assez considérable.

Une de ces tumeurs avait mis une grande lenteur à se développer (plusieurs années), et donna lieu à de vives et intolérables douleurs qui se propageaient dans toute la tête, à la perte de la vue qui arriva lentement, à une paralysie qui devint générale, et enfin à la mort. Il fut prouvé à l'autopsie que les tubercules quadrijumeaux avaient été comprimés par la tumeur.

Que deviennent ces tumeurs? vont-elles en s'accroissant et en augmentant de volume? Tout prouve qu'elles se développent avec le temps; mais il faut avouer que le volume de ces tumeurs est assez variable, et qu'il dépend des changemens non douteux qui s'opèrent par momens dans l'intérieur du kyste. Il est évident que le liquide exhalé par celui-ci peut, dans certaines circonstances, être résorbé et diminué au point de gêner beaucoup moins les fonctions du système nerveux. C'est du moins par l'absorption du liquide qu'on peut expliquer la diminution des phénomènes de compression, et le soulagement momentané que les malades éprouvent alors.

Si l'on veut établir le pronostic de ces tumeurs crâniennes, on peut dire pour celles qui se développent à la voûte, que les accidens sont moins graves, quoique par leur nature la plupart amènent des résultats malheureux; mais pour celles qui se développent à la base du crâne, il n'y a pas un seul exemple de guérison, ni par les seules ressources de la nature, ni par les efforts de la science.

Les névralgies symptomatiques, accompagnées de compression, de paralysie générale, ou bornées à un point du corps avec affaiblissement des forces musculaires, produisent dans les organes où vont se distribuer les nerfs, des changemens fonctionnels, des altérations ou des lésions que l'autopsie m'a révélées dans plusieurs circonstances, et dont l'expérimentation a démontré l'existence. Dans le courant de la maladie il se manifeste de la constriction à la gorge, des douleurs d'estomac, des vomissemens, qui ne se calment que par momens et à des intervalles plus ou moins longs. Les alimens et les boissons ne traversent souvent l'œsophage qu'avec une extrême difficulté; aussi les malades craignent-ils le moment des repas. Les boissons cependant sont avalées avec plus de difficulté que les alimens solides; et une personne de trente ans, affectée d'une de ces tumeurs, qui lui causait des douleurs atroces à la tête, à la nuque, aux bras, accompagnées d'un resserrement de la gorge, m'avouait qu'elle voyait avec peine arriver le moment où il faudrait prendre quelque boisson, préférant de beaucoup les alimens solides.

Les résultats que nous avons recueillis par l'autopsie permettent de dire que les individus atteints d'un mal aussi dangereux succombent, après avoir été tourmentés par des angoisses affreuses, des douleurs, des syncopes, à des lésions variées, telles que pneumonies, bronchites, ramollissemens gélatineux de l'estomac, et perforations de cet organe.

Chez cette malade dont je viens de parler, j'ai rencontré non seulement une pneumonie et des tubercules dans le poumon, mais encore une destruction à peu près complète de l'estomac par un ramollissement gélatineux; la perte de substance avait été réparée par la nature médicatrice.

Que faire contre ces affreuses maladies? L'art est impuissant pour les combattre, et ne peut qu'apporter du soulagement par des suppurations et des irritations portées à l'extérieur, par des narcotiques; mais ces soulagemens ne peuvent être que de courte durée.

Sur la jeune femme dont je viens de parler, j'ai produit du soulagement par l'application à l'extérieur du crâne, de compresses trempées dans une dissolution de cyanure de potassium, et surtout par la cautérisation transcurrente, qui faisait cesser les douleurs pendant tout le temps seulement que duraient la suppuration et les douleurs de la brûlure; mais elles revenaient avec plus de violence que jamais quand l'épuisement du pus était complet. J'ai pensé que la violence de l'irritation du cuir chevelu, diminuant la vitalité de la tumeur, favorisait l'absorption d'une partie de la matière contenue dans le kyste, et déterminait ainsi la diminution des accidens, qui reparaissaient quand le sang revenait à la tumeur en aussi grande quantité qu'avant la brûlure. Ces phénomènes sont peut-être un indice de ce qu'il faudrait faire en pareille circonstance, si l'on avait affaire à une tumeur dont l'existence commençât à se déclarer par les symptômes dont nous avons déjà fait mention. On devrait par ce traitement espérer l'atrophie de la tumeur, en ne donnant au malade que la quantité d'alimens nécessaire pour le nourrir, et en évitant aussi les impressions vives et les boissons excitantes, qui tendent à augmenter la circulation et la vitalité des organes.

CHAPITRE VI.

LÉSIONS PHYSIQUES DES NERFS.

Plaies des nerfs.

Les nerfs de la tête, de la poitrine et des membres, peuvent être lésés par des instrumens piquans, tranchans ou orbes.

Que ces nerfs appartiennent au *sentiment* ou au *mouvement*, ils peuvent être divisés d'une manière ou complète ou partielle ; d'où il résulte des phénomènes variables, en apparence contradictoires, mais qui pourtant sont d'une explication facile par l'appréciation des connaissances anatomiques.

Lorsqu'un nerf dit *moteur* est incomplètement coupé, le mouvement n'est aussi qu'incomplètement suspendu dans les parties où il va se distribuer ; si au contraire la section a été complète, le mouvement est tout à fait aboli. Les mêmes différences se remarquent dans les plaies des nerfs dits *sensitifs* ; mais dans ce cas, s'ils ont été offensés partiellement, il peut en résulter exagération de leur fonction : ainsi il se manifeste des frémissemens et des douleurs insupportables.

Lésions du nerf facial. L'utilité de ce nerf comme agent excitateur du mouvement, l'importance des expériences tentées à diverses époques et sur différens animaux par plusieurs physiologistes, tout me fait une loi d'insister sur les plaies et sur la pathologie d'un organe aussi merveilleusement distribué.

Ce nerf peut être lésé dans tous les points de son trajet, à sa sortie du crâne, dans la glande parotide, à ses branches temporo-faciale, cervico-faciale et à ses rameaux.

J'ai pu, sur plusieurs malades, constater différentes lésions du nerf facial. Deux surtout appellent à un haut degré l'intérêt de la physiologie. Dans le premier cas, le nerf fut coupé par une balle à la base du crâne.

Dans le second, le malade, sujet de l'observation, avait reçu un coup de feu à la partie moyenne de la joue du côté droit. L'os maxillaire inférieur avait été brisé, et il dut en résulter des accidens très graves. En traversant les tissus le projectile coupa plusieurs rameaux buccaux du nerf facial correspondant, et sa forme arrondie avait été d'ailleurs singulièrement altérée quand il atteignit l'os maxillaire; aussi à sa sortie il était irrégulier et effilé. On s'explique facilement les conséquences d'une telle blessure. La suppuration se déclara : elle fut longue et abondante. Les portions d'os furent détachées et extraites à plusieurs reprises; il se manifesta une gêne remarquable dans l'acte de la mastication, et la joue fut frappée de paralysie dans une assez grande étendue. Si, sur la recommandation qui lui en était faite, le malade cherchait à retenir l'air dans sa bouche, et à faire ce qu'on appelle vulgairement la grosse joue, cela lui était impossible. Le fluide s'échappait à son insu, et en dépit de ses efforts, par le côté de l'ouverture buccale dont les mouvemens étaient paralysés. A l'état de repos, la commissure des lèvres de ce même côté était tirée par celle du côté opposé, symptôme qui se remarque toujours dans l'apoplexie compliquée de paralysie croisée. Je ne dois pas omettre une particularité assez commune dans ce genre de blessure, je veux dire l'altération de la balle elle-même. Dans cette circonstance, plusieurs éclats du projectile avaient été détachés, et l'un d'eux était resté entre la peau et le muscle peaucier, vers la région supérieure et antérieure du cou. A l'aide d'une petite incision pratiquée le 2 février 1832 l'extraction fut faite, et le 4 la cicatrisation était à peu près complète.

Chez ces deux malades, et bien que six mois se fussent écoulés depuis leurs blessures, le mouvement n'était pas encore rétabli; alors même, et comme au début, l'absence de cette faculté était absolue. Il faut attribuer cette persistance des phénomènes morbides, non à la mobilité des parties, mais, comme nous l'avons déjà dit, à la non-cicatrisation des extrémités nerveuses, qui sont divisées et qui ne se régénèrent pas.

J'ai pu, dans certains cas de lésions des nerfs qui vont se distribuer à la face, éclairer également quelques points de physiologie.

Placé à même d'étudier des lésions d'une ou plusieurs branches des nerfs qui vont au cou, j'ai constaté des résultats identiques : insensibilité plus ou moins complète ; douleurs plus ou moins vives, survivant à la guérison des plaies, s'irradiant du point lésé au cou, à la tête du même côté, et s'étendant même le long de la partie supérieure du membre thoracique correspondant.

Les plaies des nerfs des membres supérieurs, dans les cas de lésion incomplète, nous ont particulièrement fourni des exemples curieux d'une exagération extraordinaire de la sensibilité le long de ces parties. Nous avons pu aussi, suivant la gravité des blessures, constater tantôt une insensibilité complète, tantôt une abolition simultanée du mouvement et du sentiment.

Je puis d'abord poser en principe, et d'après les relevés faits sur un grand nombre d'observations, que les lésions des nerfs des membres inférieurs ont été plus fréquentes que celles des nerfs des membres supérieurs, et qu'en général les accidens ont toujours été plus graves dans les premiers cas que dans les derniers.

Qu'il y ait eu d'ailleurs lésion, soit du nerf radial, soit du cubital, soit du nerf médian, j'ai toujours vu se manifester des douleurs à un degré d'acuité extrême, j'ai toujours vu les muscles qui recevaient leurs filets du nerf atteint frappés de paralysie ; et comme ils ne pouvaient plus contrebalancer l'action des muscles dont les rameaux avaient été respectés, il en résultait une déviation dans le sens des muscles antagonistes.

La lésion du *nerf radial* donne lieu à des phénomènes différens, suivant qu'elle a lieu au bras ou à l'avant-bras. Si c'est à l'avant-bras, on remarque une insensibilité partielle du pouce, d'une partie de l'indicateur et de la peau de la face dorsale de la main. Si au contraire la lésion existe plus haut et au bras, les accidens ne sont plus les mêmes : il y a paralysie des membres de la partie postérieure de l'avant-bras, et de là l'impossibilité absolue de porter la main d'une manière active dans la supination et l'extension. Dans ce cas aussi, on remarque à un degré plus complet les phénomènes dont je viens de parler : l'insensibilité du pouce, du doigt indicateur et de la peau du dos de la main.

A ce que nous venons de dire, j'aurais pu ajouter quelques indications sur les lésions des nerfs cutanés externe et interne, mais le petit nombre de cas que j'ai pu recueillir sur ce sujet ne me permet pas de préciser d'une manière positive le degré de ces lésions, ni les phénomènes qui peuvent en résulter.

Quelques observations pourront d'ailleurs, mieux que toute argumentation, éclairer l'anatomiste sur la physiologie de ces nerfs, et nous apprendre, mieux que le scalpel, la distribution de chacun de leurs rameaux, en même temps qu'elles nous rendront facilement compte des phénomènes temporaires ou permanens qui ne manquent jamais d'accompagner de semblables lésions.

Un jeune homme nommé Meunier fut blessé, en combattant le 28 juillet, par un coup de feu qui s'étendait de la partie externe antérieure à la partie interne postérieure du bras, à peu près vers le niveau de la réunion du tiers supérieur avec le tiers moyen. A peine fut-il frappé que son arme lui échappa des mains; son poignet demeura immobile, avec impossibilité d'exécuter les mouvemens de supination, quelques efforts que le malade fit d'ailleurs : la main formait un angle droit avec l'avant-bras, sur lequel elle était fortement fléchie. Il faut ajouter qu'une partie de la peau du dos de la main, du pouce et de l'index, était également frappée d'une insensibilité presque complète. La réunion de ces symptômes rendait facile le diagnostic de cette lésion; on avait évidemment affaire à une plaie du nerf radial. En très peu de temps d'ailleurs les plaies d'entrée et de sortie prirent un aspect louable, et la blessure marcha rapidement vers la cicatrisation. Mais l'insensibilité signalée persista dans toute son intensité, et aujourd'hui encore les mouvemens de supination restent impossibles, et le malade ne peut les exécuter qu'en se servant de l'autre main.

Cette observation confirme sous certains rapports les expériences que Béclard a tentées sur ces nerfs; mais je suis loin de penser avec lui que, si la sensibilité et le mouvement restent perdus sans retour dans la région affectée, on doive en accuser la grande mobilité dont ces parties sont le siège, mobilité qui s'oppose au contact des deux extrémités du nerf coupé. Si les fonctions de ces parties, momentanément suspendues, reparaissent après un temps plus ou moins long, ce n'est pas parce qu'il y a eu cicatrisation des extrémités nerveuses, mais plutôt parce que la section a été incomplète, comme nous l'avons déjà dit en parlant de la régénération des nerfs.

J'ai été à même d'observer un autre fait de lésion du nerf radial, et il m'a offert des conséquences identiques à celles que je viens de signaler.

Le nerf médian, un des plus remarquables de l'économie par l'étendue de son trajet et par la multiplicité de ses rameaux, me semble plus particulièrement destiné à la sensibilité. Il fournit, il est vrai, des filets aux muscles de la région antérieure de l'avant-bras, mais ces filets ne semblent pas en rapport avec les mouvemens dont ces muscles paraissent animés ; ils sont, en effet, trop faibles et trop peu nombreux. Ils ne sont probablement alors que les agens de leur sensibilité générale. On voit au contraire ce nerf, arrivé au terme de son trajet, se diviser en des milliers de rameaux et de ramuscules, qui s'anastomosent les uns avec les autres par arcades régulières, et se perdre enfin au milieu de la pulpe des doigts, qui semble en être presque exclusivement composée. Or cette pulpe est la partie la plus sensible du corps, puisque c'est principalement par elle que s'exerce un des sens les plus importans, le toucher.

L'observation suivante offre assez d'intérêt pour être rapportée ici, avec tous ses détails les plus saillans et les plus remarquables.

Nicolas Leclerc, âgé de quatorze ans, fut blessé le 27 juillet 1830 ; il entra le même jour dans une maison de santé. Il avait été atteint de deux balles qui avaient pénétré, l'une dans l'épaule gauche, l'autre dans l'épaisseur du bras du même côté. La première était entrée à la base du creux de l'aisselle, à un pouce et demi environ au dessus de l'insertion du grand dorsal, vers son bord saillant, et était sortie à la partie inférieure et externe de l'épine de l'omoplate. La deuxième avait pénétré dans la partie interne du bras, à un pouce environ au dessous de la base du creux de l'aisselle; elle avait intéressé les fibres internes et supérieures du deltoïde, le coraco-brachial, la longue portion du triceps-brachial, et s'échappa, un pouce plus haut, à la partie postérieure et externe de la base du creux axillaire. Quand le malade arriva, il n'y avait aucune trace d'hémorrhagie : on ne débrida aucune des ouvertures. (Saignée de trois petites palettes, limonade, etc.) Dès le jour même de ses blessures, l'enfant ressentit de l'engourdissement dans la main gauche, avec des douleurs qui, peu vives d'abord, augmentèrent bientôt et parvinrent à un degré d'acuité extrême. Elles persistèrent pendant tout le temps que les plaies mirent à se cicatriser. La suppuration avait cessé au bout de six semaines, mais l'engourdissement subsistait encore. Les douleurs étaient alors atroces; l'enfant passait une partie des nuits à se plaindre et à pleurer. Ces souffrances n'étaient pas d'ailleurs les mêmes sur toute l'étendue du membre supérieur : modérées au bras et à l'avant-bras, elles devenaient intolérables au niveau du poignet, sur la face dorsale de la main et le long des doigts. Ceux-ci étaient paralysés, à l'exception du petit, que le malade pouvait encore agiter sans réveiller ses douleurs.

Des bains locaux émolliens, des applications narcotiques, des frictions avec des linimens camphrés et laudanisés furent tour à tour employés, mais leur action fut peu sensible. On parcourut ainsi toute la série des opiacés et des antispasmodiques, en les administrant sous toutes les formes, et pourtant les douleurs persistèrent long-temps avec la même intensité. Cependant à la longue, et plutôt par l'effet du temps que par celui des remèdes employés, elles se calmèrent un peu. Huit mois après, l'enfant n'en était pas entièrement débarrassé, mais elles étaient devenues supportables, soit par l'effet de l'habitude, soit parce que leur acuité s'était réellement affaiblie. A cette époque aussi la paralysie des doigts, à l'exception de l'auriculaire, était au même point que dans le principe, c'est à dire complète.

La série des symptômes que nous venons de décrire dénote évidemment que, dans ce double coup de feu, la deuxième balle avait lésé le nerf médian. Mais ce qu'il y a de remarquable surtout dans cette observation, c'est que l'artère brachiale, au dedans de laquelle marche ce nerf, n'ait pas été offensée, bien que la balle ait, suivant toute apparence, suivi cette direction.

Si maintenant nous nous occupons *des lésions des nerfs des membres inférieurs*, nous trouvons qu'elles ne sont pas moins dignes d'intérêt.

Dans un cas recueilli par moi, le nerf crural n'avait été divisé que dans une partie de son diamètre; la situation des douleurs, leur direction, tout m'en fournissait une preuve certaine. Cependant ici, comme dans l'observation que l'on vient de lire, les douleurs étaient très vives, et elles arrivèrent même à un degré d'intensité tel, que j'ai cru devoir, à la sollicitation du malade qui demandait à en être débarrassé à tout prix, compléter avec le bistouri ce que la balle n'avait fait qu'à moitié, c'est à dire achever la section du nerf. Le blessé n'a pas eu à se repentir de ses instances; car, immédiatement après la section, les douleurs ont cessé et n'ont plus reparu.

Dans bien des cas semblables, des blessés accusaient des douleurs extrêmes dans cette même partie du corps, et je suis convaincu qu'elles dépendaient d'une même cause, je veux dire de la lésion d'un ou de plusieurs rameaux seulement du nerf crural.

Bien que j'aie pu recueillir sur ce sujet plusieurs observations, je les omettrai, pour ne parler ici que de celles qui sont consignées dans l'ouvrage de Sabatier. Elles permettront, par leurs résultats, de juger combien une blessure de cette espèce, quoiqu'en apparence très minime et digne à peine d'attention, appelle cependant quelquefois toute la sollicitude du chirurgien et tous les secours de la science. Des blessures dont je veux parler, l'une a été produite par une lancette, l'autre par une épée : peu importe d'ailleurs la manière dont la lésion a été faite; elle existe, tout est là. Chez ces deux malades, il est survenu des douleurs vives et un gonflement considérable en a été la suite. Ces deux symptômes ont persisté avec une opiniâtreté vraiment désespérante, et cependant, si l'on songe à la simplicité de la cause, nul ne pouvait s'attendre à un effet si grave et si compliqué. Quoi qu'il en soit, grace à la vie de la campagne, aidée sans doute de moyens médicaux, les douleurs se sont éteintes peu à peu, et ont fini par disparaître, mais ce n'est qu'au bout d'un laps de temps très long; puisqu'il a fallu six ans pour que l'un de ces malades fût entièrement guéri, et que sa santé, considérablement altérée, reprît sa vigueur primitive.

J'ai vu à la maison de convalescence de Saint-Cloud un cas à peu près semblable. Le malade avait été atteint d'un coup de fusil chargé de grains de plomb n° 5. Un de ces grains, après avoir traversé la peau, au dessous du condyle interne du tibia, était venu se loger dans l'épaisseur du nerf saphène interne, ou tout au moins il reposait sur lui. La petite plaie qui en était résultée se cicatrisa rapidement, mais les suites de la blessure ne devaient pas s'arrêter là. Les douleurs, qui semblaient d'abord circonscrites et bornées à la plaie, s'étendirent tout le long de la jambe et du pied, en suivant parfaitement la direction du nerf saphène interne. Les opiacés les calmaient, il est vrai, mais elles revenaient d'intervalle en intervalle, et parfois elles étaient si vives, que le malade était condamné à garder le lit, car la marche les exaspérait. Le pied conservait une grande disposition au gonflement : enfin, après quatre mois de repos et de soins, ces douleurs, qu'il fallait attribuer à une cause si peu grave, persistaient encore.

J'ai vu dans plusieurs circonstances le nerf sciatique atteint par des projectiles, soit au tronc lui-même, soit à une de ses divisions, le nerf poplité, par exemple. Quand j'ai observé une lésion de la totalité du tronc, je l'ai vue suivie d'une paralysie complète.

Le nommé Marcou reçut un coup de feu à la partie postérieure et inférieure de la fesse gauche, sur le trajet du nerf sciatique qui fut blessé lui-même. A cette lésion succéda une atrophie qui rendait les mouvemens du côté gauche d'une maladresse remarquable, si je puis m'exprimer ainsi. Le blessé hésitait en marchant, et son membre vacillait comme s'il n'était pas sûr de l'endroit où il devait se poser. La station était difficile, incertaine et de peu de durée. Quand j'ai perdu de vue ce malade, la peau était encore insensible, et la chaleur n'était pas aussi développée dans la partie lésée que dans le reste du corps.

Le malade se servait pourtant mieux de son membre, et sans doute que cette amélioration devait devenir plus sensible encore. Mais qu'il y avait loin de cet état à un rétablissement complet, qui me semblait d'ailleurs impossible ! Que sera-ce donc quand la vieillesse viendra, et que tous les organes seront sans ressort et sans énergie ?

Dans un autre cas, j'ai vu un blessé chez lequel la tête du péroné avait été contournée par une balle qui, dans sa course, avait atteint le nerf poplité externe : aussi les muscles antérieurs de la jambe avaient-ils été frappés d'une paralysie presque complète. Le pied était pendant, la flexion impossible;

avec cela, la peau du côté externe du pied avait perdu un peu de sensibilité.

Les rameaux de la branche ophthalmique de Willis peuvent être lésés au dessus du sourcil ou dans son épaisseur; et de cette lésion il peut résulter la perte de la vue du même côté que la blessure. J'ai pu observer dernièrement un fait de cette nature sur un Auvergnat, entré à l'hôpital Saint-Louis pour y être traité d'une commotion cérébrale avec plaie du sourcil. Après la guérison de la commotion, il est resté une dilatation de la pupille et une insensibilité au contact de la lumière du même côté que la blessure. Les vésicatoires nombreux appliqués sur le trajet de la branche ophthalmique n'ont pu triompher de la paralysie de la rétine.

Les blessures du thorax et de l'abdomen ont souvent laissé après elles des douleurs qui se renouvellent, et augmentent surtout pendant les variations atmosphériques.

Je ne connais pas d'exemple de lésion du nerf pneumo-gastrique rapporté par les auteurs, si ce n'est dans la Clinique de M. Baudens, publiée en 1836.

Un caporal avait succombé douze heures après avoir eu la poitrine traversée d'une balle. A l'autopsie on trouva un épanchement considérable de sang dans les plèvres produit par la lésion des poumons: l'œsophage était déchiré; il y avait eu section des deux nerfs pneumo-gastriques et blessure du diaphragme. L'estomac contenait des alimens non chymifiés. Cet homme n'avait, pendant les douze heures qui précédèrent sa mort, manifesté aucune envie de vomir ni aucun désir de boissons.

Nous partageons sur quelques points l'opinion de M. Baudens sur cette observation. Mais nous pensons qu'il n'a pas assez fait attention aux différences qui peuvent résulter du siège de la lésion même du nerf pneumo-gastrique, auquel d'ailleurs nous n'accordons pas avec cet auteur la faculté de porter au cerveau le besoin de boissons, ni la puissance d'arrêter la sécrétion des sucs gastriques, basant notre opinion sur les motifs que nous avons émis plus haut.

M. Baudens dit que la lésion partielle du nerf diaphragmatique n'est pas rare, et qu'elle donne lieu à des douleurs qui se prolongent dans le diaphragme, et qui, en agissant sur l'estomac, peuvent provoquer des vomissemens. D'ailleurs, il ne les regarde que comme passagères, puisqu'il prétend qu'elles ne persistent qu'une dizaine de jours.

Cependant, suivant lui, il n'en est pas toujours de même. « Car, dit-il, elles peuvent persister beau-
» coup plus long-temps dans la région de l'épaule
» et du bras, où elles retentissent assez souvent.
» M. D..., atteint d'une lésion de ce nerf, éprouva
» pendant quelques mois une demi-paralysie du bras
» et de l'épaule, accompagnée de vives douleurs :
» la balle était perdue dans la poitrine, et ces phé-
» nomènes m'ont éclairé sur la marche que le pro-
» jectile avait dû suivre. »

J'avouerai d'abord que, moins heureux que M. Baudens, je n'ai jamais eu l'occasion de constater la lésion partielle d'un nerf aussi mince que le diaphragmatique. Quant aux douleurs de l'épaule que cet auteur attribue à la lésion de ce nerf, je ne puis, anatomiquement parlant, les faire dépendre d'une pareille blessure, et encore moins la demi-paralysie des mouvemens du bras et de l'épaule, phénomène qui ne peut être dû qu'à la lésion des nerfs circonflexe, sus-scapulaire, de tous ceux enfin qui naissent du plexus brachial, excepté à celle du nerf diaphragmatique qui n'a aucun rapport avec l'épaule et le bras.

Dans les cas rares où cette lésion a pu être observée, elle a dû être opérée complètement par les projectiles, et cela ne peut guère être autrement. Alors il s'est manifesté des symptômes graves, tels que la paralysie d'un côté du diaphragme, qui avait cessé toute action et devait entraîner des résultats fâcheux.

—

CHAPITRE VII.

Accidens déterminés par la compression des nerfs.

Les anciens croyaient avoir trouvé le moyen d'épargner la douleur aux hommes qui devaient subir une mutilation grave, en conseillant de comprimer les nerfs qui allaient se rendre à la partie qu'on allait enlever, de manière à interrompre toute communication avec l'organe central de la volition. Mais, outre que cette compression est inutile, puisqu'elle ne peut être assez parfaite pour empêcher toute communication avec les centres nerveux, et remplir ainsi le but que l'on en attendait, elle est dangereuse, puisqu'elle doit produire de violentes douleurs sans résultat.

Si cette compression est presque impossible sur certains points du corps, la cuisse par exemple, à cause de la situation profonde de quelques uns de ses nerfs, il n'en est pas de même pour les membres thoraciques, puisque là les nerfs situés dans le creux de l'aisselle et réunis en faisceau sont très accessibles aux forces comprimantes. Aussi est-ce dans ce point surtout que nous avons eu l'occasion d'étudier l'effet de la compression sur les nerfs.

Lorsque des malades sont par nécessité réduits à se servir de béquilles qui prennent leur point d'appui dans le creux des aisselles, il en résulte une pression inévitable des nerfs du plexus brachial, et, par suite, des douleurs quelquefois fort vives, qui se prolongent au bras, à l'avant-bras, à la main et aux doigts ; puis de l'engourdissement et de la faiblesse dans le membre, et enfin l'atrophie des forces musculaires.

Ainsi j'ai vu, chez quelques amputés qui étaient venus passer leur convalescence à l'hôpital temporaire de Saint-Cloud, en 1830, l'usage de ces points d'appui être suivi de douleurs très vives, et d'un amaigrissement rapide des membres thoraciques. J'ai signalé encore ces accidens sérieux chez plusieurs malades qui, guéris de fractures graves avec gêne dans les mouvemens, s'étaient servis de ces béquilles.

On devrait donc, quand un malade ne peut se servir librement d'un membre, s'abstenir autant que possible de l'application d'un point d'appui quelconque dans le creux de l'aisselle, et se servir alors de béquilles manuelles ou axillaires, mais disposées de manière à ne comprimer nullement les nerfs thoraciques.

Je ne parlerai pas ici de l'arrachement des nerfs dans les plaies du même genre, ni du prétendu arrachement des racines des nerfs rachidiens, que M. Flaubert de Rouen regarde comme prouvé, puisqu'il pense que la paralysie peut être la suite des tentatives de réduction exercées sur le membre supérieur dans les cas de luxation du bras. Nous ne pouvons ajouter foi à la possibilité d'un tel accident, jusqu'à ce qu'elle ait été établie et clairement démontrée par des faits positifs. Nous regardons la paralysie du deltoïde, qui rend les mouvemens d'élévation impossibles, comme produite non par l'arrachement des racines nerveuses, mais par la compression qu'exerce sur les nerfs circonflexes la tête de l'humérus ou leur contusion par des coussins.

DEUXIÈME CLASSE.

Dans cette classe sont rangés : 1° les névralgies; 2° les paralysies locales; 3° le tétanos; 4° la danse de Saint-Guy.

CHAPITRE VIII.

Névralgies.

La névralgie est une affection douloureuse que les anciens regardaient comme pouvant affecter tous les nerfs du corps, et que dans ces derniers temps Ch. Bell a restreinte à un certain ordre de nerfs, qu'il a appelés sensitifs. L'opinion de cet homme remarquable est devenue celle d'un grand nombre de médecins. Ch. Bell, en soutenant cette théorie, était jusqu'à un certain point conséquent avec sa doctrine, qui devait ne lui faire admettre, comme pouvant être affectés d'un excès de sensibilité, que les nerfs purement sensibles. Mais il faut nous hâter de déclarer que les faits viennent démentir cette opinion exclusive, et que tous les nerfs du corps peuvent être réellement atteints de névralgie, en ajoutant que, si quelques uns paraissent plus disposés à une semblable maladie, cette circonstance est due à leur siège, à leur terminaison et à leur structure. N'avons-nous pas déjà démontré que tous les nerfs du corps sont sensibles, sans en excepter même le nerf facial? et dès lors, dès qu'un nerf est plus ou moins accessible à la douleur, ne faut-il pas admettre que cette disposition peut être exagérée, et produire la névralgie?

Si la cinquième paire est la plus ordinairement affectée de névralgie, il faut en rechercher la cause dans son excessive vascularité, dans sa structure plexiforme, dans le nombre de ses filets, dans son mode d'origine, qui s'opère sur une plus grande surface et par trois racines, d'où il résulte une plus grande affluence de fluide; dans sa distribution multipliée, enfin dans sa terminaison au milieu des membranes cutanées et muqueuses, ce qui la rend plus accessible à l'influence des corps extérieurs et aux variations atmosphériques.

Toutes les névralgies peuvent être divisées en deux grandes classes :

1° Dans l'une nous rangerons toutes celles qui résultent de la pression des nerfs par une tumeur ;

2° Dans l'autre toutes celles qui seront occasionnées par l'affection primitive du nerf.

Nous appellerons les premières *névralgies symptomatiques*, et les secondes *névralgies idiopathiques*.

Névralgies symptomatiques.

Nous aurons peu de chose à dire sur ces névralgies, dont nous avons déjà eu occasion de décrire les symptômes en parlant de la compression du cerveau par des tumeurs.

Elles se manifestent quand des tumeurs se développent sur le trajet des nerfs rachidiens, sur leurs racines, comme M. Monod en a rapporté un exemple dans les Bulletins de la Société anatomique, ou dans l'épaisseur de la moelle, comme le prouve l'exemple du baron de Flassant.

Quoi qu'il en soit, que la compression agisse sur la moelle ou sur les nerfs qui en partent, la maladie trahit constamment sa présence par des douleurs qui ont leur siège dans les muscles des lombes, dans ceux de la poitrine, du dos et du cou, et qui quelquefois même se prolongent dans les membres, le long du trajet des nerfs. Ces névralgies sont pour la plupart prises pour des rhumatismes qui ne cèdent à aucun des moyens mis en usage pour les combattre. Cependant d'autres phénomènes, tels que la faiblesse des membres et la paralysie, viennent compliquer ces douleurs et annoncer la compression exercée par un corps étranger.

Quant à ces névralgies qui sont produites par la présence d'une tumeur dans le crâne, elles sont aussi compliquées de faiblesse ou d'une des parties du corps ou de la totalité du tronc, et ces phénomènes, en éveillant l'attention du médecin, doivent servir à le faire remonter à la source des souffrances qu'éprouve le malade.

Il nous reste à répéter ce que nous avons déjà dit ailleurs : que la violence des douleurs peut bien être diminuée par les moyens mis en usage, mais qu'après de courts intervalles de repos et de calme ces douleurs renaissent plus intenses que jamais.

Névralgies idiopathiques.

Ces névralgies offrent cette différence principale avec les précédentes, que la chirurgie est souvent efficace pour détruire leurs symptômes qui font le désespoir du malade, mais quand elles ne sont que de courte durée.

Il n'entre pas dans ma pensée de décrire d'une manière complète ces névralgies, et, sans m'arrêter aux causes nombreuses qui peuvent les produire, je ferai seulement remarquer qu'elles sont souvent provoquées par l'excitation des membranes auxquelles viennent aboutir des filets nerveux. C'est ainsi que la membrane pituitaire, qui reçoit un grand nombre de filets nerveux, enflammée dans le coryza, suscite souvent la névralgie sus-orbitaire, qui peut disparaître avec le coryza ou persister après lui. C'est ainsi encore qu'un courant d'air, qui supprime la transpiration cutanée et frappe la peau d'une manière qui nous est inconnue, peut, en agissant sur les filets nerveux qui s'y rendent, produire la névralgie. C'est en raison de cette dernière circonstance que les parties habituellement découvertes sont plus exposées à cette affection, et c'est ce que l'on voit souvent arriver pour la face. Mais il est des cas où il est impossible d'assigner à la maladie une cause probable, si ce n'est la gêne dans la circulation du fluide, phénomène qui reste toujours à expliquer ; de même que, quand on pince un nerf, la douleur qui résulte de cette action ne peut être expliquée dans sa nature.

Est-ce dans le névrilème, est-ce dans la substance médullaire nerveuse qu'est le siège de la névralgie ? Comme cette affection consiste dans un excès de vitalité, comme elle présente plutôt un état d'exagération de fonctions qu'un état d'adynamie, le médecin peut par analogie, et se guidant sur ce qui se passe dans l'arachnitis, rechercher le siège du mal dans l'enveloppe du nerf, le névrilème, et dès lors il ne lui resterait plus qu'à découvrir la nature de la névralgie, et à rechercher si elle consiste dans une congestion, dans une perturbation quelconque de la circulation qui produirait des changemens dans les fonctions du nerf. C'est ce qu'il est difficile de résoudre dans l'état actuel de la science ; seulement il est à penser que l'affection du névrilème agit sur la substance propre du nerf, comme un pincement, une compression, une piqûre qui tend à modifier la circulation du système nerveux et ses fonctions.

Je ne m'arrêterai pas à décrire longuement les phénomènes de ces névralgies, et il me suffira d'énoncer que la douleur, caractère principal de cette sorte d'affection, suit le trajet d'un nerf, en affectant tantôt la direction des gros troncs, tantôt tous ou le plus grand nombre des rameaux qui en partent ; que les malades comparent leurs souffrances à des chocs électriques, avec lesquels elles offrent en effet quelque analogie par leur instantanéité; qu'elles sont d'ailleurs accompagnées de cuissons, de chaleur insupportable, au point d'enlever au malade toutes ses facultés, de le priver de tout plaisir; qu'elles déterminent enfin des convulsions dans les muscles voisins, semblables à des contractions déterminées par la pile.

Je ne signalerai pas, après tant d'autres auteurs, l'absence de gonflement, de tumeur, de changement de coloration de la peau, qui présente pourtant quelquefois des traînées rougeâtres par places, alongées comme des lignes, avec gonflement des papilles comme dans la chair de poule; phénomène qui ressemble singulièrement à l'électro-puncture dans le tissu cutané, puisque celle-ci détermine des élévations de la peau et de la rougeur à l'entour de l'aiguille enfoncée dans les chairs. Il n'y a rien qui puisse mieux être comparé aux phénomènes de l'électro-puncture que ceux des névralgies : même instantanéité dans les symptômes, même violence, même rapidité dans la douleur, avec ou sans contractions musculaires, et aussi même disparition brusque des phénomènes de l'une et des symptômes des autres.

J'ai remarqué que les névralgies des nerfs qui vont à la peau sont rarement accompagnées de convulsions, excepté pourtant celles de la face, où il existe des parties excessivement mobiles et où le choc douloureux retentit partout.

Les douleurs que déterminent les névralgies finissent par amener l'amaigrissement du membre et quelquefois même de tout le corps, quand elles sont assez fortes pour effrayer le malade au point de l'empêcher de se nourrir.

Je ne ferai que citer ici ces névralgies des nerfs qui vont aux muscles, et que les pathologistes s'habituent à regarder comme rhumatismales, se fondant sur cette idée qu'elles affectent les fibres musculaires et non le nerf lui-même. Mais la marche des douleurs et leur nature; mais leur disparition brusque et leur apparition instantanée; mais le trajet qu'elles parcourent; mais l'absence de gonflement comme de toute inflammation antérieure, tout doit savoir rendre le diagnostic de ces affections complètement sûr, au moins l'éclairer avantageusement.

Il ne peut pas enfin entrer dans ma pensée de discuter les nombreux traitemens qu'on a fait subir aux malades affectés de névralgies. Je ne m'occuperai donc ni de l'administration du sulfate de quinine, qui compte des succès rares, et qui n'a réussi que dans les névralgies intermittentes et faciles à déplacer; ni des saignées locales ou générales, qui ont eu pour effet d'exaspérer le mal sans le guérir, en rendant le système nerveux plus susceptible; ni de l'électro-puncture dont on a beaucoup vanté les avantages, mais qui a eu le plus souvent pour effet d'augmenter les souffrances, et dont on compte facilement les heureux résultats; ni des opiacés donnés à l'intérieur, ou appliqués à l'extérieur sous forme d'emplâtre, qui ont mérité quelques éloges, puisqu'ils calment du moins les douleurs s'ils ne les anéantissent pas ; ni des applications, sur les points douloureux, d'une dissolution de cyanure de potassium, dans les proportions de douze grains sur douze onces d'eau distillée, qui tant de fois ont réussi, et dont moi-même j'ai obtenu de si bons effets : mon intention est de ne m'occuper ici que de la méthode endermique et des cautérisations.

La cautérisation transcurrente a bien des fois triomphé de ces névralgies que rien n'avait pu vaincre, et si la guérison n'a pas été toujours complète, il en est résulté du moins un soulagement durable. Cet agent thérapeutique est donc un excellent auxiliaire contre cette affection, et si les malades ne montraient pas une répugnance aussi grande contre un moyen qui est plus effrayant que douloureux, nous pourrions en faire un usage plus fréquent, et obtenir des succès plus nombreux.

Le fer rouge agit en déplaçant la douleur on ne sait comment, et en la détruisant complètement lorsqu'il s'agit d'une névralgie idiopathique, et non de celles qui ont leur source dans la compression des nerfs par une tumeur.

Il ne faut pas craindre que le cautère laisse des traces de son action énergique, et des cicatrices difformes ; car, quand il n'est appliqué que superficiellement et avec légèreté, il ne faut plus en attendre les mêmes résultats.

Pour faire comprendre l'action du fer rouge, il suffit de tracer en quelques lignes les phénomènes qu'il produit par son application.

Le fer rouge produit une douleur vive, mais instantanée, puisqu'elle cesse au moment où il n'agit plus; ce qui le rend encore moins redoutable, c'est que certains malades disent avoir ressenti seulement des démangeaisons, et quelquefois même une sensation agréable.

En parcourant la surface de la peau, le cautère alors y dessine bientôt des lignes noires qui indiquent la trace du feu et la carbonisation de l'épiderme. Quelquefois la cuticule s'est collée au fer rouge, et toute une surface brûlée est dépourvue de cette membrane organique. Voilà ce qui arrive quand le fer est peu chaud, ou quand il s'éteint sur les tissus vivans. Quoi qu'il en soit, l'épiderme tombe, et souvent la cicatrice est terminée avant sa chute. Le plus ordinairement cette membrane se détache seule, ou avec une portion de peau frappée de mort, et laisse une surface rouge couverte d'une fausse membrane.

L'organe brûlé développe une grande quantité de chaleur; il se tuméfie, il rougit, et si le malade se meut, les mouvemens deviennent douloureux; de telle sorte que le soulagement ne peut être apprécié qu'après la diminution du gonflement. C'est ce que m'ont prouvé mes essais sur les tumeurs blanches. Il est donc vrai que la cautérisation actuelle a pour effet d'augmenter le volume de l'organe, et que les douleurs seules de la brûlure existent, pendant que celles qui sont dues à la maladie disparaissent complètement.

A la suite de l'ustion, les cataplasmes laudanisés

calment les douleurs ; mais nous ne nous servons de ce moyen que quand l'inflammation est trop violente ; car les compresses d'eau froide souvent renouvelées suffisent le plus ordinairement : la cicatrisation des ulcérations s'opère par l'application de linges enduits de cérat.

Quand le cautère actuel a parcouru légèrement la surface de la peau, il laisse à peine des traces de son action ; il n'en est pas de même quand il a sillonné lentement le derme, et qu'il y a joint une certaine pression, puisqu'alors une cicatrice fibreuse et solide remplace la perte de substance.

Le feu agit comme perturbateur ; aussi les douleurs s'évanouissent-elles instantanément pour ne plus reparaître.

La méthode endermique consiste, comme on le sait, à enlever l'épiderme au moyen d'un vésicatoire, d'une pommade ammoniacale, ou de tout autre remède, pour pouvoir appliquer ensuite sur le corps muqueux les principes médicamenteux dont on espère l'absorption plus rapide, et dont quelques uns opèrent leur action directe sur les nerfs qui se répandent dans cette membrane.

Si cette méthode a réussi dans beaucoup de circonstances, il faut avouer qu'elle a souvent échoué, sans doute parce qu'on l'a employée avec timidité, et avec trop peu de persévérance.

Il est cependant, parmi les médicamens dont on fait usage, certaines substances qui m'ont paru principalement efficaces dans les névralgies. C'est ainsi que le datura-stramonium liquide m'a semblé, par ses bons effets, être supérieur à tous les autres médicamens, même aux préparations de morphine.

Lorsque la douleur disparaît d'un point pour se porter à un autre, elle doit être poursuivie dans sa nouvelle place, et être attaquée de la même manière, et ce n'est qu'après des applications répétées de vésicatoires et de compresses trempées dans une dissolution aqueuse de datura-stramonium, que l'on voit peu à peu les douleurs disparaître.

CHAPITRE IX.

Névralgies faciales.

Les névralgies faciales affectent tous les points de la tête, mais c'est principalement aux troncs nerveux et aux branches qui en partent qu'on les observe. Ce phénomène n'a pas besoin d'explication, si l'on se rappelle, d'après ce que nous avons déjà dit, que la face habituellement découverte, et revêtue d'une peau fine et délicate, vasculaire et nerveuse, et d'une grande membrane qui tapisse les cavités buccale, nasale et oculaire, permet par cette disposition aux corps extérieurs solides et gazeux de frapper les nerfs sur une grande surface, et se trouve ainsi prédisposée au genre d'affection qui nous occupe dans ce moment.

Quels sont maintenant les nerfs qui sont le siège de la névralgie faciale? quels sont ceux qui y sont le plus exposés ; ou bien, comme l'avait pensé Charles Bell, un seul de ces nerfs peut-il être frappé de névralgie ? Sur ce point notre opinion a été déjà établie : tous les nerfs de la face sans exception y sont sujets, et le moment n'est pas loin, nous l'espérons, où il n'y aura plus de doute à cet égard. Il faut convenir cependant que le nerf trifacial est bien plus souvent le siège de cette maladie, que le nerf facial. En effet, celui-ci, qui aboutit presque en totalité à des muscles, est bien plus profondément situé d'ailleurs que le premier, dont les branches viennent se perdre à la peau et aux membranes muqueuses, ce qui permet à l'irritation de se propager bien plus facilement.

Les nerfs sus-orbitaire, sous-orbitaire, dentaire et lingual, sont dans leur partie la plus superficielle les plus exposés à la névralgie faciale ; ce qui confirme ce que nous avons déjà dit de la fréquence de cette affection dans les branches des nerfs trijumeaux. Cela est si vrai que les troncs, profondément enveloppés par les os, y sont moins sujets que les portions qui ne sont plus garanties par des conduits osseux.

Ainsi nous admettons qu'une inflammation qui se propage au névrilème du nerf facial, que le rhumatisme qui se porte sur son tissu, sont autant de causes qui rendent la névralgie certaine. Au reste la sensibilité dont est doué ce nerf ne permet pas de douter de l'existence de cette maladie.

Quelquefois il est impossible, au milieu du cortège effrayant des symptômes qui caractérisent la névralgie, de déterminer quel est le nerf qui en est le siège, et plusieurs causes contribuent à cette impossibilité : 1° la rapidité des douleurs ; 2° leur déplacement prompt et rapide de la superficie de la face à ses parties les plus profondes ; 3° enfin leur marche variée et multiple. On peut dire seulement alors que tout ce qui est nerf à la face tombe dans le domaine de cette névralgie.

Le plus ordinairement les névralgies faciales sont circonscrites à la tête ; d'autres fois le mal gagne le cou, et dans certaines circonstances même elles abandonnent leur région primitive pour envahir les épaules, les bras, les avant-bras, et même la matrice. Alors des accès épileptiformes ou hystériques apparaissent à des intervalles plus ou moins longs, et cependant les femmes, quoique souffrantes, conservent la fraîcheur de leur teint, et souvent même un embonpoint remarquable.

Ces névralgies faciales, d'une certaine étendue et d'une certaine violence, sont accompagnées de convulsions de la face, qui peuvent produire une déformation momentanée des paupières ou de la bouche. Aussi voit-on dans cette circonstance des larmes couler sur les joues et la salive s'échapper des lèvres. Quelquefois les douleurs sont annoncées par des traînées rouges à la peau ; d'autres fois elles ressemblent à une sorte d'explosion électrique, affreusement douloureuse, qui, s'irradiant en différens sens, donne lieu à des cuissons et à des chaleurs.

La gravité de ces douleurs, qui ne peut être comparée à rien, jette dans l'ame un trouble profond, et quelquefois un dégoût de la vie qui pousse au suicide. J'ai vu un médecin qui, affecté de ce mal cruel, se faisait des incisions profondes, se brûlait avec un fer rouge, espérant par ce moyen calmer ses douleurs; mais, voyant tous ces remèdes sans succès, et désespérant de voir la fin de ses souffrances, il m'avait manifesté plusieurs fois le désir d'avancer le terme de sa vie.

Ce médecin, après s'être exposé à l'humidité, ressentit dans le côté gauche de la face des douleurs qui s'étendaient depuis le menton et la commissure des lèvres jusqu'à l'oreille du même côté, au sommet de la tête, sur la pommette, et en descendant sur les côtés du cou. Elles avaient, disait-il, le caractère de l'électricité, et l'instantanéité de la poudre en déflagration; et il ressentait comme une matière qui parcourait toutes les branches et tous les filets nerveux, en produisant des élancemens dont l'intensité était variable d'ailleurs, et qui se terminaient par une sensation de brûlure. Quelquefois ces douleurs cessaient brusquement pour reparaître avec la même instantanéité. Le plus ordinairement elles se succédaient avec rapidité; d'autres fois pourtant il y avait des intervalles de calme assez longs, et alors le malade pouvait vaquer à ses occupations habituelles.

Les changemens de saisons, les variations de température, avaient une grande influence sur le retour des accès. Ils débutaient tantôt par des élancemens qui augmentaient d'une manière graduelle, tantôt par des crépitations comparables à celles que détermine un corps électrique, et qui avaient leur source dans la surface du derme.

Disparaissant d'abord avec facilité d'un point pour reparaître dans un autre, les douleurs prirent bientôt un caractère de fixité alarmant, et se renouvelèrent pendant l'action de se raser, de se moucher, et leur violence était encore augmentée par l'application de plaques aimantées. Le malade a obtenu de meilleurs résultats de la cautérisation par le fer rouge, qui a produit du soulagement, jusqu'au moment où la suppuration a cessé. Le sulfate de quinine, les vésicatoires, le séton, les saignées, les sangsues, l'avulsion de plusieurs chicots, etc., rien n'avait pu adoucir ces terribles souffrances.

Le traitement des névralgies de la face diffère peu de celui que nous avons indiqué pour les névralgies en général; cependant la position découverte de la face, son exposition continuelle aux regards, et la délicatesse de ses tissus, semblent repousser l'emploi de ces moyens, qui tendent à produire des cicatrices indélébiles. Dans certains cas, la gravité du mal et les douleurs intolérables que ressent le malade forcent le médecin d'avoir recours à une médication énergique, qui seule peut combattre avec succès une maladie aussi rebelle : et d'ailleurs on est revenu aujourd'hui de toutes ces terreurs qu'inspirait la cautérisation avec le fer rouge, puisqu'il est vrai qu'employée avec discernement, et comme si elle ne faisait qu'effleurer une surface liquide, non seulement elle ne produit aucune cicatrice difforme, mais ne laisse aucune trace de son action après la formation d'un nouvel épiderme.

Nous croyons que les vésicatoires appliqués seuls à la surface malade ne font qu'exagérer le mal, et que l'électro-puncture, qui, si vantée d'ailleurs, n'a produit aucun effet avantageux dans des cas bien observés, est seulement très douloureuse, et suivie d'exaspération dans les douleurs.

Faut-il parler ici de l'acupuncture, de cette aiguille enfoncée dans les chairs palpitantes par un mouvement de rotation ou de percussion; de cette théorie passagère, qui n'a brillé d'un éclat si vif et d'une vogue si enthousiaste que pour tomber bientôt dans un oubli profond? Nous pouvons signaler en passant que la présence de l'aiguille semble diminuer ou diminue peut-être les douleurs, mais que celles-ci reparaissent presque toujours avec une nouvelle violence.

Dans les névralgies faciales, la cautérisation est un remède héroïque, quand elles sont bornées à un nerf, mais impuissant, quand elles occupent une grande surface. Mais alors elle a encore cet avantage sur l'électro-puncture et l'acupuncture, que les malades sont soulagés d'une manière constante pendant le temps que dure la suppuration.

Bornées et accessibles aux instrumens, les névralgies, quand elles sont circonscrites, peuvent être combattues victorieusement par la section du nerf; mais quand elles s'étendent à une partie de la face, c'est en vain qu'on fatiguerait le malade d'opérations semblables, qui devraient être aussi nombreuses qu'inutiles. Cela est si vrai qu'à mesure que vous chassez la douleur d'un point elle reparaît dans un autre, et, voyageant ainsi des branches aux filets nerveux, elle se joue, toujours plus violente, des efforts du chirurgien et des attaques du bistouri.

Ces moyens, qui ont tant de fois échoué, et qui intimident le malade, ne doivent être tentés qu'après que l'on a fait usage de la méthode endermique, méthode qui, pour réussir, ne doit pas être employée seulement sur un point de la face ou du crâne, mais dans tous les lieux, sur tous les points où semble se retrancher la douleur, après avoir été chassée de son siège primitif.

Quelques observations, rapidement exposées, compléteront ce tableau des névralgies faciales.

La nommée Eugénie Mulot, âgée de vingt-six ans, d'une bonne constitution, et jouissant habituellement d'une santé parfaite, fut prise, au mois de mars 1833, de douleurs vives et continues dans tout le côté droit de la face et de la tête. Dès ce moment l'appétit cessa, des douleurs se déclarèrent dans le creux de l'estomac; il survint des vomissemens fréquens : une saignée du bras et l'application de sangsues à la région épigastrique firent cesser ces symptômes, mais la névralgie faciale persista avec la même intensité. Un médecin, qui soignait la malade, fit appliquer sur la tête et la face de petits vésicatoires saupoudrés d'acétate de morphine, qui parurent amener un peu d'amélioration ; mais ce résultat fut de courte durée, et les douleurs reparurent bientôt avec la même violence.

La malade se décida alors à entrer à l'hôpital Saint-Louis, le 12 novembre 1833. A cette époque, elle n'avait pas un seul moment de repos, tourmentée qu'elle était par des douleurs lancinantes de tout le côté droit de la tête et de la face, qui ne lui laissaient ni sommeil ni appétit : aussi était-elle dans un grand accablement.

La région épigastrique était douloureuse. On rasa plusieurs points de la tête et on y appliqua sans succès de la pommade de Gondret : les souffrances persistaient avec la même acuité.

Le 20 novembre, la malade fut prise d'une paralysie de la face et du bras droit; mais la sensibilité seule était intéressée : il n'y avait aucune altération du mouvement. Survenue sans symptômes précurseurs, cette perte de sensibilité, qui succédait à de violentes douleurs, fut combattue par une saignée, une infusion d'arnica-montana et des pédiluves sinapisés.

Le 21 novembre, la sensibilité n'était déjà plus qu'émoussée, et le 22, il n'existait plus qu'un léger engourdissement.

Le 25 novembre, les douleurs névralgiques avaient conservé toute leur violence; je résolus alors d'appliquer un vésicatoire à la tempe, et de couvrir la surface, dépourvue d'épiderme, de 20 gouttes de datura-stramonium liquide.

Le 28, la malade fut prise de vomissemens, accompagnés de cruelles douleurs dans la région épigastrique, qui continuèrent le 29 et le 30. La glace donnée à l'intérieur pendant dix à douze jours fit céder complètement les douleurs, et on put alors permettre à la malade une nourriture substantielle. Pendant tout ce temps, les douleurs névralgiques n'avaient pas cessé, mais on les avait combattues sans relâche par des vésicatoires renouvelés à mesure qu'ils étaient secs, et arrosés avec la quantité de datura-stramonium indiquée plus haut.

La douleur ainsi attaquée par l'application de douze vésicatoires sur le côté droit de la tête et du front se déplaça subitement le 5 janvier 1834, et vint occuper le côté gauche de la face, mais avec diminution sensible dans son intensité. Je la combattis dans ce nouveau siège par six vésicatoires, arrosés de datura-stramonium liquide, et le 9 janvier les symptômes névralgiques avaient complètement cessé; il ne restait plus que de légères douleurs dans les membres, quelques resserremens dans l'estomac, qui ne troublaient d'ailleurs ni l'appétit ni l'exercice des fonctions digestives. La malade sortit de l'hôpital, le 17 février, parfaitement guérie. Depuis, j'ai eu plusieurs fois l'occasion de voir cette malade, et j'ai pu me convaincre qu'elle n'avait ressenti aucune atteinte nouvelle de la maladie.

Cette observation vient à l'appui de ce que nous disions sur le déplacement de ces névralgies; elle démontre aussi que le médecin doit dans le traitement de cette maladie déployer autant de persévérance qu'elle apporte de résistance et de ténacité.

La nommée Guillot (Geneviève), cuisinière, âgée de 44 ans, bien réglée et d'une bonne constitution, est entrée à l'hôpital Saint-Louis, le 20 août 1836, pour y être traitée des suites d'un coup d'anse de chaudron, qui avait porté violemment sur la partie antérieure et latérale de la tête, et qui fut suivi d'une ecchymose. Pendant neuf jours, elle avait éprouvé à l'endroit contus des picotemens très pénibles qui l'empêchaient de dormir. Un abcès s'ouvrit le neuvième jour dans le point frappé. Depuis la guérison de cet abcès, la malade éprouva sur la région frontale gauche des élancemens qui s'étendaient à l'œil du même côté; ils étaient accompagnés d'un larmoiement abondant. L'intensité des douleurs était telle que cette pauvre femme avait la tête et les lèvres agitées convulsivement, qu'elle poussait des cris, qu'elle pleurait et riait involontairement. Ces crises duraient quelquefois pendant cinq ou six minutes, et se renouvelaient rarement deux ou trois fois en vingt-quatre heures. Pendant les intervalles qui les séparaient, il y avait persistance des élancemens et des picotemens. L'œil gauche demeurait fermé par la seule force de contraction des paupières.

L'appétit persistait d'ailleurs; il n'y avait point de fièvre, et dans le calme des crises, cette femme conservait une expression habituelle de douleur. L'œil était légèrement injecté : les paupières étaient fermées. Je fis appliquer un vésicatoire sur la région sus-orbitaire, et la surface dépourvue d'épiderme fut pansée avec des gouttes de datura-stramonium. Un érysipèle à la face se déclara dans le courant du traitement, et envahit la face, le cuir chevelu et le cou. Combattu par des compresses trempées dans l'eau de sureau, il disparut, et les douleurs disparurent avec lui. Le 12 octobre, la malade était complètement guérie, c'est-à-dire que la face avait repris sa physionomie habituelle, que les paupières étaient écartées, que l'œil pouvait recevoir l'impression de la lumière. Cette femme ne conservait enfin que des traces de l'application des vésicatoires, dont on pouvait reconnaître l'empreinte par la teinte rosée des tissus.

—

CHAPITRE X.

Névralgies des membres, de la langue, du pharynx, de l'estomac.

Les nerfs des membres peuvent être affectés de névralgies, soit dans leurs gros troncs, soit dans les branches qui en partent. Ainsi le nerf radial et le cubital, les branches superficielles de l'avant-bras et du bras, le nerf sciatique, le crural et les derniers rameaux de ces nerfs, les branches nerveuses sous-cutanées, ont été isolément, ou plusieurs ensemble, atteints de névralgies. Cependant, parmi ces nerfs, ceux qui sont le plus superficiellement placés et les plus vasculaires y sont les plus sujets : ainsi le nerf sciatique, à cause de sa grande vascularité, et, du nombre de ses filets, le nerf radial dans sa partie la plus superficielle, et le poplité externe, alors qu'il contourne le col du péroné, sont exposés particulièrement à cette douloureuse maladie.

Il nous suffira, pour compléter le tableau de ces

névralgies, d'ajouter à ce que nous venons de dire quelques observations.

Le nommé Martin, atteint d'une sciatique qui avait résisté à tous les moyens ordinaires, entra à l'hôpital Saint-Louis, où je le cautérisai avec le fer rouge. Le lendemain, les anciennes douleurs avaient disparu pour faire place à celles de la brûlure. Huit jours s'étaient à peine écoulés que la plaie était cicatrisée. A cette époque, la névralgie avait reparu, mais moins intense qu'auparavant : je renouvelai l'application du cautère actuel, qui cette fois abolit complètement les douleurs.

Digame (Nicolas), vigneron, âgé de 34 ans, d'une bonne constitution, habituellement bien portant, entra à l'hôpital Saint-Louis, le 3 janvier 1834, pour y être traité d'une névralgie sciatique dont il avait commencé à être atteint vers la fin d'août 1833, sans pouvoir lui assigner d'autre cause que sa profession qui l'exposait à être mouillé. Il fut pris, dans la partie postérieure et supérieure de la cuisse gauche, de douleurs qui, d'abord légères, augmentèrent ensuite insensiblement et se propagèrent à la jambe et jusqu'au talon. Elles augmentaient au temps des vendanges, et empêchaient le malade de continuer son travail. Un médecin fit appliquer des sangsues à la jambe le long du côté externe : on appliqua des vésicatoires, l'un à la cuisse, et l'autre au mollet ; on essaya enfin des frictions : mais tous ces remèdes furent sans résultat, bien qu'ils déterminassent quelque soulagement. Après un repos prolongé, le malade entra à l'hôpital. Il se plaignait à cette époque de douleurs qui partaient de l'échancrure sciatique et qui se propageaient jusqu'au talon : violentes pendant la marche, elles étaient moins aiguës pendant le repos. Le malade ne pouvait pas marcher plus de cinq minutes.

Eclairé par l'insuccès des remèdes mis en usage, je pratiquai la cautérisation transcurrente, en promenant le fer rouge à la partie postérieure de la cuisse, dans la direction du nerf sciatique, et je traçai de la sorte trois sillons. Le malade ne tarda pas à être soulagé : l'amélioration alla toujours en augmentant, et quand la cautérisation fut guérie, il ne restait aucune trace de la douleur dans le membre : mais comme elle persistait dans le creux du jarret et le long de la jambe, je renouvelai la cautérisation et appliquai plusieurs raies de feu le long de la partie postérieure et externe de la jambe, depuis le creux poplité jusqu'au talon. L'inflammation fut diminuée par l'eau froide : le troisième jour on pansa la brûlure avec du cérat, et le malade quitta l'hôpital complètement guéri, le 21 janvier.

Le nommé Choquet, charron, âgé de 28 ans, entra à l'hôpital Saint-Louis, le 2 juin 1834, pour y être traité d'une névralgie sciatique du côté droit, dont l'origine remontait à dix ans.

L'insuccès des moyens déjà mis en usage m'engagea à employer la cautérisation transcurrente. Le fer rouge fut promené le long de la face postérieure et externe de la cuisse, et son action fit disparaître les douleurs. A l'époque où le malade sortit de l'hôpital il n'existait plus qu'un peu de faiblesse dans le membre, et quelques douleurs légères dans la fesse.

Le nommé Viefcaze (Gabriel) était affecté à la cuisse gauche, de douleurs névralgiques, qui avaient produit de la faiblesse dans le membre, et qui se manifestaient sourdement dans le pied, puis dans la jambe, puis dans le genou. L'application de vésicatoires ayant été sans résultats, on fut obligé d'avoir recours à l'application du feu dont l'effet fut sûr et rapide. Cependant il persista après la guérison une sorte de faiblesse dans le membre, bien qu'il eût repris beaucoup de force, et que le malade pût marcher avec facilité.

Il ressort principalement de toutes ces observations, que ces névralgies idiopathiques, se sont manifestées sous l'influence d'un courant d'air frais, ou d'une nuit froide, ou ont été produites par une exposition habituelle à l'humidité.

Cette faculté hygrométrique du corps, en vertu de laquelle il absorbe l'humidité qui vient porter son action sur les branches ou les troncs nerveux, s'exerce d'une manière remarquable chez les personnes exposées à l'humidité froide d'une maison récemment construite et dont les murs sont tout nus, ou qui reposent dans des draps et des matelas humides.

Ces observations nous prouvent encore que la douleur qui a débuté par la partie supérieure des troncs nerveux, descend le long de ces troncs, puis des filets et des branches nerveuses, suivant le cours de la circulation nerveuse, si l'on peut s'exprimer ainsi.

Cette marche descendante est si régulière d'ailleurs, qu'elle sert à faire reconnaître les névralgies réelles des névralgies simulées. Ce n'est que très rarement que la douleur suit une route opposée, et le plus ordinairement, quand elle débute par les extrémités nerveuses du pied ou de la main, elle y demeure fixée invariablement.

Les névralgies des membres ne se font pas remarquer par cette mobilité qui caractérise les névralgies faciales, tendant à se déplacer sans cesse, à gagner le cou, les épaules, les membres, et pouvant même développer chez les femmes des phénomènes hystériques.

Si la langue n'était pas tenue dans un endroit habituellement humide, et jouissant d'une température constante, elle serait affectée plus fréquemment de névralgies : cependant il en existe des exemples, et les malades qui en sont atteints éprouvent dans l'organe affecté une mobilité extrême, des élancemens et des traits de feu.

La névralgie du pharynx et de l'œsophage peut être compliquée de névralgie faciale, ou utérine, ou stomacale ; elle existe seule, et dans ce cas les malades, outre qu'ils sont tourmentés de vives douleurs, sont quelquefois dans l'impossibilité complète de prendre des alimens ; d'autres fois ils les rejettent aussitôt qu'ils les ont avalés, ne pouvant avancer, parce que l'œsophage se contracte sur eux avec violence : aussi un amaigrissement général ne tarde-t-il pas à signaler les résultats de ces cruels symptômes.

Un homme employé au théâtre de Franconi, était

tourmenté de vives douleurs qui partaient du cou pour se rendre à l'estomac : épuisé par les vomissemens continuels des boissons et des alimens, amaigri par le défaut de nutrition, tout indiquait un abaissement progressif de la vie. Ce malade se présenta à nous, après avoir employé en vain toute espèce de traitement. Eh bien, en présence de M. le docteur Bernardin, je promenai un fer rouge sur le devant du cou et sur la face antérieure du thorax, jusqu'au creux de l'estomac. Des compresses d'eau froide firent cesser les douleurs de la brûlure. Peu à peu le malade put avaler de la glace sans la vomir, puis prendre une nourriture facile à digérer, et arriva par degrés à supporter une alimentation de plus en plus substantielle. Le feu triompha de tout ce cortège alarmant de symptômes.

Les névralgies de l'estomac paraissent beaucoup plus fréquentes qu'on ne l'avait cru d'abord, et bien souvent il est arrivé, comme l'a démontré un médecin distingué, qu'on a traité des gastralgies pour des inflammations de l'estomac.

Les fonctions de cet organe, les nombreux vaisseaux qui s'y rendent ou qui en partent, les nerfs qui s'y ramifient, formés qu'ils sont par les pneumogastriques et le plexus solaire, tout explique la fréquence de cette maladie. Beaucoup de vieillards sont sujets à ces gastralgies passagères, que l'on a désignées sous le nom de crampes de l'estomac, et qui donnent lieu à des douleurs tellement vives dans la région épigastrique, que leur violence produit des syncopes et des vomissemens.

Des potions calmantes éthérées font cesser instantanément l'état douloureux de ce viscère et ramènent le calme dans les organes. J'ai été plusieurs fois à même d'observer à Bicêtre cet accident chez certains vieillards, qui en étaient frappés comme de la foudre, mais qui rentraient bientôt dans leur état habituel de santé, après l'emploi des moyens dont je viens de parler.

Après la gastralgie, j'indiquerai en passant les névralgies intestinales, pour dire quelques mots des névralgies anales, ou du spasme de l'anus, regardé par Boyer comme essentiel, et comme dépendant de contractions douloureuses du muscle sphincter. Mais ces contractions ne sont pour nous qu'un symptôme, et non la maladie elle-même. La source première doit être suivant nous cherchée, non dans la fibre musculaire elle-même, mais dans le nerf qui vient s'y rendre. Aussi, bien que cette convulsion du sphincter reconnaisse le plus souvent pour cause la fissure à l'anus, il faut savoir qu'elle n'est pas toujours nécessaire, et que quelquefois la névralgie des nerfs qui se rendent au sphincter peuven la produire.

Quant aux névralgies utérines, la fréquence des occasions que nous avons eues d'observer les phénomènes qui les caractérisent, empêche toute espèce de doute sur leur existence. Tantôt elles sont consécutives à un engorgement du col utérin datant de plusieurs années; tantôt au contraire il n'y a lésion ni du col ni du corps de la matrice; tantôt la névralgie utérine n'est pour ainsi dire qu'un symptôme, qu'une complication d'une névralgie qui s'est primitivement déclarée dans un autre point du corps; tantôt au contraire cette affection débute dans les nerfs de l'organe lui-même, sans altération organique et sans complication; tantôt elle est accompagnée d'accès histériques à un haut degré; tantôt enfin les phénomènes névralgiques se bornent à la cavité abdominale et aux membres inférieurs.

Les femmes atteintes de cette maladie éprouvent dans la région hypogastrique des douleurs dont la violence n'est pas toujours la même : ce sont des élancemens, des feux, qui traversent la cavité abdominale, des douleurs dans les cuisses, dans les aines, le long du trajet de l'urèthre, une sensation fausse de pesanteur au fondement; il existe aussi des envies fréquentes d'uriner, phénomène qui n'est pas d'ailleurs constant, des resserremens dans le ventre, enfin une sensation de contraction de la matrice dans l'excavation du bassin. Cette maladie atteint surtout les femmes irritables qui ont été en proie à quelques chagrins. Mais quelle qu'en soit la cause, les agacemens nerveux que détermine cette névralgie sont tels qu'il peut en résulter l'amaigrissement et la flaccidité des chairs, et que le malade, entièrement préoccupé de son état, est comme frappé de monomanie. On a malheureusement l'habitude d'attacher peu d'importance à cet état, et cette indifférence a pour résultat inévitable de livrer sans défense les malades à tous les effets de cette cruelle maladie. Elle est d'ailleurs, comme toutes les névralgies, difficile à guérir, et si rebelle, que les moyens les plus rationnels ne peuvent la combattre avec succès.

J'ai observé que le traitement antiphlogistique, loin de calmer ces souffrances, ne fait que les exaspérer : sans aucun doute, les boissons amères et gazeuses, le cachou, le sous-carbonate de fer et les extraits amers donnés à l'intérieur, ont une influence marquée sur la constitution, et peuvent produire des résultats avantageux et incontestables dans ces névralgies. Il ne faut pas demander de guérison et de succès positifs à de semblables moyens, si l'on n'a pas recours à un traitement local, dirigé sur la matrice elle-même.

Le traitement local doit être subordonné à l'état du col de la matrice. Lorsque cet organe est sain, la cautérisation avec le fer rouge me paraît devoir être préférée. Dans de semblables circonstances, j'ai employé plusieurs fois le fer rougi à blanc, une fois entre autres en présence de M. le docteur Bouillaud, et une autre fois en présence de mon ami et collègue le docteur Biett, au mois de septembre 1836, sur une malade de l'hôpital Saint-Louis. Dans aucun cas, les malades n'ont éprouvé de douleurs par l'emploi de cet agent, et la chute de l'escarre, qui s'est fait attendre assez long-temps, a été suivie bientôt du développement de bourgeons et d'une cicatrice.

Lorsqu'au contraire la névralgie utérine a succédé à un engorgement chronique du col de la matrice, ou bien qu'elle est survenue à la suite d'ulcérations de cet organe, ou de développement de corps fibreux dans son épaisseur, alors l'opération par l'instrument tranchant me semble préférable à tout autre moyen.

Une dame J..., habitant Paris, était atteinte d'une névralgie de cette nature, sans que ni la cautérisation avec le nitrate-acide, ni le repos, ni les bains aient pu produire des soulagemens marqués; ces circonstances me décidèrent à employer l'instrument tranchant, et je pratiquai l'extirpation du col de la matrice en présence de M. Biett et de plusieurs autres praticiens. Cette opération fut suivie d'un écoulement de sang assez abondant, qui exigea un tamponnement; bientôt un calme parfait se manifesta, c'est-à-dire que les souffrances abdominales cessèrent, ainsi que les douleurs utérines et le trouble nerveux général.

Chez une autre malade, il existait une dureté du col de la matrice, par suite d'une inflammation chronique de cet organe, qui avait déterminé une induration partielle, sorte de tubercule fibreux développé dans l'épaisseur de l'organe : je pratiquai l'extirpation du col de la matrice en présence de MM. Biett et Troussel. La traction exercée sur le col, au moyen des pinces de Museux, détermina des douleurs, et la section utérine n'en produisit aucune. Cette section ne fut suivie que d'un écoulement de sang peu considérable, quoiqu'on ait vu à la surface de la plaie battre de petites artérioles. Du reste, les douleurs vraiment insupportables que cette femme éprouvait par accès n'ont été améliorées que faiblement parce qu'une portion du corps étranger restée dans l'épaisseur du col tourmentait et continuait à entretenir le mal.

CHAPITRE XI.

Névroses locales.

Nous allons maintenant examiner une nouvelle affection du système nerveux, affection entièrement locale, et différant des névralgies en ce que dans celles-ci il existe une surexcitation des nerfs, tandis que dans la maladie qui nous occupe il y a insensibilité des membranes, auxquelles vont se distribuer les nerfs, ou perte du mouvement, quand les filets viennent aboutir dans les muscles. L'absence du sentiment consiste dans l'abolition momentanée ou indéfinie des fonctions des nerfs qui viennent aux membranes muqueuses ou à la peau, et la paralysie musculaire gît dans l'absence de fonctions des nerfs qui se rendent aux muscles.

La paralysie musculaire ou l'insensibilité des organes consistera dans un même genre de maladie.

Les causes qui donnent lieu à la paralysie ou à l'insensibilité des membranes sont nombreuses, et toutes ont pour résultat un obstacle à l'influx nerveux, l'organe se développant et se nourrissant d'ailleurs, quoique la sensibilité ou le mouvement y soient abolis. Les courans d'air frais, l'infiltration du pus dans la gaîne du nerf, la pression par les parties environnantes, le rhumatisme, l'épuisement nerveux après des excès, sont les causes les plus ordinaires des paralysies locales.

Insensibilité proprement dite.

L'abus que l'on fait d'un organe et les fatigues excessives qui en résultent, finissent par le rendre moins apte à recevoir les impressions et par conséquent moins sensible; c'est ce qui arrive après les épuisemens nerveux, c'est alors plutôt une modification de l'organe dans sa structure anatomique qu'une insensibilité proprement dite, résidant dans les centres nerveux. Cela nous conduit à admettre une insensibilité, par suite de changemens organiques survenus dans les membranes; c'est à raison de ces phénomènes que, dans certaines altérations de la peau, cette membrane perd quelquefois la faculté de sentir.

Il est une insensibilité des tégumens qui survient sans altération des renflemens nerveux, la peau ayant conservé son état normal. J'ai pu l'observer plusieurs fois sans remarquer aucune altération du mouvement, et je puis citer ici le fait d'un de mes amis qui était affecté d'une insensibilité de tout un côté du corps, sans que la marche, la progression exercée dans tous les sens et les mouvemens du membre supérieur eussent subi la moindre gêne. Le malade pouvait frapper à coups redoublés sur les corps les plus durs, avec le membre thoracique du côté insensible, sans qu'il en éprouvât la plus petite douleur. Peu à peu la sensibilité est revenue dans le côté du corps qui l'avait perdue. Pour expliquer ces phénomènes, il n'est pas besoin, suivant nous, d'admettre des nerfs du sentiment et du mouvement, croyance que les hommes distingués qui l'ont admise ont crue fortifiée par ce fait. Il suffit, pour se rendre compte de cet état normal, de considérer les usages de la peau qui consistent à apprécier les températures, à recevoir les impressions, et non pas à produire des contractions, et de réfléchir que tout ou partie du corps peut être frappé d'insensibilité par l'impression d'un courant d'air, comme cela arrive pour le nerf facial, ou pour tout autre nerf.

Dans ces cas, la cautérisation, les vésicatoires, l'acupuncture et l'électro-puncture sont des moyens employés avec des succès divers, et qui n'ont pas la même valeur pour tous les praticiens.

CHAPITRE XII.

PARALYSIES DES NERFS EN PARTICULIER.

Paralysie du nerf facial.

Sans rechercher ici qui le premier a découvert ou expliqué les fonctions du nerf facial, c'est-à-dire la puissance motrice ; sans m'occuper des idées de Bellingeri sur les usages de ce nerf, ni des prétentions de Charles Bell, qui revendique l'honneur des ingénieuses vivisections tentées par M. Magendie, nous dirons que l'étude mieux approfondie de la pathologie de ce nerf nous conduit à une distinction importante de la paralysie, qui peut être idiopathique ou symptomatique, et qui existe le plus ordinairement sans altération des centres nerveux.

Les expériences qui, faites sur la septième paire, ont entraîné la paralysie des muscles de la face; les opérations qui, pratiquées sur la région parotidienne, ont produit des lésions du nerf facial; la cessation brusque de la physionomie dans certaines circonstances, quand une personne s'est exposée à un courant d'air froid, et la guérison par des moyens locaux, tous ces faits ne permettent plus de douter de la paralysie locale du nerf facial, et repoussent cette vieille croyance soutenue encore par quelques pathologistes modernes, et restreinte à cette idée exclusive que la paralysie était toujours due à une lésion des centres nerveux. Ils confirment aussi la distinction que nous avons établie au commencement de ce chapitre.

Il ne sera pas inutile de présenter quelques observations sur l'hémiplégie faciale symptomatique.

La paralysie produite par des ramollissemens du cerveau et par des épanchemens dans l'épaisseur de cet organe détermine aussi celle de la face dans la partie correspondante au côté du corps paralysé; ce qui indique que, pour le nerf facial comme pour les nerfs des membres, l'*action* est croisée, et par conséquent la paralysie. Ce fait, suivant M. Bérard, porte atteinte à la doctrine de Gall sur la paralysie croisée, puisque, selon le premier, le nerf facial naît au dessus de l'entrecroisement des fibres qui vont constituer le cerveau; d'où il fait résulter que la paralysie, dans ce cas, ne devrait pas être croisée. Certes, si comme M. Bérard on n'examine que le lieu d'où naît le nerf facial par rapport à l'entre-croisement des pyramides, on trouvera que ce professeur a complètement raison d'attaquer les théories émises par Gall. Nous verrons que, loin que ce fait implique contradiction, l'origine du nerf facial rend aisément compte de la paralysie croisée, puisque la racine du nerf prend sa cause excitatrice dans l'endroit où elle prend son origine. En effet, le nerf facial naît par des racines du quatrième ventricule, en se croisant avec celles du côté opposé, de telle sorte que la racine gauche prend son influence nerveuse sur le côté droit, et *vice versâ*.

Si ces phénomènes ne se reproduisent pas pour les autres nerfs qui vont se rendre à la face, si le mouvement et le sentiment cessent du côté même de l'épanchement, c'est que les nerfs moteur oculaire commun et trifacial ne se croisent pas.

La paralysie de la face, quand le nerf facial est seul intéressé, produit l'abolition des contractions des muscles qui vont aux lèvres et aux joues, et non celles des muscles élévateurs et abaisseurs de la mâchoire, qui tirent leurs nerfs de la cinquième paire. Il résulte de là que la préhension des alimens est difficile et que la trituration du bol alimentaire est incomplète; les alimens ne peuvent être repoussés dans l'intérieur de la bouche par l'action des joues, que distendent les alimens situés entre elles et les arcades dentaires.

La paralysie faciale peut être incomplète, ou

s'étendre à tous les muscles qui reçoivent des filets du nerf facial. Lorsque le tronc de ce nerf a été divisé dans son trajet dans l'épaisseur du temporal, alors la paralysie est complète; elle est partielle, au contraire, quand une de ses branches seulement a été divisée, soit pendant une opération, soit par un accident.

Un coup porté dans la région parotidienne peut contondre le nerf facial et abolir ses fonctions. C'est ce que M. Bérard aîné a observé sur un homme qui se présenta à lui à l'hôpital Saint-Antoine, et qui, ayant été frappé autrefois dans la région parotidienne par le timon d'une voiture, avait été atteint d'une paralysie d'un côté de la face.

Ch. Bell rapporte un fait de section du nerf facial par une balle de pistolet, d'où il résulta une paralysie du même côté de la face. A la suite des fractures du rocher, on signale la déchirure du nerf facial et par suite l'abolition des fonctions dans les parties auxquelles il va se distribuer. Ainsi M. Bérard diagnostiqua une rupture du nerf facial chez un homme qui portait une plaie à la tête, et annonça qu'il existait une fracture du rocher. J'ai moi-même rapporté plusieurs cas de lésion du nerf facial par des projectiles lancés par la poudre à canon.

Si les caries du rocher, en détruisant le nerf après avoir altéré le conduit qui le protége, déterminent la paralysie de la face, cet accident peut être également produit par des tumeurs de nature différente.

Une observation de M. Billard d'Angers signale un fait de ce genre à la suite d'un abcès chronique de la glande parotide : la substance nerveuse et plusieurs branches du nerf facial avaient été détruites. M. Bérard a disséqué une tumeur encéphaloïde, qui avait envahi le nerf facial, et paralysé ses fonctions. M. Bottes-Desmortiers a observé la paralysie de la face produite par la compression qu'opérait sur le nerf, à son entrée dans le conduit auditif interne, une tumeur dure, squirrheuse, et qui semblait développée dans l'épaisseur du nerf.

M. Gendrin rapporte un fait dans lequel la paralysie a été déterminée par la pression que causait une tumeur du volume d'une petite fève, dure et d'apparence cendrée. Elle était située au dessus du nerf facial sous l'oreille. Cette tumeur laissa suinter par l'incision une matière sanieuse et puriforme. M. Gendrin, qui avait trouvé des traces d'inflammation dans le tissu cellulaire dont le nerf est entouré, crut remarquer, sans l'assurer toutefois, que celui-ci avait diminué de volume.

Dans ce cas, deux causes me paraissent avoir pu donner lieu à la paralysie : 1° la compression produite par la tumeur ; 2° l'inflammation du tissu cellulaire qui entoure le nerf. Cette opinion me paraît la plus vraisemblable, d'après la description que M. Gendrin a donnée de l'état des parties.

Les hommes sont évidemment plus exposés à la paralysie du nerf facial que les femmes, et c'est à tort que Franck a cru que cette maladie affectait plus souvent la joue droite que la gauche. En effet, d'après un relevé de M. Montault, sur trente-huit cas, dix-neuf ont été observés à droite et dix-neuf à gauche. On ne pouvait pas d'ailleurs spécifier sur quelle disposition anatomique il faudrait asseoir une opinion contraire à ces faits : mais on explique très bien, par la différence des travaux, pourquoi cette maladie est plus fréquente chez l'homme.

C'est de 20 à 40 ans que cette maladie s'observe le plus souvent. Il paraît en outre qu'elle est moins fréquente dans le jeune âge que de 40 à 60 ans. En effet, dans le dénombrement de trente-deux individus affectés de cette maladie, on trouve de 7 à 20 ans, cinq cas; dix-sept de 20 à 40; et dix de 40 à 64.

Qu'il nous soit permis maintenant de revenir avec quelques détails sur les causes qui donnent lieu à l'hémiplégie faciale. La plus ordinaire et la plus fréquente est l'exposition à l'air frais et humide, qui paraît agir avec plus de promptitude sur le nerf facial que sur le nerf sciatique, etc.

M. Briard cite le cas d'une jeune mariée qui fut atteinte d'une paralysie faciale, après avoir couché pendant plusieurs nuits dans un lit voisin de murs dont le plâtre était frais, et ceux de deux étudians qui furent affectés de la même maladie, l'un pour avoir passé la nuit dans une chambre froide et mal fermée, et l'autre pour s'être exposé tout en sueur à un courant d'air venant du nord. M. Montault fut atteint d'une paralysie de la face, parce qu'ayant voyagé dans une voiture à laquelle il manquait une glace, il fut exposé pendant tout son voyage à l'impression du vent d'est. M. Gama rapporte qu'un homme ivre qui s'était exposé à l'action d'un terrain humide, fut affecté d'hémiplégie faciale. Il serait trop long de citer toutes les observations analogues qu'ont recueillies d'autres praticiens ; je me bornerai à ajouter à ces faits une observation du même genre, choisie entre plusieurs que j'ai à ma disposition.

La nommée Fou... (Elisabeth), âgée de 24 ans, brodeuse, est entrée à l'hôpital Saint-Louis le 18 septembre 1835 pour être traitée d'une paralysie d'un côté de la face, dont elle fut atteinte à la suite d'une chute dans un escalier.

Cette femme s'était relevée en tremblant, et le lendemain elle s'aperçut d'un gonflement du côté droit de la face, sans douleur au toucher. A son entrée, les deux yeux étaient dans une parfaite harmonie. Mais le côté droit de la face ayant perdu tout mouvement, malgré tous les efforts de la malade pour fermer l'œil, la paupière inférieure était dans une immobilité complète, et la supérieure était relevée activement par son muscle élévateur. Le globe de l'œil tendait à se porter vers la voûte de l'orbite, et la cornée était protégée par cette région.

La face présentait un aspect particulier. Ainsi le côté droit était dépourvu d'expression, et ce caractère anormal ressortait encore mieux par l'opposition avec le côté où la physionomie était restée intacte.

Il y a déviation de la commissure des lèvres du côté gauche, ce qui est frappant surtout quand la malade rit. Quand cette femme mange, les alimens se portent entre la joue et l'arcade alvéolaire; aussi est-elle forcée de les retirer avec la main, ou par la pression sur la joue. Lorsqu'elle voulait remplir sa bouche d'air, elle *fumait la pipe*. Elle ne pouvait froncer le sourcil, et l'aile du nez du côté droit était un peu moins dilatée et entraînée à gauche, quand les muscles de ce côté se contractaient. La malade enfin ressentait quelques douleurs dans la région orbitaire.

Cette femme fut soumise à l'électro-puncture; mais cette opération, qui fut excessivement douloureuse, quoique suivie d'ailleurs de quelques effets heureux, n'avait produit qu'un résultat incomplet, quand la malade sortit de l'hôpital.

La colère, les frayeurs (selon Belleinghein et Franck), les contrariétés (selon Bottes-Desmortiers), peuvent donner lieu à la paralysie de la face. M. Andral a vu cette affection se développer chez une personne qui avait eu un accès de colère. Quelques auteurs ont pensé encore que la maladie vénérienne pouvait produire cette maladie ; mais cette opinion, soutenue par Barthez et Franck, n'est appuyée sur aucun fait qui en établisse la possibilité, et cette absence de preuve la rend au moins douteuse.

Je m'arrêterai peu sur les phénomènes de paralysies de la face déterminées par l'*inertie* du nerf qui anime ses muscles. Elles déterminent l'abolition des fonctions des muscles de l'oreille, du sourcil, des lèvres, d'une petite partie du peaucier. Mais, comme les premiers existent dans l'homme à l'état rudimentaire, il résulte de cette disposition que la paralysie n'amène aucun changement dans les cartilages, ni dans les mouvemens de l'oreille, qui sont si peu sensibles, à cause du peu de développement de ces muscles. Il n'en est pas de même pour l'occipito-frontal et le sourcilier, qui perdent toute faculté contractile; aussi les rides transversales que l'on aperçoit habituellement au devant du front, et qui résultent de la contraction du frontal, n'existent plus; aussi le sourcilier est dépourvu de toute contraction, circonstance qui produit l'abaissement et l'immobilité du sourcil. Ces phénomènes ont été observés par Grégory, en janvier 1827, sur un malade affecté de paralysie du nerf facial. Voici quelles différences frappantes existaient entre les deux côtés de la face. Le côté paralysé ne présentait aucune ride, tandis qu'elles existaient à l'etat normal sur le côté gauche, à cause de la continuation de l'influx nerveux et de la conservation de la contractilité du muscle occipito-frontal. Le sourcil paralysé ne peut plus se rapprocher de celui du côté opposé. Le muscle orbiculaire des paupières ayant perdu toute faculté contractile, la paupière inférieure s'affaisse sur elle-même et se renverse un peu en dehors, tandis que la paupière supérieure est fortement relevée en haut par la continuelle action de son élévateur, qui ne trouve plus de résistance dans le muscle intrinsèque de ces voiles mobiles. Il en résulte l'exposition à la lumière du globe de l'œil, l'inflammation continuelle de la conjonctive, et un épanchement de larmes, à la surface des joues, mêlées à une sécrétion purulente; cet épichora reconnaît pour cause la pression du conduit lacrymal par l'abaissement de la paupière.

La narine correspondante est immobile et aplatie,

et cet affaissement est surtout marqué pendant l'inspiration, et à tel point qu'il peut rendre cet acte plus difficile. Les lèvres, dépourvues de contractions, présentent des caractères particuliers; la supérieure s'abaisse davantage et se trouve au dessous de la moitié correspondante, aucun muscle ne la soutenant par ses contractions; l'inférieure, tombant sur elle-même, tend à se renverser en dehors; aussi la salive et les alimens tendent-ils à sortir de la bouche par le côté où les contractions sont abolies; la prononciation devient très difficile, pour les lettres qui dépendent surtout de l'action des lèvres, et qu'on appelle labiales. Il devient impossible de siffler, ou d'expulser avec vitesse un corps de la bouche. Ch. Bell, comme nous l'avons dit ailleurs, voyant les nerfs nombreux qui se répandent dans les lèvres, avait pensé d'abord que la paralysie du nerf facial s'opposait seulement à *leur expression*, et non à leur *coopération* dans l'acte de la mastication; mais Mayo prouva, par des expériences sur les animaux, que les lèvres perdent alors toute faculté de se mouvoir, au point d'être tout à fait passives dans l'acte de la mastication : aussi Bell a-t-il reconnu plus tard l'erreur dans laquelle il était tombé.

Cette opinion est démontrée au plus haut point d'évidence par les expériences faites sur les grands animaux à lèvres fortes, et par les faits pathologiques. Un matelot, après une suppuration prolongée de l'oreille, fut atteint d'un affaissement tel d'une narine que, lorsque le malade était couché sur le côté sain, il était obligé, pour pouvoir respirer, de dilater la narine avec les doigts, en la tenant écartée (*Journal des Progrès*).

Un cocher, ayant subi une opération pendant laquelle les nerfs buccaux avaient été coupés, perdit le pouvoir de siffler ses chevaux. Dans ce cas, la joue flasque se dilate d'une manière à peu près passive pendant l'expiration, ou lorsque le malade veut prononcer des mots d'une certaine manière. On voit même les lèvres battre contre les dents, en produisant un bruit particulier, phénomène que j'ai observé d'une manière constante dans l'âne et le cheval, ce qui est dû au choc des lèvres contre les dents, dans les moindres mouvemens de la tête.

Cependant je dois dire que la joue ne m'a pas paru entièrement privée de contractions, et que je ne puis en conséquence lui refuser toute action ; et cette circonstance me paraît expliquée, quoi qu'on en ait dit, par la distribution du filet buccal, fourni par la cinquième paire, qui envoie de nombreux rameaux dans l'épaisseur du muscle buccinateur. Cette vérité me paraît si évidente, que je crois inutile de m'y arrêter davantage.

Les filets que le nerf facial envoie au stylo-glosse expliquent, dans cette maladie, la déviation de la langue dans le même sens que la paralysie de la face.

Il existe assez souvent, dans la région parotidienne, des douleurs qui apparaissent aussi subitement que la paralysie elle-même, ou marchent avec lenteur, jusqu'à ce qu'elles atteignent leur dernière période.

La plupart des auteurs ont remarqué que la sensibilité est conservée dans les parties paralysées, bien qu'ils avouent cependant qu'elle est dans certains cas accompagnée de stupeur. Je ne puis partager cette opinion ; car, selon moi, la sensibilité perd de sa force, et j'explique ce fait par les dispositions anatomiques et les expériences que nous avons exposées ailleurs.

Dans la paralysie de la face, l'expression de la physionomie devient nulle, parce que les muscles qui se rendent aux tégumens dans lesquels elle réside perdent leur faculté contractile. En effet, l'immobilité dans laquelle se trouve un côté de la face empêche la traduction fidèle des impressions diversement senties au dedans de nous-mêmes, et le jeu incomplet de la physionomie ne peut plus trahir les sentimens intérieurs. Comment la physionomie conserverait-elle son intelligence, quand n'existent plus ces dilatations et ces resserremens de l'ouverture de la bouche, ces mouvemens variés des commissures et des lèvres, cette dilatation de la narine, devenue immobile; quand l'écartement des paupières, l'élévation permanente de l'une et l'abaissement constant de l'autre, exposent l'œil à une irritation continuelle, enlèvent à cet organe son langage habituel, son éclat et son harmonie, quand l'état de souffrance auquel il est réduit, l'immobilité de ses paupières, ternissent ce miroir où viennent se peindre la joie, la tristesse, etc. etc.?

Cette maladie est plus difforme et plus pénible que dangereuse, puisque les malades guérissent dans la plupart des cas. Il n'en est pas moins vrai pourtant que le diagnostic de cette affection a été souvent obscur, et que plusieurs fois on a confondu la paralysie purement locale de la face 1° avec la paralysie symptomatique, 2° avec le tic douloureux.

On a confondu la paralysie de la face avec le tic douloureux, dans le cas où celui-ci était accompagné de distorsion de la face et de douleur dans le trajet du nerf ou dans la région parotidienne; ce qui paraît encore démontrer que ce nerf a par lui-même une propriété sensitive.

M. Bérard rapporte deux exemples de méprise semblable, l'un sur un étudiant, l'autre sur une personne chez laquelle l'harmonie de la face se trouva détruite tout d'un coup. Un chirurgien, appelé dans ce dernier cas, se méprit à ce point de donner le conseil de rétablir l'équilibre des traits par la section des nerfs sus-orbitaire et sous-orbitaire et mentonnier.

Il est moins rare encore de voir dans ces cas attribuer ces phénomènes à une lésion des centres nerveux, à une apoplexie cérébrale, et il existe encore des praticiens, distingués d'ailleurs, qui se croient fondés à soutenir cette vieille opinion, qu'il ne peut pas en être autrement. Les circonstances qui ont déterminé l'accident, l'exposition à un air froid, l'absence de phénomènes cérébraux, de la paralysie des membres supérieurs et inférieurs, mettront sur la voie pour remonter à la véritable nature du mal.

Nous avons dit qu'en général la maladie dont nous

nous occupons offre plus d'incommodité que de gravité; cependant il est des circonstances dans lesquelles les causes déterminantes du mal compromettent la vie des sujets et les mettent complètement en péril; c'est lorsqu'une partie de l'os temporal a été frappée de carie, et alors il est à craindre que l'inflammation ne se communique aux membranes et au cerveau; c'est encore quand la surdité complique la paralysie de la face; car il faut craindre l'altération du conduit auditif, la carie de cet organe ou l'existence d'une tumeur qui comprimerait les deux nerfs, au moment où ils pénètrent dans ce conduit. (Voir l'observation que j'ai rapportée dans la *Bibliothèque médicale*.)

M. Gendrin, dans des notes qu'il a placées à la fin de l'ouvrage d'Abercrombie, traduit par lui, rapporte que, chez un homme qui avait reçu deux ans avant sa mort un coup de pierre dans l'oreille droite, il survint un écoulement purulent qui dura six mois : la perte de l'audition succéda par degrés à l'immobilité d'une des narines. Le traducteur pense que si cet homme n'avait pas succombé à une affection du poumon, la maladie se serait infailliblement communiquée à la dure-mère et au cerveau.

Le traitement de cette maladie doit être basé sur la cause qui l'a produite, sur son ancienneté ou son état récent.

Et d'abord, si elle a été produite par un courant d'air, on doit diminuer l'état fluxionnaire par des saignées, des sangsues, et faciliter la transpiration du côté malade par des frictions exercées suivant le trajet du nerf, avec les alcoolats, les linimens ammoniacaux. Mais si ces moyens échouent, si la maladie persiste, on doit exciter fortement les tégumens, produire la vésication par la pommade de Gondret (j'omets à dessein la pommade stibiée, l'huile de cajeput ;), agir au moyen du feu et de la cautérisation transcurrente. Je rejette le moxa, parce qu'il produit une perte de substance, une cicatrice difforme, et qu'il est très douloureux dans son application.

La cautérisation transcurrente est le meilleur des moyens indiqués, parce qu'elle est d'une exécution prompte et qu'elle laisse à peine des traces, et parce que le chirurgien gradue l'action de ce médicament au gré de sa volonté.

Si M. Pijeaux a réussi à guérir une paralysie de la face par des moxas appliqués sur les rameaux du nerf, je pense que la cautérisation transcurrente eût été couronnée d'un succès aussi complet.

Dans certains cas enfin, la strychnine, appliquée à la surface ulcérée, a eu de bons résultats, en déterminant des convulsions dans les muscles, et en agissant à la manière de l'électricité. Celle-ci semble, pour ainsi dire, rendre au nerf le fluide qu'il a perdu, ou plutôt rétablir la circulation interrompue, en suscitant des contractions musculaires sans que son action soit connue. Ce moyen a réussi complètement sur M. Montault, qui en ressentit de l'amélioration, même pendant le galvanisme. M. Bérard cite la guérison d'un étudiant à l'aide du même agent.

Il est dit dans le *Journal des connaissances médico-chirurgicales*, décembre 1835, que M. le docteur Castara a guéri un grand nombre de paralysies faciales, sans faire usage d'aiguilles, en plaçant l'excitateur qui conduit le fluide positif à l'intérieur des lèvres et des joues.

A l'aide de cet agent puissant, j'ai obtenu de notables améliorations ; mais il a souvent provoqué de telles douleurs, que les malades n'ont pas voulu continuer. M. Bailly a introduit un courant électrique au moyen d'une aiguille plantée sur le trajet du nerf facial, et d'une seconde promenée au menton, à la commissure des lèvres, à l'aile du nez, à la partie interne du sourcil et au milieu du front.

Nous terminerons l'histoire des paralysies de la face en décrivant celles de la cinquième paire, du moteur oculaire commun, du moteur oculaire externe.

Paralysie de la cinquième paire.

Nous avons vu que la cinquième paire est souvent affectée d'un excès de sensibilité, de névralgie : il est au moins plus rare de la voir frappée d'insensibilité, ou si l'on veut de paralysie. Il existe cependant des exemples de cet état anormal; aussi mérite-t-il d'arrêter un instant notre attention.

La cinquième paire étant un nerf de sentiment et de mouvement, la paralysie peut frapper ces deux facultés quand elle est malade. Mais, comme une portion seule de ces racines peut être isolément altérée, il résulte de cette circonstance que la sensibilité peut avoir diminué, ou être éteinte, sans que pour cela les mouvemens de la mâchoire soient abolis, puisque les filets qui vont se rendre aux muscles sont demeurés sains.

La déchirure de ce nerf, le développement de tumeurs sur son trajet, le ramollissement de la racine ou de la substance nerveuse d'où elle naît, sont autant de causes qui peuvent produire l'insensibilité et la paralysie. Cependant l'ébranlement d'une partie seulement de ce nerf, la déchirure d'un filet, peut entraîner une perte partielle de la sensibilité. Ainsi Ch. Bell rapporte qu'un homme à qui on avait fait l'extraction d'une dent molaire de la mâchoire inférieure, ayant porté à la bouche un verre pour se gargariser, s'écria: *Vous m'avez donné un verre cassé.* Ce fait prouve que la maladresse avec laquelle l'opération avait été faite avait amené une modification telle dans les fonctions des nerfs, que l'insensibilité d'une partie de la lèvre en avait été la suite.

J'ai déjà eu occasion d'examiner quel est le résultat de la compression exercée par une tumeur sur la cinquième paire. Dans tous les cas où j'ai observé la cinquième paire comprimée par des tumeurs développées dans le crâne, sa sensibilité était exaltée, jusqu'à ce que la compression devenant plus forte et l'inflammation ayant déposé ses produits dans l'épaisseur du nerf, au point d'en rendre les parties composantes incapables d'accomplir leurs fonctions, la peau et la muqueuse de la bouche devinssent tout à fait insensibles et perdissent la faculté de distinguer les variations de température et d'apprécier la forme des corps : c'est à cette époque que la face a perdu de son expression ; que les membranes présentent des phénomènes de ramollissement; que la cornée devient opaque, et que l'œil finit par se vider; que le muscle buccinateur a perdu de son énergie; que les muscles élévateurs de la mâchoire sont paralysés, et qu'il y a ouverture involontaire de la bouche. Pour que ce dernier phénomène ait lieu il faut qu'il y ait cessation des fonctions des deux nerfs trifaciaux; car si un seul avait cessé d'agir, la paralysie des muscles n'aurait lieu que d'un seul côté, et c'est alors vers lui que la mâchoire se dirigerait. En effet, lorsque l'on coupe la cinquième paire sur des animaux, si cette section a lieu d'un côté seulement, la mâchoire est déviée du côté correspondant à la lésion ; si la section a lieu des deux côtés à la fois, la mâchoire inférieure est éloignée de la supérieure et reste pendante. Chez l'homme, on a observé encore que le premier de ces phénomènes prouve qu'on n'a pas rencontré d'altération assez étendue pour produire le second, ou de tumeur assez volumineuse pour comprimer les deux nerfs à la fois.

Ainsi l'insensibilité de la peau et des muqueuses auxquelles la cinquième paire envoie des filets, une modification dans l'expression de la physionomie, le ramollissement des membranes, surtout de la cornée, sont les signes de son altération, qui peut être portée au plus haut degré ; et alors il y a paralysie des muscles ptérygoïdiens, temporaux, masséters, et écartement des mâchoires.

Chez un homme qui avait succombé à une affection cérébrale, M. Serres trouva un ramollissement de l'origine de la cinquième paire, qui était devenue jaunâtre et gélatineuse. Chez ce malade, qui était épileptique, il y avait eu ophthalmie, insensibilité de la conjonctive, de la narine et de la partie correspondante de la langue.

Mais, pour qu'il y ait paralysie des muscles élévateurs de la mâchoire, il ne faut pas qu'il demeure quelques filets nerveux intacts, car alors les fonctions ne sont pas entièrement abolies. Sur un canard, j'avais fait la section du nerf trijumeau des deux côtés, la mâchoire inférieure s'était abaissée, et le bec était resté involontairement béant; mais par degrés les mouvemens se sont rétablis. Par une dissection attentive, j'ai reconnu que plusieurs filets de la cinquième paire avaient été ménagés et que seuls ils avaient suffi pour rétablir les fonctions, momentanément suspendues par la brusque diminution du fluide nerveux qui venait animer les muscles.

Paralysies des nerfs de l'œil.

Sans m'occuper de la paralysie du nerf optique qui détermine l'amaurose, je parlerai seulement de celles des nerfs moteurs oculaires commun et externe.

Paralysie du nerf moteur oculaire commun.

On regarde en général cette paralysie comme symptomatique, quoiqu'elle puisse souvent exister sans lésion des renflemens nerveux.

Le nommé Garcin, portier, âgé de 52 ans, s'aperçut tout à coup que chez lui la paupière supérieure gauche s'affaiblissait, et que la volonté était impuissante pour la relever. Des étourdissemens avaient précédé cet accident, qui s'était déjà manifesté deux fois auparavant et avait cédé à des moyens fort simples.

Le 27 janvier 1833, il entra à l'hôpital Saint-Louis : la paupière était abaissée sans qu'il fût possible au malade de la relever, si ce n'est avec le secours de la main ; et à l'instant elle retombait bientôt dans la même position, aussitôt qu'elle était abandonnée à elle-même. L'œil tourné en dehors ne pouvait exécuter aucun mouvement. Il fut facile de reconnaître à ces phénomènes la paralysie de la troisième paire, puisque, d'une part, l'élévateur de la paupière supérieure était dépourvu de contraction, lui qui reçoit des filets de ce nerf, et que, d'un autre côté, le petit oblique, le droit interne, le droit supérieur, qui en reçoivent de la même source, avaient perdu toute action, puisque enfin le muscle droit externe, animé par un nerf spécial, tirait constamment l'œil vers le côté externe de l'orbite.

Des purgatifs et un séton ne produisirent aucune amélioration sensible dans l'état du malade ; l'application d'un vésicatoire sur le sourcil détermina un tel changement, que cet homme, sans pouvoir ouvrir complètement les paupières, avait cependant assez de force pour les soulever un peu.

C'est dans cet état, et alors que l'œil était demeuré immobile, que le malade sortit de l'hôpital, le 19 février. Nous eûmes depuis l'occasion de le revoir. La paupière se soulevait mieux ; l'œil avait recouvré presque entièrement la faculté de se mouvoir ; et il est probable que la guérison sera devenue parfaite.

Nous allons, dans l'observation suivante, décrire une paralysie de la troisième paire produite par une altération de la racine de ce nerf.

La nommée Tollier (Jeanne), couturière, âgée de 40 ans, entre à l'hôpital Cochin le 22 février 1834. Cette femme, de mauvaises mœurs, s'adonnait avec excès à la boisson. Depuis un mois elle ne pouvait relever la paupière supérieure de l'œil gauche. Cette affection était survenue sans cause connue, et n'avait été précédée d'aucune douleur de tête. Continuellement abaissée, la paupière recouvrait une pupille dilatée, et, quoiqu'à peine mobile, la vision était cependant conservée. Malgré les applications de vésicatoires, de moxas, la maladie poursuivit sa marche, au point que la pupille devint tout à fait immobile et que la vue se perdit.

Après être sortie pendant quelque temps de l'hôpital, la malade y rentra le 9 mai. A cette époque, la pupille avait acquis un peu de mobilité, et même, dans certaines positions, la malade pouvait, bien qu'avec difficulté, voir les objets, que d'ailleurs elle ne distinguait que confusément. Cette amélioration ne fut du reste que d'une courte durée, et bientôt de nouveaux symptômes plus alarmans se joignirent aux premiers, tels que l'insensibilité absolue de l'iris, la perte de la vue, et l'altération des facultés intellectuelles.

Le 12 juin, la sensibilité de la peau était intacte, et la membrane muqueuse buccale avait conservé, outre la faculté tactile, celle d'apprécier la nature des alimens et leur degré de saveur. La malade entendait; mais les yeux étaient insensibles à la lumière. Un stylet promené sur la conjonctive gauche ne développa aucun symptôme de sensibilité, tandis que, porté sur la droite, il provoquait dans le globe de l'œil une tendance à fuir et à se porter en haut. Le globe oculaire gauche était porté vers la tempe d'une manière permanente, par l'action du droit externe.

Les facultés intellectuelles s'altérèrent de plus en plus : les matières fécales n'étaient plus expulsées que tous les cinq à six jours, et encore par le secours des purgatifs. La déglutition devint difficile; les évacuations furent plus rares encore; le liquide avalé tombait comme dans un puits; la malade ne pouvait plus se soutenir sur les jambes.

Le 4 septembre, la sensibilité parut devenir plus exaltée, si l'on en juge par les cris que poussait la malade lorsqu'elle était pincée. La conjonctive même redevint sensible; les deux pupilles étaient dilatées, immobiles; il n'y avait plus de vision possible; les deux yeux étaient portés en dehors.

Enfin le pouls, qui pendant long-temps n'avait pas varié, devint très faible; la respiration s'embarrassa et la malade mourut.

L'autopsie fit reconnaître une injection de la pie-mère qui revêt la surface convexe des lobes cérébraux, l'adhérence de l'extrémité antérieure et inférieure du lobe moyen gauche du cerveau, par un tissu cellulaire serré, à la fosse moyenne du crâne. L'arachnoïde épaissie était blanche et unie à la pie-mère, elles formaient par leur union une couche épaisse et dense qui adhérait à la face inférieure du lobe moyen gauche, et qui était en rapport avec une couche de tissu jaunâtre, épaisse de cinq à six lignes, dure, élastique, criant sous le scalpel et semblant remplacer la substance corticale ou grise du sommet du lobe moyen. Du reste, elle adhérait à la pie-mère et à l'arachnoïde réunies, et se continuait en arrière avec l'origine du pédoncule cérébral gauche, et d'autre part avec la substance nerveuse de la couche optique. Le sommet du lobe moyen droit offrait la même altération cérébrale que le gauche, avec cette différence qu'il n'existait pas d'adhérence avec la fosse cérébrale du même côté, et que le désordre ne s'était pas propagé à l'arachnoïde et à la pie-mère. Les couches optiques, vues dans les ventricules cérébraux, ne paraissaient pas malades; mais si l'on pénétrait à une ligne dans leur épaisseur, on trouvait le tissu sillonné de vaisseaux sanguins, fortement injecté et ramolli. Cette altération ne permettait plus de reconnaître sa structure fibreuse, et elle se prolongeait, au delà des couches optiques, à l'origine des deux pédoncules cérébraux, et principalement à gauche, et comprenait la moitié de l'épaisseur de la commissure des pédoncules cérébraux.

L'injection de la substance cérébrale allait en s'affaiblissant très loin autour du désordre, et se prolongeait même le long des nerfs optiques jusqu'au *chiasma*. Les veines, les plexus choroïdes, les artères cérébrales étaient intacts.

Le cerveau et le cervelet étaient en entier denses et sablés.

Nous ne nous demanderons pas à quelle cause est due cette altération, mais quelques réflexions que nous suggère cette observation serviront à compléter ce que nous avons dit de la physiologie des renflemens contenus dans la boîte crânienne.

1° L'immobilité des yeux et l'abaissement de la paupière supérieure s'expliquent par la paralysie des nerfs moteurs oculaires communs, paralysie produite par l'altération de leur origine ;

2° La forte déviation de l'œil vers la tempe s'explique par l'action du muscle oculaire externe et du nerf qui s'y rend ;

3° La perte de la vue s'explique par l'altération des couches optiques ramollies ;

4° L'insensibilité de la conjonctive ne peut trouver d'explication que dans l'impossibilité où était le pédoncule du même côté de transmettre l'impression reçue au cerveau, puisque les fibres étaient détruites et ramollies ;

5° Ce que nous avons dit sur les usages des pyramides qui forment les pédoncules démontre d'une manière évidente que la sensibilité a été nulle;

6° L'affaiblissement général du corps, la diminution dans la force du pouls, la paralysie du pharynx, s'expliquent aussi par le désordre, l'étendue de l'altération, le défaut d'harmonie entre les impressions reçues et le cerveau, et l'influence de celui-ci sur les organes.

Paralysie du nerf moteur oculaire externe.

Les fonctions de ce nerf étant peu nombreuses et peu variées, il faut sans doute attribuer à cette circonstance la rareté des maladies auxquelles il peut être exposé. C'est du moins ce que l'observation m'a semblé prouver. Aussi me bornerai-je à rapporter un fait.

La nommée Malésieux, âgée de 55 ans, fit son entrée à l'hôpital Saint-Louis, après avoir été pendant six mois tourmentée de douleurs de tête. Elles paraissaient affecter tout le côté gauche, et particulièrement la région antérieure, et se propageaient à l'œil qui venait se cacher derrière la voûte de l'orbite. La coarctation des paupières fut suivie d'un larmoiement, qui avait été précédé de surdité de l'oreille gauche. La malade éprouvait une sensation de froid en même temps que les parties affectées étaient le siège d'un fourmillement continuel. Après quinze jours d'occlusion complète des paupières, celles-ci se rouvrirent, et alors on fut frappé de la déviation du globe de l'œil, tourné vers la commissure interne, qui cachait les deux tiers de la cornée, sans qu'il fût possible à cet organe de faire aucun mouvement vers le côté externe. Les mouvemens d'abaissement et d'élévation étaient seuls possibles, mais dans une faible étendue.

Des saignées, des révulsifs, mis en usage n'ont pu vaincre la maladie.

Je ne m'occuperai pas ici des paralysies locales de la langue, du pharynx et de l'œsophage, qui jusqu'à présent ont été peu observées; mais celles des membres supérieurs et des membres inférieurs offrent un trop grand intérêt, pour qu'elles ne trouvent pas une large place dans l'histoire de ces affections.

On a vu successivement les muscles deltoïde, grand dentelé, la couche postérieure des muscles de l'avant-bras, atteints de paralysie; on a vu aussi les muscles des membres inférieurs paralysés, tantôt partiellement, comme le crural antérieur, les péroniers, etc., tantôt d'une manière générale, ce qui constitue la paraplégie.

Je ne dirai que peu de mots de la paralysie du deltoïde, produite ou par le rhumatisme quand il a porté son influence sur les nerfs circonflexes, ou par une chute, ou par les efforts peu ménagés que l'on fait pour réduire une luxation, ou par la pression que détermine la tête de l'humérus sur les nerfs de l'aisselle.

Cette paralysie peut être complète ou incomplète; et comme le muscle deltoïde est l'élévateur du bras, il en résulte que cette affection met le malade dans l'impossibilité de produire le mouvement d'élévation, et ne lui permet de porter le membre qu'en dehors et en dedans.

S'il est facile de reconnaître la nature de la maladie, il n'est pas aussi facile de la combattre avec succès; et, bien qu'on ait dirigé contre elle une médication variée, les malades demeurent le plus souvent estropiés, quoique d'ailleurs il faille établir une différence essentielle avec la paralysie rhumatismale, qui cède aux efforts du médecin.

Les vésicatoires, et surtout l'application du feu ont été plus souvent efficaces que les autres moyens mis en usage.

Le muscle grand dentelé peut être paralysé, quand le rhumatisme s'est fixé sur les nerfs qui l'animent, et qui lui sont fournis par les branches thoraciques postérieures.

M. Gendrin, dans la traduction d'Abercombrie, rapporte un fait très curieux d'une paralysie du grand dentelé, qui fut prise pour une déviation de la colonne vertébrale.

Un jeune homme de 13 ans portait à la région dorsale une tumeur considérable, formée par la saillie du bord vertébral de l'omoplate du côté droit. Cet accident, survenu subitement, fit avec raison penser à M. Gendrin, qu'il ne s'agissait pas d'une courbure accidentelle de la colonne vertébrale, qui se développe avec plus ou moins de lenteur; il se convainquit, d'un autre côté, que cet accident ne dépendait pas d'une déformation de la poitrine, parce que celle-ci était régulièrement développée, et que d'autre part on ne pouvait pas plus s'arrêter à l'existence d'une tumeur qui se serait élevée des parois de la poitrine. Dès lors M. Gendrin, ayant imprimé à l'épaule certains mouvemens, put introduire la main entre les côtes et l'omoplate, ce qui lui fit croire définitivement à une paralysie du grand dentelé.

Il est de ces paralysies locales qui dépendent de l'atrophie d'un muscle; aussi dans ce cas il nous a été impossible de rétablir les mouvemens volontaires par l'usage du cautère actuel. Mais si la brûlure n'a pas toujours été suivie de la guérison, au moins il y a eu amélioration sensible.

Cette atrophie musculaire est fréquente à la suite du rhumatisme; d'où il résulte une grande gêne ou l'absence des mouvemens. D'autres fois cette paralysie reconnaît pour cause une action rhumatismale sur les nerfs. Dans ce dernier cas il y a insensibilité du muscle et perte de mouvement; ce qui suppose une interruption de l'influence nerveuse sur la fibre musculaire. Ne sait-on pas en effet que pour qu'il y ait mouvement, il faut intégrité des muscles et libre exercice des nerfs? car, sans animation, point de mouvement. Comme nous le verrons, il suffit, pour opérer la guérison, de rétablir le courant nerveux par une forte excitation à la peau.

L'inflammation peut quelquefois, au lieu de douleurs, produire la paralysie. C'est ce que nous avons observé sur un homme qui avait reçu un coup de couteau dans le trajet du nerf radial. Une paralysie de la couche postérieure des muscles de l'avant-bras survint, le pus ayant fusé le long de ce cordon nerveux et l'inflammation s'en étant emparée. Il y avait tout à la fois, chez ce malade, perte de la sensibilité et du mouvement; la première de ces facultés a reparu seule, par l'usage des frictions irritantes et ammoniacales.

Royer, polisseur d'acier, âgé de 46 ans, entra à l'hôpital Saint-Louis pour s'y faire soigner d'une paralysie des deux avant-bras, qu'il ne pouvait ni étendre, ni fléchir, ni porter dans aucun sens. Depuis six mois il était dans cet état; et, comme il habitait un lieu bien aéré, rien ne pouvait faire croire à l'existence d'un rhumatisme déterminé par l'humidité.

Je pris le parti d'irriter la peau avec le cautère actuel, et j'obtins un résultat satisfaisant. Un fer rouge fut promené sur toute la surface postérieure des deux avant-bras; des compresses trempées dans l'eau froide furent appliquées sur les brûlures: toute douleur avait cessé le deuxième ou le troisième jour. Le malade put alors exécuter des mouvemens, avec une différence à peine marquée dans les deux membres. La pronation et la supination reparurent; et près d'un mois après, les brûlures étant guéries, la sensibilité de la peau, le mouvement et même l'extension des doigts étaient revenus. Seulement la main ne pouvait encore être étendue facilement sur l'avant-bras.

Un homme, qui eut une paralysie des muscles

extenseurs des orteils, fut cautérisé une première fois le long de la face dorsale du pied. Il y eut alors une amélioration très évidente. Cependant, sorti de l'hôpital, le malade y rentra bientôt, à cause de la difficulté qu'il éprouvait dans la marche, par le défaut d'équilibre entre les muscles extenseurs et fléchisseurs. Cette seconde fois je promenai un fer rouge le long de la partie antérieure de la jambe. Dans quelques points la peau fut entièrement détruite, et dans d'autres l'épiderme était seulement intéressé. Quoique encore incomplets, les mouvemens devinrent cependant plus faciles qu'avant la cautérisation transcurrente.

Le 19 décembre 1831, le nommé Duthoir (César), âgé de 32 ans, fut admis à l'hôpital Saint-Louis, pour y être traité d'une faiblesse de la jambe droite avec douleurs intermittentes.

Dans les journées de juillet, cet homme avait reçu un coup de crosse de fusil sur la grande échancrure sciatique. Quelques jours passés à l'hôpital de la Pitié suffirent pour le guérir de cette forte contusion; néanmoins le membre abdominal droit ne reprit pas sa première force.

Au commencement de septembre 1830, Duthoir devint militaire, et fit partie du cinquième régiment de dragons. Obligé de faire l'exercice à cheval, il s'aperçut bientôt que, toutes les fois qu'il s'appuyait fortement sur l'étrier, des douleurs assez vives se faisaient sentir dans la jambe et la cuisse droites; leur violence augmentait à chaque exercice un peu forcé. Des soins lui furent donnés à l'hôpital de Maubeuge, et à la revue de l'inspecteur il fut mis à la retraite, avec permission d'aller passer quelque temps aux eaux de Barèges, où il resta pendant les mois de juin et de juillet. Les douleurs se calmèrent, mais la jambe droite resta dans le même état. Le pied était porté en dedans avec une telle force, qu'il y avait un commencement de luxation.

M. Richerand ayant reconnu une faiblesse des péroniers latéraux, conseilla à cet homme quelques raies de feu sur leur trajet. M. Richerand exécuta lui-même cette opération. Trois jours après le malade redressait le pied.

Je ne m'occuperai pas des paralysies partielles qui résultent de l'action d'un poison, comme cela se voit après la colique des peintres, me bornant à dire que plusieurs fois j'ai vu la paralysie des muscles de la couche postérieure des avant-bras produire la flexion permanente de la main sur le poignet, et rendre impossible toute extension volontaire. Dans un de ces cas, le malade a guéri par des applications de vésicatoires saupoudrés de strychnine, faites le long de la face postérieure de l'avant-bras; mais cette guérison n'a été obtenue qu'avec une extrême lenteur.

Je terminerai enfin ce qui a rapport aux paralysies locales par quelques mots sur la paraplégie, qui d'ailleurs dépend rarement d'une affection locale des nerfs.

Le nommé Gauthier (Manuel), âgé de trente-cinq ans, bonnetier, entra à l'hôpital Saint-Louis, le 22 décembre 1835, pour y être traité d'une paralysie, qui six mois auparavant s'était manifestée par des douleurs lombaires et des engourdissemens dans la jambe droite. Pendant six à sept semaines, ces douleurs, qui se montraient surtout pendant la nuit, n'empêchaient pas le malade de se livrer à ses travaux; mais au bout de ce temps, la violence des douleurs troublant son sommeil, cet homme entra à l'hôpital de la Charité. A cette époque, il éprouvait de la difficulté pour mouvoir la jambe droite; cependant il marchait encore.

Des vésicatoires furent appliqués, le long du trajet douloureux, à la hanche et dans le creux du jarret. Ces moyens triomphèrent de la douleur; mais la jambe perdit de plus en plus, et par degrés, la faculté de se mouvoir, bien que la sensibilité y fût conservée. Il sortit de l'hôpital au bout de vingt-trois jours, n'ayant plus de douleurs, mais ne pouvant s'appuyer sur la jambe droite.

Sorti de l'hôpital, ce malade demeura chez lui pendant trois mois, ne marchant qu'avec des béquilles. Un chirurgien lui conseilla de mettre en usage l'électricité, mais on l'abandonna bientôt, parce qu'elle déterminait des douleurs plus violentes, et qu'elle ne faisait qu'augmenter la paralysie. N'éprouvant aucune amélioration, le malade se décida à entrer à l'hôpital Saint-Louis, où nous pûmes constater l'état suivant : 1° Cet homme souffrait beaucoup de douleurs dans les lombes et dans les jambes; 2° la perte de la motilité était complète pour la jambe droite, et incomplète pour la gauche qui n'était qu'engourdie, avec affaiblissement des mouvemens ; 3° la sensibilité était cependant conservée dans l'un et l'autre membre, et le malade n'éprouva aucune crampe dans les parties affectées. Pendant deux mois, je fis appliquer des vésicatoires volans et des moxas sur le trajet des nerfs sciatiques et lombaires : ils éteignirent les douleurs, et les fonctions de la jambe gauche se rétablirent de manière à surpasser nos espérances. Mais la jambe droite, tout en conservant la sensibilité, ne recouvra point la motilité ; aussi proposai-je au malade la cautérisation avec le fer rouge, que je mis à exécution le 20 février.

Un fer rouge fut promené légèrement à la surface du membre, le long du nerf sciatique et de ses divisions. Mais, après la guérison de ces brûlures, le mouvement était encore très faible. Alors je pratiquai la cautérisation transcurrente le long du nerf crural et de ses divisions. Pendant le temps que durèrent la suppuration et l'inflammation, le malade ne pouvait se servir de son membre, dans la crainte d'exciter des douleurs, et, à mesure que ces phénomènes disparurent, il put lever le membre droit avec autant de facilité que le gauche.

Il est évident que le fer rouge, promené le long du nerf qui va principalement à la peau et aux muscles du pied, ne pouvait pas réhabiliter le mouvement dans le membre, puisque les nerfs crural et obturateur envoient leurs divisions dans les muscles de la cuisse : aussi le malade n'a-t-il pu étendre la jambe sur la cuisse que lorsque j'eus mis en usage la cautérisation le long du muscle crural antérieur, qui est en grande partie l'agent de ce mouvement.

Quelle cause a donné lieu à de pareils symptômes? où étaient les limites du mal? Son siège était-il dans les nerfs ou dans la moelle épinière?

Et d'abord, quoique le malade ait éprouvé des douleurs dans la région lombaire, je ne pense pas que la moelle épinière ait été la cause ou le siège des symptômes éprouvés par le malade, puisque le rectum et la vessie, qui avaient conservé leurs fonctions, auraient dû ressentir les effets de la lésion de cet organe. D'ailleurs, le malade avait éprouvé des douleurs dans le gras de la fesse; et c'est sans doute à un retentissement sympathique qu'il faut attribuer les douleurs qu'il regardait comme venant de la région lombaire.

La maladie s'est donc déclarée dans les nerfs du membre lui-même, un peu dans le nerf sciatique, puisque la sensibilité était conservée, et surtout dans le nerf crural. Le traitement a justifié cette opinion, puisque le mouvement ne s'est rétabli que lorsque la cautérisation a été exécutée sur le trajet du nerf crural ou de ses divisions.

Quelle cause faut-il maintenant assigner à cette diminution dans la sensibilité, et à la paralysie des membres abdominaux? Y avait-il influence rhumatismale, ou faut-il croire à l'existence dans le nerf d'une inflammation locale, ou d'une déposition de production accidentelle? Cette dernière hypothèse me paraît la seule probable et la seule admissible. En effet, il existait chez ce malade des engorgemens scrofuleux suppurés autour du cou et dans les aines, avec toute l'apparence d'une constitution scrofuleuse. Et dès lors on peut admettre que l'inflammation de la gaîne du nerf a été déterminée par la matière tuberculeuse, qui a pu s'infiltrer dans son épaisseur, ou entre ses filets, comme nous l'avons observé sur des cadavres.

Nous venons de tracer l'histoire des paralysies locales accidentelles, mais il nous reste à examiner cette question : Peut-il exister des paralysies congéniales? L'affirmative ne nous paraît pas douteuse, et il est permis de croire à ces paralysies survenues dans le sein de la mère, on ne sait comment, sans qu'on puisse leur assigner d'autre cause qu'un grand trouble nerveux qui aurait affecté la mère.

Dans une visite que je fis à l'hôpital des sourds-muets de Gand, j'appris du directeur que la même mère avait mis au monde cinq enfans sourds. Cette femme, étant grosse de son premier enfant, fut saisie d'une violente frayeur, qui, déterminant chez elle un ébranlement du système nerveux, parut occasionner la surdité du premier de ses enfans. Il n'y avait dans la famille aucun sourd-muet; tous les parens avaient l'ouïe parfaite, ainsi que le père et la mère. Tous les enfans qui étaient nés depuis étaient également sourds. L'oreille ne présentait chez eux aucune déformation extérieure, aucune disposition anormale qui pût faire soupçonner que la surdité dépendait d'un vice anatomique.

Mais comment l'émotion de la mère avait-elle pu produire une pareille infirmité? de quelle nature était donc cet ébranlement nerveux pour agir secondairement sur le système nerveux du fœtus? C'est un mystère qu'il ne nous est pas donné d'expliquer, et qu'il faut ajouter à ces points impénétrables de la science qui sont encore enveloppés d'un nuage épais, et que le temps finira sans doute par dissiper.

La perforation de la membrane du tympan n'amena aucun changement dans l'état de ces enfans; et comment cela aurait-il pu avoir lieu, puisque le mal paraissait résider dans le nerf acoustique lui-même?

Nous allons examiner maintenant cette seconde classe d'affections, dans laquelle nous avons rangé les convulsions, le tétanos et la danse de Saint-Guy. Cette partie de la pathologie doit offrir un intérêt puissant au physiologiste, aussi les diverses maladies dont nous allons nous occuper méritent-elles toute l'attention du médecin, et appellent-elles de sa part une étude approfondie. *Elles semblent résulter de défauts d'équilibre entre les différens renflemens nerveux qui rendent le cerveau impuissant à diriger la volonté ou à régulariser les mouvemens.* C'est ce que l'on remarque dans la danse de Saint-Guy, c'est ce que l'on retrouve dans le tétanos.

—

CHAPITRE XIII.

Convulsions.

Je ne veux pas m'occuper ici de certaines névroses, avec ou sans altération apparente du système nerveux ; mais je veux parler des convulsions que l'on observe à la suite des lésions extérieures, accompagnées ou non d'hémorrhagie.

A la suite des grandes pertes de sang, les malades deviennent irritables ; tout les fatigue, le bruit, la lumière, et cela d'une manière croissante, si l'écoulement sanguin augmente, jusqu'aux convulsions ; celles-ci ont lieu presque constamment à la suite des grandes hémorrhagies, dans les derniers momens de la vie. Comment expliquer ces phénomènes? Ne semble-t-il pas raisonnable de penser que cette agitation convulsive et involontaire est l'expression des besoins que les organes ont du sang ; qu'il y a là absence de l'influence du cerveau, par défaut de cet excitant ? Ne pourrait-on pas voir dans cet état une agitation instinctive qui fait que les organes réclament ce qu'ils ont perdu ?

On calme ces convulsions par l'arrêt de l'écoulement du sang, et par les opiacés, qui doivent être administrés à faible dose : on doit se rappeler que dans ces circonstances leur action est plus violente et plus énergique que lorsque les vaisseaux contiennent une grande quantité de sang, comme cela a été prouvé par les expériences de M. Magendie.

Il y a un autre ordre de convulsions qui dépend d'un défaut d'équilibre entre les puissances musculaires. Ce sont celles, par exemple, que l'on observe après l'amputation de la cuisse, lorsqu'elle est faite très haut, un peu au dessous du petit trochanter, et dans laquelle les muscles psoas et iliaque réunis tendent à élever fortement le moignon et à lui communiquer des secousses. C'est ce que l'on observe aussi quand le moignon porte à faux, et que les fibres musculaires irritées tendent sans cesse à se contracter.

Ces convulsions cessent, dans le premier cas, lorsque le moignon est posé dans une situation telle que tous les muscles sont dans le relâchement; et dans le second cas, il suffira d'un lien, pour s'opposer à la force active représentée par le muscle agissant.

Il y a des convulsions qui sont produites par l'agacement que déterminent les fragmens d'une fracture sur les fibres nerveuses, et qui donne lieu à des contractions involontaires et répétées des muscles auxquels ces fibres se distribuent. Il y a dans ce cas des espèces de contractures désordonnées accompagnées de dureté du membre, phénomène qui résulte de la force de contraction. Les douleurs sont si vives, que les malades poussent des cris. J'ai vu à l'hôpital Saint-Louis, en 1825, un jeune homme de 16 ans, atteint d'une fracture de la cuisse, être pris de douleurs violentes, de contractions terribles pendant lesquelles le membre fracturé se raccourcissait, et que les tractions exercées par plusieurs aides ne purent empêcher. Pendant ces contractions les muscles du membre fracturé acquirent une dureté insolite et très remarquable. Le *delirium tremens*, qui fut sans doute le résultat de ces violentes douleurs, fit succomber ce jeune homme, qui n'a présenté d'ailleurs aucune énergie physique. Dans ce cas il est indiqué de placer les fragmens de manière à éviter les filets nerveux, et de combattre les douleurs par des solutions opiacées. Si ces moyens restent insuffisans, il faut inciser les parties molles jusqu'à l'os, et mettre par cette opération hardie les fragmens en contact, et réséquer les pointes osseuses qui irritent les parties molles. Cette opération, il est vrai, expose le malade à tous les accidens d'une fracture compliquée: mais quand il s'agit d'un danger aussi pressant, lorsque la vie d'un blessé est en péril, on ne doit pas craindre de l'exposer à des accidens primitifs ou consécutifs graves, dont on peut se rendre maître.

Il y a une autre espèce de convulsions, qui dépend d'une susceptibilité locale des nerfs qui vont se rendre à un ou à plusieurs muscles, et qui n'offre aucun danger. Elles surviennent le plus ordinairement dans les muscles qui offrent différens points libres, qui ne sont pas recouverts par une grande épaisseur de parties molles, et qui eux-mêmes ne présentent pas une masse considérable. Ainsi le muscle palpébral en est souvent affecté. Elles ont lieu aussi dans les lèvres, et plus rarement dans les muscles des membres. Elles sont calmées par les réfrigérans, et reparaissent sous l'influence des excitans intérieurs, du café, du thé, des liqueurs, etc.

Je ne parle pas du cœur, qui paraît par ses fonctions si exposé à ces désordres musculaires, désordres qui dans cet organe peuvent offrir de la gravité lorsqu'ils sont portés assez loin pour troubler la circulation.

Je passerai sous silence les convulsions générales, qui surviennent chez les personnes irritables peu habituées à la douleur, et qui tombent dans une inertie et dans une insensibilité effrayantes, lorsqu'il y a épuisement et innervation.

La danse de Saint-Guy, cette affection nerveuse qui consiste dans un défaut d'équilibre entre les diverses parties de l'appareil nerveux, n'appelle notre intérêt que d'une manière secondaire; aussi ne nous en occupons-nous que superficiellement. Il nous suffira de rechercher quel est le siège de cette maladie, sans vouloir d'ailleurs établir à quelles causes elle est due.

La moelle épinière semble être véritablement le siège de la danse de Saint-Guy. Cette opinion ne saurait être contestée, si l'on considère, d'une part, que cet organe est la source de tout mouvement, et, d'un autre côté, que l'affection n'attaque pas une partie de nerf ou un nerf entier, mais que l'on voit successivement entrer en mouvement, et d'une manière irrégulière, tous les muscles auxquels la moelle envoie des filets animateurs.

Les individus irritables et jeunes en sont plus souvent affectés que les autres. C'est convulsivement et involontairement que l'on voit les muscles de la face se contracter, et les membres se mouvoir en sens divers, sans qu'il soit possible de les maîtriser.

Dans quelle partie de la moelle épinière siège la danse de saint Guy? Est-ce dans un de ses cordons ou dans tous à la fois? Il est probable que toutes les parties constituantes de la moelle ont, dans cette maladie, perdu l'équilibre de leur action, tant pour les cordons conducteurs que pour la portion sensitive et motrice de la moelle épinière.

Le cerveau conserve d'ailleurs l'intégrité de ses fonctions, et l'intelligence s'y élabore comme s'il n'existait pas de trouble dans les autres parties du système nerveux.

Il n'y a donc de perverti dans cette maladie que le mouvement et la sensibilité, qui ne marchent plus de concert avec le cerveau, et qui prennent leur cause dans la moelle épinière.

Il semblerait par moment que le fluide est sécrété en plus grande quantité, et qu'il en résulte des mouvemens involontaires dans les diverses parties du corps, semblables à ceux que produit le choc électrique, qui vient changer momentanément l'ordre et le rhythme des mouvemens, en forçant les muscles d'agir en dehors du temps de repos, et en leur communiquant un excès de contraction.

Une circonstance qui ne laisse d'ailleurs aucun doute sur le siège de la danse de Saint-Guy, c'est le traitement, d'où ressort évidemment la nature de cette affection.

Les excitans portés le long de la colonne vertébrale agissent en très peu de temps, par le moyen des branches nerveuses qui se rendent au cordon rachidien : ainsi les vésicatoires et la cautérisation transcurrente triomphent dans beaucoup de cas de cette maladie, que nul autre moyen n'avait pu combattre avantageusement. J'ai été plusieurs fois à même d'en éprouver l'efficacité. J'ai guéri ainsi la fille d'un tapissier nommée Bic..., qui à plusieurs reprises avait été atteinte d'attaques de danse de saint Guy. Je me rappelle encore qu'appelé à donner des soins à une jeune fille qui avait été envoyée à l'hôpital Saint-Louis par un médecin habile, M. Nacquart, j'ai employé les mêmes moyens, qui ont été couronnés du même succès.

CHAPITRE XIV.

Tétanos.

Les contractions qui caractérisent l'affreuse maladie connue sous le nom de *tétanos* ne sont que symptomatiques d'une affection du système nerveux. Mais quel effroi ne doivent-elles pas inspirer quand leur effet mortel vient à abolir les fonctions d'un muscle essentiellement nécessaire à la vie, comme les intercostaux, le diaphragme?

La désharmonie que l'on remarque dans le tétanos n'est pas la même que celle de la danse de saint Guy; mais ces deux maladies ont un caractère commun, l'action involontaire du système nerveux sur les organes contractiles.

Quelle que soit la cause qui donne lieu au tétanos, la maladie a d'abord paru être locale, c'est-à-dire que, partant d'un nerf qui va à un muscle, elle a semblé se propager à la moelle épinière. Mais, si l'on fait attention que le plus ordinairement la maladie se déclare après de vives souffrances, que ce n'est pas en outre par les nerfs du membre lésé que la contracture commence, on conclura alors que la douleur a été dans la plupart des cas la source de cette horrible maladie, bien qu'il existe des circonstances où elle n'a été précédée d'aucune douleur, comme cela se voit dans le tétanos spontané. Mais, dans tous les cas, ce n'est que quand la moelle épinière et une grande partie du névrilemme des nerfs sont affectées d'une manière particulière, que se déclare le tétanos.

Tous les blessés qui, affectés du tétanos, ont été soumis à mon observation, ont succombé en peu de temps à une sorte d'asphyxie produite par la cessation de l'action des muscles qui président aux mouvemens respiratoires. Les autopsies, faites avec exactitude, m'ont confirmé de plus en plus dans cette idée; elles m'ont démontré en outre la cause essentielle du mal, et m'ont mis sur la voie de son étiologie. J'ai toujours rencontré sur les cordons nerveux disséqués avec soin, et quelquefois jusque sur le point correspondant des troncs d'où ils naissent, une altération de tissu qui ne m'a paru nullement équivoque. Un homme, apporté à l'hôpital Saint-

Antoine pour y être traité d'une plaie contuse au coude, succomba aux accidens d'un tétanos presque général. Les nerfs étaient fortement colorés en rouge, et le lavage ne pouvait leur enlever cette couleur, qui d'ailleurs existait seulement dans l'épaisseur du névrilème et nullement dans la pulpe. Il me paraissait bien évident que l'enveloppe avait été, pendant la vie, enflammée et épaissie. Ne pouvait-il pas se faire que ce fût là la cause matérielle des phénomènes à la fois si extraordinaires et si terribles de la maladie qui nous occupe?

J'ai pu, sur plusieurs blessés de juillet, qui avaient succombé au tétanos, retrouver, par l'examen des nerfs, les mêmes altérations que celles que je viens de signaler. J'insiste avec intention sur ce point, parce que, indépendamment des idées positives qu'il fait naître sur la nature et la cause immédiate du tétanos, il doit être d'une grande utilité pour un traitement approprié. Si l'on base la médication sur les résultats de l'étude anatomique, il devient tout naturel d'appliquer sur le crâne et le long de la colonne vertébrale, ou sur le trajet du nerf lésé, de nombreuses sangsues, des ventouses scarifiées, etc.; et on ne sera plus étonné qu'un chirurgien habile, M. Lisfranc, ait guéri des tétaniques en les appauvrissant par des saignées, et surtout par ces nuées de sangsues, dont le nombre pourrait épouvanter un jeune praticien, si l'expérience du maître dont je viens de parler ne l'autorisait pas dans une hardiesse que des résultats heureux ont déjà sanctionnée. Après les évacuations sanguines, les narcotiques me paraissent devoir tenir le second rang, au lieu de ces drastiques violens qu'on a la funeste habitude de prodiguer, et qui, loin de guérir le mal, le compliquent d'un autre presque aussi redoutable, je veux dire l'inflammation aiguë de l'appareil digestif. Ce dernier accident peut être d'autant plus grave qu'on pourra n'en être averti par aucun symptôme, puisque le malade a perdu la faculté de se plaindre, et à cause de l'excessive sensibilité générale qui masque les altérations des organes digestifs. C'est du moins ce qui semble résulter à un certain degré de son aptitude à trahir, par un signe extérieur, l'impression à laquelle on le soumet. M. Arnal m'a communiqué un cas très curieux de tétanos qu'il a eu occasion d'observer à la maison de convalescence de Saint-Cloud. En voici un court résumé.

Un combattant de juillet avait reçu une balle au front. Trente jours après, on veut enlever des esquilles à demi détachées : un érysipèle de la face et du cuir chevelu survient. On le combat par les vésicatoires et on l'arrête. Mais à peine avait-il disparu, que le malade, s'étant donné une indigestion, est pris de vomissemens abondans. Immédiatement après, le corps se courbe en arrière, et tous les muscles de la partie postérieure du tronc et des membres sont dans une raideur tétanique. On soupçonne alors un abcès développé dans l'épaisseur du lobe antérieur du cerveau. Le bistouri est plongé à la profondeur d'un pouce et demi, et du pus mêlé à de la sérosité s'écoule en abondance : mais le malade fût peu soulagé, et il succomba par les progrès de son opisthotonos. A l'autopsie, on trouva un abcès enveloppé dans l'épaisseur du lobe antérieur. Il s'était ouvert dans le ventricule latéral correspondant. De ce ventricule, le pus avait passé dans le troisième, en altérant la voûte à trois piliers; de là s'était porté dans le quatrième, et était arrivé jusqu'au bec du *calamus scriptorius.* Il est très probable, *comme le fait remarquer* M. Arnal, que le tétanos ne se sera manifesté que quand le pus aura atteint le cervelet, circonstance qui aura dû résulter des vomissemens. Mais, comme il y a eu opisthotonos, ce fait serait favorable à l'opinion de ceux qui font du cervelet l'organe des mouvemens en arrière.

CHAPITRE XV.

Abcès, ramollissement, gangrène, ulcération, cancer, tumeurs des nerfs.

Les affections qui composent la troisième classe sont plutôt des produits de maladie, des altérations pathologiques, qu'elles ne constituent la maladie même. Cependant, comme le cancer, les tubercules, les kystes, la substance mélanée, donnent lieu à des phénomènes qui dépendent de la compression d'une des parties de l'appareil nerveux par ces productions anormales, nous devons leur consacrer ici une place particulière, et en faire une description à part.

Faut-il parler des changemens de coloration des nerfs, et les regarder comme la source des désordres qui ont existé pendant la vie ? Ces altérations ne sont pour nous qu'un produit, une terminaison d'affection, et cependant quelques unes d'elles peuvent, par leur continuité d'action, produire à la longue une série de phénomènes, que cette cause entretient ensuite nécessairement. Ces changemens de coloration nous paraissent devoir être attribués à une congestion permanente du névrilemme, à une inflammation de cette enveloppe, à un changement dans la nutrition de ses parties, accidens qui déterminent une augmentation d'épaisseur et de l'hypertrophie, et doivent amener nécessairement des changemens dans les fonctions des cordons nerveux. Tel était le genre d'altération que nous avons rencontré chez la femme affectée de névralgie des nerfs sciatique et crural, dont nous avons parlé plus haut. Ne le retrouve-t-on pas dans ce cas de névralgie de la branche postérieure du premier nerf lombaire, décrite par Coussais ; dans la névralgie de l'épididyme, dont parle Barras; dans la névralgie scrotale, dont Béclard était affecté, et dans les autres faits rapportés par MM. Delpech et Richerand ?

Il faut ajouter que les tumeurs blanches, ou la suppuration de longue durée, qui se fixent autour des articulations, sont souvent accompagnées d'épaississement du névrilemme et des gaînes qui entourent les filets, au point que la substance du nerf ou plutôt ses membranes d'enveloppe acquièrent une dureté particulière, circonstance qui détermine sans doute les violentes douleurs que l'on remarque dans l'un et l'autre cas.

C'est dans ce genre d'altération qu'il faut ranger le fait dont parle Van-Derker, qui observa sur un nerf sciatique des plaques vasculaires rondes, ovales, avec coloration gris sale de la substance médullaire, perte de son élasticité, et aussi cet endurcissement, cette nodosité de la substance nerveuse, qui présentait à la pression du doigt des granulations fibro-celluleuses. Mais il me semble que toutes ces granulations existaient dans les enveloppes du nerf, et non dans la substance nerveuse elle-même, et que ces nœuds, dont parle l'auteur, ne paraissent pas tenir à autre chose qu'à la déposition de fausses membranes qui leur ont donné naissance.

Les dilatations des veines, quand elles ont lieu dans l'épaisseur d'un nerf, peuvent-elles produire des troubles dans ses fonctions? Bichat a rencontré sur le nerf sciatique d'un homme qui avait éprouvé de vives douleurs, une foule de dilatations variqueuses des veines qui pénétraient dans sa partie supérieure; et il n'est pas douteux pour nous que, si la dilatation est assez grande pour gêner ses fonctions, il doit en résulter des névralgies.

Je crois devoir mentionner ici le fait rapporté par M. Martinet. Un malade, soumis à son observation, avait éprouvé de violentes douleurs, suivies de paralysie. M. Martinet trouva sur le nerf médian une teinte rouge-brun dans l'étendue d'un ou de deux pouces. Pendant la suppuration, déterminée par l'application de vésicatoires, la paralysie avait cessé, pour reparaître bientôt, quand toute sécrétion purulente eut disparu. Cette altération résultait sans aucun doute de l'inflammation partielle du névrilème, et cependant elle n'est pas suffisante à nos yeux, eu égard à la distribution des filets musculaires du nerf médian, pour expliquer la paralysie. Il existait sans doute quelque autre altération des nerfs radial, cubital, etc.

La gangrène du tissu cellulaire et de la gaîne qui entoure le nerf, l'inflammation qui produit une déposition de lymphe, peuvent ensuite déterminer l'insensibilité et la paralysie.

Il peut se faire encore dans l'épaisseur du nerf une exhalation sanguine, et alors l'infiltration produit l'augmentation de volume de la gaîne, et bientôt une diminution dans la sensibilité et le mouvement.

M. Martinet a vu le nerf crural augmenté du double de son volume, tant il était ecchymosé. Il a observé aussi sur un homme qui avait succombé à une pneumonie, et qui avait éprouvé pendant la vie des douleurs vives dans le trajet du nerf sciatique, une infiltration séro-sanguinolente dans l'épaisseur du nerf sciatique dont les filamens avaient été écartés par elle, et du pus dans le tissu cellulaire environnant.

On comprend que, si l'inflammation continue, l'altération ne se bornera pas à de la rougeur et à de l'épaississement, mais que du pus se formera et pourra écarter et même détruire les fibrilles du nerf. Ainsi, sur un homme qui avait éprouvé une violente douleur dans le nerf sciatique, M. Martinet rencontra du pus dans son épaisseur, et dans le tissu cellulaire qui entourait la portion malade. Il a signalé encore la même altération sur un jeune homme qui pendant deux mois avait ressenti de l'engourdissement, de violentes douleurs, qui s'étendaient du creux du jarret vers la partie supérieure de la cuisse.

Les nerfs peuvent, comme les renflemens nerveux, être affectés de ramollissement. C'est ce que M. Descot a observé chez un homme mort à l'Hôtel-Dieu six mois après avoir perdu un œil : le nerf optique était ramolli dans la moitié de sa longueur. On le comprend plus facilement d'ailleurs pour le nerf optique que pour les autres nerfs. Tous les nerfs sont exposés à cette altération, principalement à leur origine; et cependant on sait que ceux qui sont dépourvus de névrilème à leurs racines le sont plus facilement et plus souvent que ceux qui sont entourés par cette membrane : ce sont surtout les nerfs optique, moteur oculaire commun, et des filets du trifacial; mais pour les cordons nerveux, cette affection est extrêmement rare, et il est plus fréquent de les trouver endurcis par les causes que nous avons énoncées plus haut.

On a admis l'ulcération des nerfs; mais leur situation profonde, mais l'enveloppe *périostique* qui les entoure, les protègent contre ce genre d'altération qui attaque principalement les tissus baignés par le sang, et où il se fait une circulation active, où l'engorgement par des liquides s'opère facilement, parce que leur structure ne présente pas une grande résistance aux efforts morbides, et parce que, très complexes, ils contiennent souvent des plicatures, des lacunes, des follicules, par lesquels commence souvent l'ulcération. Il faut ranger parmi ces tissus la peau et les membranes muqueuses. Mais, si l'ulcération est rarement primitive pour les nerfs, elle peut, née dans les parties superficielles, arriver jusqu'à eux, et les détruire comme les autres tissus qui sont sur sa route, les os eux-mêmes. C'est ce que M. Swan a observé sur une personne atteinte d'un ulcère de la jambe, qui fut suivi d'ulcération des nerfs et de douleurs si violentes alors, qu'elles exigèrent l'amputation.

Nous avons dit que du sang pouvait se déposer dans l'épaisseur d'un nerf, et cela partiellement, sans qu'il soit besoin d'efforts mécaniques. Il nous reste à indiquer cet autre genre d'hémorrhagie, dans laquelle les nerfs, comme tous les tissus, sont imprégnés de sang versé et exhalé dans leur épaisseur. J'ai pu observer cette altération sur un homme qui succomba à l'hôpital Saint-Louis au *purpura hémorrhagica*, et chez lequel je trouvai du sang non seulement dans les renflemens nerveux, mais encore dans les cordons eux-mêmes. J'ai pu encore, sur un homme qui avait succombé dans les salles de M. le docteur Biett, à l'hôpital Saint-Louis, signaler dans l'épaisseur du nerf une substance mélanée, qui le colorait. Cette matière était infiltrée, ou déposée en masse dans l'épaisseur même des renflemens nerveux. Elle teignait en noir tous les corps qu'elle touchait, et avait la couleur de la truffe, et communiquait dans beaucoup d'endroits avec les veines, comme l'injection de ces vaisseaux par le mercure me l'a démontré.

Les nerfs peuvent encore être affectés de cancer, ou pressés par des tumeurs de différente nature, qui déterminent des symptômes variés.

Des tumeurs fibreuses se développent quelquefois sur le trajet des nerfs; elles déterminent des douleurs vives, souvent intolérables, qui augmentent encore par la pression, qui peuvent être portées au point de donner lieu à des phénomènes généraux, et d'occasionner des attaques d'épilepsie. Ces tumeurs, que l'on rencontre assez souvent sous la peau, et que plusieurs fois j'ai eu l'occasion d'extirper, offrent beaucoup de dureté; elles crient sous le scalpel comme un tissu fibreux condensé. Portal rapporte que l'extirpation d'une pareille tumeur développée dans l'épaisseur du pouce, et qui donnait lieu à des accès d'épilepsie, fit cesser tous les troubles nerveux.

On a trouvé une tumeur dans l'épaisseur du nerf diaphragmatique, chez un malade qui succomba après avoir éprouvé une dyspnée extrême, et on attribua la gêne de la respiration à la présence de la tumeur. Il faut ajouter cependant qu'il y avait un emphysème du poumon.

Lorsqu'une pareille tumeur se développe dans l'épaisseur d'un nerf, comme cela avait lieu dans le fait rapporté par M. Bérard, il faut, pour peu que les accidens présentent de gravité, l'extirper en enlevant, si cela est possible, une portion du nerf, et il faut inciser celui-ci au dessus et au dessous de la tumeur, comme il fut fait dans le cas dont parle Pring.

De la matière tuberculeuse peut être déposée en masse ou par infiltration dans l'épaisseur ou à l'extérieur des nerfs, et donner lieu à des douleurs, à des névrites, à des paralysies, par la compression qu'elle détermine : c'est ce que j'ai pu observer chez quelques scrofuleux qui avaient des tubercules en pleine suppuration dans le creux de l'aisselle, dans les aines, etc.

J'ai vu à l'hôpital Saint-Thomas, de Londres, conservé dans l'alcool, un gros tubercule développé dans l'épaisseur de la portion lombaire de la moelle épinière. Ce tubercule, après avoir déterminé un amaigrissement extrême et une paraplégie, avait conduit lentement le malade à la mort.

J'ai vu dans le même hôpital une autre pièce non moins remarquable, c'était un cas de complète résorption de la substance nerveuse de la moelle épinière, dans la région lombaire, par la pression d'une vertèbre. Les membranes d'enveloppe seules avaient été ménagées.

Que dirai-je enfin du cancer des nerfs, qui n'a encore été observé que dans quelques renflemens nerveux ? Les cordons nerveux peuvent être affectés de cancer, mais d'une manière conséeutive, et lorsque celui-ci a d'abord envahi d'autres organes; il gagne alors les nerfs par continuité de tissu, et à mesure qu'il détruit d'autres parties. Les élancemens, les douleurs qui accompagnent le cancer, doivent être attribués à la lésion des cordons nerveux.

Les nerfs peuvent être affectés à leur terminaison, à la surface de la peau : il en résulte des démangeaisons insupportables, des douleurs inouies, qui font le tourment de ceux qui en sont affectés; c'est ce qui a lieu dans le prurigo.

Je devrais parler ici de la diminution du volume, de l'atrophie des nerfs; mais comme il en a déjà été question en parlant de leur compression, je n'y reviendrai pas.

Quant à l'hypertrophie de la moelle épinière que l'on a observée avec une exagération de la sensibilité et des mouvemens, on peut se demander si l'on doit la regarder comme passagère, et comme étant la cause du défaut d'équilibre dans les mouvemens et de l'état anormal de la sensibilité? Ce serait ici le lieu de nous occuper *du système nerveux sous le rapport chirurgical*, et par conséquent de l'influence des opérations sur cet appareil et de la réaction de celui-ci sur les organes lorsqu'il est malade; mais nous nous bornerons à dire quelques mots seulement pour éviter de reproduire ce que nous avons dit ailleurs, nous proposant d'aborder plus longuement et avec plus de détail cet important sujet.

Nous avons vu que des douleurs vives et même atroces sont ordinairement déterminées par la section d'un nerf, quand elle est pratiquée par plusieurs coups de bistouri, et qu'au contraire cette opération est toujours moins douloureuse quand elle est faite complètement et en une seule fois. On peut conclure de là que, dans les dissections prolongées, les coups de bistouri trop nombreux, trop peu étendus, et portés par une main mal assurée, épuisent les forces du malade par l'excès de la douleur, et qu'au contraire l'instrument conduit avec une sage hardiesse, avec une fermeté confiante, ménage les souffrances, et laisse au malade des ressources pour supporter l'opération et ses suites. Quelle différence alors de l'amputation faite par une main sûre, que guide un cerveau actif, avec celle qui est achevée par une main timide et mal exercée!

Il résulte aussi de là que le tétanos peut être déterminé par une dissection laborieuse, ou par une opération timide qui provoque d'insupportables douleurs. A l'appui de cette opinion, je puis citer un fait dont le souvenir ne peut être effacé pour moi. Un malheureux maçon était tombé sur le coude, et s'était décollé la peau en cet endroit et dans les parties environnantes; des graviers s'étaient introduits dans la plaie par une ouverture faite aux tégumens. On crut, d'après les principes posés en chirurgie, qu'il était nécessaire de retirer chacun de ces corps étrangers l'un après l'autre; on le fit avec patience: mais cette longue opération détermina des douleurs vives et fatigantes; bientôt le tétanos se déclara, et le malade dut succomber. Il est évident pour moi que cet accident affreux a été la conséquence des atroces douleurs que le patient eut à éprouver pendant l'extraction des corps étrangers. A l'autopsie on trouva tous les nerfs rouges, et le lavage ne put faire disparaître cette coloration morbide.

L'expérience peut seule être un guide sûr dans cette voie féconde en accidens mortels : ainsi l'on doit éviter le plus possible la ligature des nerfs, et surtout leur section, à cause des douleurs qu'elles peuvent déterminer; il faut, dans la crainte du tétanos, redouter les pansemens faits sans ménagement, les attouchemens des extrémités des nerfs coupés, la ligature mal serrée du cordon des vaisseaux spermatiques.

De nombreux accidens signalent le trouble de la moelle épinière : ainsi le tétanos, c'est-à-dire la contraction permanente d'un muscle, peut être déterminé par l'augmentation de la sensibilité de la moelle épinière, si elle est portée à un haut degré; ainsi l'aberration dans la sensibilité de cet organe donne lieu à des mouvemens irréguliers (danse de saint Guy). Quand, par une lésion de ce prolongement nerveux, on a tari complètement ou incomplètement la source du mouvement et de la sensibilité, alors il n'y a plus de vie. Il peut se faire cependant que l'abrogation de ces deux propriétés ne soit que partielle, alors la vie organique survivra seule. Si la sensibilité et le mouvement peuvent s'éteindre tous deux dans les muscles extérieurs, si la première peut cesser d'animer la peau, sans que cette disparition soit mortelle, la mort suit bientôt l'abrogation de ces deux propriétés, quand elle frappe certains organes; aussi, quand des nerfs cessent de se rendre de la moelle à un autre organe *important*, faut-il expliquer la continuation de ses fonctions par l'abord du fluide nerveux au moyen des autres nerfs qui y aboutissent.

Les connaissances physiologiques que nous possédons nous expliquent fort bien les changemens qui surviennent dans les fonctions du cœur après de vives douleurs, des opérations graves et douloureuses pratiquées sur l'homme, et les expériences faites sur les animaux.

Il faut avouer que la mort n'est pas la conséquence rapide et immédiate de la destruction de la moelle épinière, ou de sa lésion dans la région lombaire : cependant elle peut être déterminée par l'excès de la douleur, et alors elle arrive par l'ébranlement général du système nerveux et par la rupture de l'équilibre de ses fonctions.

Si l'on introduit une broche dans la région lombaire, et si elle parvient un peu haut dans les régions dorsale et cervicale, on tue alors l'animal : 1° par l'excès de la douleur ; 2° par le défaut de transmission du fluide nerveux aux nerfs de la poitrine.

Si les contractions du cœur et ses fonctions se continuent dans les maladies de la moelle épinière, c'est que la création du fluide nerveux n'est pas abolie et qu'il n'existe seulement que des changemens dans les usages de cet organe. Cela est si vrai que, dès que l'altération est profonde et qu'elle s'étend à une grande hauteur, le trouble est tel que les individus succombent plus ou moins promptement. C'est ce qui arrive principalement lorsque l'on coupe la moelle épinière à la partie la plus élevée de la région cervicale, et l'animal qui souffre cette opération meurt promptement. Il en est de même de l'homme lorsque ce prolongement nerveux a été détruit par un instrument, un projectile, ou d'une tout autre manière.

—

COROLLAIRES.

COROLLAIRES.

Le système nerveux, ce grand appareil auquel sont dévolues les plus nobles facultés de notre être, l'intelligence, a une influence directe ou indirecte sur presque tous les organes qui composent le corps des animaux, et elle est d'autant plus absolue que l'animal est plus parfait.

Le cerveau, le cervelet, la protubérance annulaire, la moelle épinière, sont dans une dépendance réciproque telle, que l'une de ces parties ne peut être lésée sans que le reste du système nerveux en ressente les effets.

Il m'a paru résulter des recherches nombreuses auxquelles je me suis livré sur les proportions de substance grise et de substance blanche dans les diverses classes d'animaux, que le développement des facultés intellectuelles était en rapport avec la quantité de cette dernière.

Dans l'homme, comme dans les animaux, il existe un fluide qu'on appelle nerveux, et qui peut être comparé au fluide électrique. Dans certains animaux, comme le silure, le gymnote et la torpille électrique, il existe en telle quantité qu'on a pu tenter des expériences qui n'ont laissé rien à désirer et sur sa nature et sur ses effets.

La sensibilité et le mouvement ont leur siège dans la moelle épinière et la protubérance annulaire.

La sensibilité et le mouvement ont leur siège dans la face postérieure et non dans la face antérieure de la moelle épinière. Ces deux propriétés, sentiment et mouvement, ne constituent qu'une seule et même propriété.

L'irritation de la face postérieure de la moelle épinière est non seulement très douloureuse, mais encore détermine des contractions dans les muscles qui reçoivent des nerfs de cette partie de l'organe.

Les organes qui reçoivent directement des nerfs de la moelle épinière ou de la protubérance annulaire sont seuls sensibles : la douleur affecte seulement, dans l'état morbide, les tissus qui en sont pourvus, et c'est à tort par conséquent que des pathologistes ont cru que les organes qui, dans l'état de santé, n'avaient donné aucune preuve de sensibilité, pouvaient en être le siège dans l'état morbide.

La protubérance annulaire est sensible dans toute sa circonférence.

La substance grise est insensible.

Tous les nerfs qui naissent d'un point sensible sont eux-mêmes sensibles.

Tous les nerfs qui naissent d'un point insensible ne jouissent ni des facultés motrices ni sensitives.

Le degré de sensibilité d'un nerf est en rapport avec l'étendue de son origine et le nombre de ses filets.

Les nerfs dont les filets sont très rapprochés et fortement serrés ne paraissent pas doués d'une sensibilité aussi exquise que ceux dont les filets sont unis d'une manière moins intime.

La face antérieure de la moelle épinière est insensible, et son irritation par un corps étranger ne produit jamais de contractions dans les muscles. Les racines antérieures des nerfs rachidiens sont également dépourvues de sensibilité, et leur irritation ne provoque aucune contraction dans les muscles.

La face antérieure de la moelle épinière, ainsi que les racines qui en naissent, paraissent servir seulement de conducteurs des impressions et de la volition.

Le nerf olfactif est un prolongement des pyramides antérieures, comme des recherches sur l'homme et sur les animaux me l'ont appris; aussi est-il insensible et conducteur des impressions olfactives.

Les anastomoses nerveuses ne rétablissent pas le mouvement et le sentiment abolis.

Les cicatrices des nerfs ne paraissent pas formées par la fibre nervale.

Lorsqu'un nerf a été divisé dans toute son épaisseur, ses fonctions sont pour toujours perdues au dessous de la section.

La division incomplète du nerf ne fait que diminuer ses fonctions, et, au bout d'un temps variable, l'organe auquel il va se distribuer reprend la sensibilité et le mouvement.

Le nerf grand sympathique, ne communiquant pas directement avec la moelle épinière, est insensible. Il sert seulement à transmettre le fluide aux organes contenus dans les cavités splanchniques, et les impressions internes au cerveau.

Il faut distinguer la sensibilité *perçue* de celle qui peut dépendre de l'excitation des nerfs ou des renflemens nerveux sans que l'animal en ait *conscience*.

Le système nerveux a une influence marquée sur l'appareil vasculaire.

Le cœur ne se meut point sous l'influence de l'*irritabilité hallérienne*, mais bien sous celle du système nerveux.

Plusieurs parties du système nerveux président aux contractions du cœur: ce sont les nerfs pneumo-gastriques, le grand sympathique, la moelle épinière.

Pour abolir les contractions de l'organe central de la circulation, il faut détruire les trois sources qui lui fournissent le fluide animateur.

Le système nerveux agit d'une manière incessante sur les gros vaisseaux.

Le système nerveux a une action bien démontrée sur les sécrétions et les exhalations.

Il n'existe pas dans la moelle épinière de colonne respiratoire, et par conséquent de nerfs respirateurs spéciaux. Charles Bell avait donc trouvé cette colonne dans son imagination créatrice.

Les nerfs du larynx n'ont pas une action aussi variée sur les cordes vocales qu'un physiologiste distingué l'avait prétendu.

La section des nerfs laryngés supérieurs ne produit aucun changement dans le jeu des cordes vocales. La section des nerfs récurrens entraîne l'abolition du mouvement des cordes vocales, qui deviennent parfaitement immobiles pendant l'inspiration et l'expiration. Aussi l'ouverture de la glotte est-elle complètement ou presque complètement effacée par leur rapprochement.

Les mouvemens d'une corde vocale, abolis par la section d'un nerf récurrent, ne se rétablissent pas, quoiqu'il existe une large anastomose entre les nerfs laryngés supérieur et inférieur.

La section des nerfs laryngés supérieurs n'entraîne aucune variation dans les mouvemens des cordes vocales; ce qu'on peut très bien apercevoir en regardant de bas en haut dans le conduit aérien, après avoir coupé la trachée en travers; ce qui démontre que les nerfs laryngés supérieurs n'ont aucune action sur les muscles moteurs des cordes vocales. Que penser alors de cette théorie qui admet que les nerfs laryngés supérieurs président aux sons aigus, et les laryngés inférieurs aux sons graves?

Les nerfs laryngés supérieurs paraissent destinés à la sensibilité de la muqueuse, comme l'anatomie le prouve, ainsi que les expériences.

Les nerfs récurrens servent à animer les muscles thyro-aryténoïdiens, crico-aryténoïdiens postérieur et latéral, et aryténoïdien, et par conséquent agit aussi bien sur ce dernier que sur les premiers qui sont des dilatateurs. Cette disposition a été démontrée constante par MM. Blandin, Cruveilhier, par moi, et dernièrement par un jeune anatomiste, M. Andral neveu.

Le cerveau et le cervelet sont insensibles.

Le cervelet me paraît être un second cerveau, et par ses caractères anatomiques, et par l'influence qu'il a sur les organes du mouvement et même du sentiment. Pour nous, c'est un organe de volonté, qui par conséquent préside à l'équilibre des mouvemens.

Le cervelet n'est pas un foyer de sensibilité, puisque les excitans ne déterminent aucune douleur, à moins qu'on ne se rapproche de la moelle épinière et de la protubérance annulaire.

La localisation des facultés intellectuelles ne nous paraît pas admissible, car l'intelligence est dévolue à l'ensemble des parties du cerveau, et non à une seule.

La phrénologie, ne reposant sur aucune base solide, nous paraît inadmissible, *ne peut être regardée comme une science établie*, et offre seulement une nouvelle preuve des erreurs de l'imagination de l'homme.

Il ne nous paraît pas possible non plus de retrouver dans les lobes du cerveau un organe qui préside à la voix, et des parties qui président, les unes aux mouvemens des membres supérieurs, les autres aux mouvemens des membres inférieurs.

Les poisons n'ont d'action sur le système nerveux que par la voie de la circulation, et non directement.

La portion du nerf située au dessous de la section s'atrophie constamment.

La commotion est un ébranlement du système nerveux qui peut aller jusqu'à la contusion.

Les renflemens crâniens et la moelle épinière peuvent être ensemble frappés de commotion, et alors la mort peut survenir promptement par l'anéantissement des fonctions du cœur et des organes de la respiration.

La moelle épinière peut être seule le siège de commotion, dans une chute sur les fesses.

La compression d'un des renflemens nerveux peut exister pendant un temps fort long, et les fonctions de l'organe comprimé se rétablir, lorsque la cause comprimante a cessé son action. C'est ainsi que j'ai vu un homme qui était atteint de paraplégie produite par la compression de la moelle épinière par un liquide purulent, recouvrer le sentiment et le mouvement lorsque le pus s'écoula à l'extérieur.

La paraplégie bornée à un côté du corps et occasionnée par une collection *traumatique*, lorsque le siège de celle-ci est reconnu, doit être combattue par l'application du trépan.

La compression des renflemens nerveux par des kystes, des tubercules, produit des accidens très variés suivant leur siège, et leur développement. Lorsque ces tumeurs se développent lentement, elles agissent très légèrement sur le sentiment et le mouvement, car alors les fibres nerveuses sont plutôt déplacées et pressées que désorganisées. Les tumeurs qui se développent entre la voûte du crâne et le cerveau produisent peu de douleur, et en déterminent de très vives au contraire lorsqu'elles se développent à l'extérieur de la protubérance annulaire, dans les environs des tubercules quadrijumeaux et des nerfs qui en partent; développées dans l'épaisseur de la substance grise, ces tumeurs ne déterminent, dans la première période de leur développement, aucune douleur.

Tous les nerfs, suivant nous, peuvent être affectés de névralgies, excepté le grand sympathique, le nerf olfactif, et les racines antérieures des nerfs rachidiens qui ne possèdent aucune sensibilité.

La névralgie faciale, ou tic douloureux, peut avoir son siège dans le trifacial et le facial, quoique plus fréquemment dans le premier.

La plupart des rhumatismes chroniques m'ont paru être des névralgies.

FIN.

TABLE DES MATIÈRES.

TROISIÈME PARTIE.

QUATRIÈME PARTIE.

47

OUVRAGES DU MÊME AUTEUR.

Traité des Maladies Chirurgicales

DU CANAL INTESTINAL.

2 volumes.

TRAITÉ DES PLAIES D'ARMES A FEU.

MÉMOIRE

SUR LES FISTULES VESICO-VAGINALES.

Mémoire

SUR LES RETRÉCISSEMENS DE L'URÈTHRE.

Mémoire sur la Trépanation des Os.

MÉMOIRE SUR LES HÉMORRHAGIES

APRÈS L'OPÉRATION DE LA TAILLE.

MÉMOIRE SUR LA CAUTÉRISATION

ET DESCRIPTION D'UN NOUVEAU SPECULUM.

Imprimerie et Fonderie de F. Locquin et Comp., r. N.-D. des Victoires, 16.

www.ingramcontent.com/pod-product-compliance
Ingram Content Group UK Ltd.
Pitfield, Milton Keynes, MK11 3LW, UK
UKHW020259230726
13925UKWH00001B/134